후멜로
피트 아우돌프의 삶과 정원

후멜로
피트 아우돌프의 삶과 정원

피트 아우돌프, 노엘 킹스버리 지음
최경희, 오세훈 옮김

목수책방
木水冊房

옮긴이 서문

　우리 일상에 더욱 깊게 뿌리내린 정원 가꾸기. 많은 도시에서 '정원도시'를 이야기하고 있고, 주변의 공공녹지는 나무와 풀로 풍성하게 채워지고 있다. 누군가는 고객이 원하는 것을 명확하게 제공하는 전문가로, 또 누군가는 여가를 즐기는 동시에 공공을 위한 자원봉사자로, 우리 환경을 보다 아름답게 만드는 이 의미 있는 작업에 동참하고 있다. 뜻이 맞는 사람들끼리 공동체를 이루어 서로의 생각을 나누고, 더 아름답고 건강한 방식의 정원 가꾸기를 고민한다. 이러한 과정이 쌓여 우리 일상의 자연은 '문화적 천이'를 거듭하고 있다.
　일찍이 우리와는 조금 다른 모습으로 정원문화를 향유해 온 유럽에서는 1870년 윌리엄 로빈슨William Robinson의 《야생정원》을 시작으로 보다 자연에 가까운 방식의 정원 가꾸기를 탐구하고 발전시켜 왔다. 정원은 지속가능해야 하며, 자연의 모습과 닮아야 한다는 것이 그들이 말하는 정원 가꾸기의 핵심이었다. 이 책의 주인공인 피트 아우돌프를 비롯한 많은 이가 자연에 가까운 정원을 꿈꾸고 새로운 식물과 아이디어, 디자인을 서로 공유하며 '새로운 여러해살이풀 심기 운동New Perennial Movement'이라 부르는 흐름을 이끌어 냈다. 그들이 선보이는 정원은 단순히 우리의 눈을 자극하고 즐겁게 해 주는 것을 넘어 쉽게 형언하기 어려운 진한 울림을 준다. 또한 수많은 야생생물의 보금자리이자 사람들의 따스한 손길이 쌓이는 문화적 서식처로 기능하며, 우리가 더 큰 자연의 관계망으로 들어설 수 있도록 안내해 준다.
　이 책은 네덜란드의 작은 마을 후멜로에서 시작하여 전 세계의 많은 이에게 아름다운 정원디자인으로 감동을 선사한 피트 아우돌프의 삶을 담아 냈다. 식물 육종가 겸 디자이너로서 피트 아우돌프가 어떻게 성장했는지에 관한 이야기를 비롯해 배터리, 루리 가든, 하이 라인 등 그가 디자인한 여러 정원의 조성 과정이나 그 밖의 흥미진진한 비하인드 스토리도 풍성하게 실려 있다. 표면적으로는 일대기 형식으로 정리되어 있지만, 아우돌프에게 큰 영감을 준 동시에 자연주의에 입각한 정원문화에 지대한 영향을 끼친 칼 푀르스터, 민 라우스, 헹크 헤릿선 등의 인물에 관해서도 간략히 다루고 있기 때문에 자연 정원의 전반적인 흐름을 살펴볼 수 있는 기회도 제공한다.

앞서 출간된 《자연정원을 위한 꿈의 식물》과 《식재디자인》이 각각 식물과 식재에 관해 다루었다면 이 책은 무엇보다도 '사람'에 관한 이야기를 한다. 이 책을 읽는 독자들은 아름다운 정원의 디자인은 아우돌프가 했지만 그 배경에는 그에게 영감을 주고 실무를 돕는 여러 동료, 열정적인 육종가, 의식 있는 발주처, 사려 깊은 협업 조경가 등 많은 사람이 그의 프로젝트에 함께하고 있음을 알게 될 것이다. 정원을 만드는 것은 결국 사람이기에, 공통의 가치를 공유하는 사람들이 모여 소통하면서 정원이라는 꽃을 피워 낼 때 진정한 변화가 이루어질 수 있다.

뜻이 있는 사람이 머문 자리에는 향기가 남는다. 피트 아우돌프가 걸어 온 삶의 여정에서도 은은한 향이 난다. 그의 삶을 돌아보며 정원과 식물로 보다 아름답고 건강한 일상을 만들어 가는 이 의미 있는 작업에 독자들이 함께 동참해 주길 원한다. 끝으로 2020년부터 시작된 피트 아우돌프 3부작 번역서 작업에 함께해 준 목수책방에 고마움을 전하며, 3부작까지 출간될 수 있도록 애정 어린 관심을 보여 준 모든 독자에게 진심을 담아 감사의 마음을 전한다.

2022년 여름 옮긴이 최경희, 오세훈

일러두기

- 본문에 나오는 식물의 한글 이름은 국립수목원의 국가표준식물목록KPNI과 국가표준재배식물목록 KGPNI을 참조했다.
- 한글 이름이 없거나 있어도 혼동의 여지가 있는 식물은 역자가 선택한 학명 발음 기준에 따라 한글 발음으로 표기했다.
- 품종명과 인명 등 외래어 표기는 외래어표기법을 참조했으며, 일부 단어는 널리 통용되는 발음으로 표기했다.
- 식물 용어 설명은 국립수목원 간행물 〈알기 쉽게 정리한 식물 용어〉와 산림청 국가생물종 지식정보 시스템의 식물용어사전을 참조했다.
- 본문의 작은 명조체는 저자주, 고딕체는 역자주다.

머리말

영국 왕립마스든병원Royal Marsden Hospital의 매기스 센터Maggie's Centre, 미국 델라웨어식물원Delaware Botanical Gardens, 덴마크 노마 레스토랑Noma Restaurant 정원, 독일 비트라 캠퍼스 가든Vitra Campus Garden, 미국 아우돌프 가든 디트로이트Oudolf Garden Detroit 등 피트 아우돌프가 담당한 주요 프로젝트의 목록은 끊임없이 이어지고 있다. 대부분의 사람이 일을 멈출 나이에 피트는 더 많은 일을 하고 있는 것 같다. 새로운 디자인 의뢰의 상당수는 미술관이나 갤러리에 조성하는 정원으로 네덜란드의 포를린던미술관Voorlinden Museum과 싱어 뮤지엄Singer Museum, 스페인 바스크 지방의 칠리다레쿠미술관Chillida-Leku Museum, 잉글랜드 서머싯주Somerset와 스페인 메노르카Menorca의 하우저 앤드 워스 갤러리the Hauser & Wirth Gallery 등이다. 아울러 수상 경력도 쌓이고 있다. 몇 가지만 들자면 싱어 뮤지엄 수상, 셰필드대학교 명예학위 그리고 네덜란드의 오라녀나사우 훈장Order of Orange-Nassau 등이다.

이 책의 초판이 출간된 이후로 피트는 계속 새로운 주요 공공정원이나 개인정원의 조성과 식재를 맡아 작품이 늘어나고 있는데, 그중 몇 곳을 이 책에서 살펴보기로 한다. 식물에 초점을 맞춘 다른 디자이너들과 협업했기 때문에 성과가 그만큼 늘어날 수 있었다. 보통의 조경회사들이 보여 주는 위계질서와 틀에 박힌 방식에서 탈피한 작업 방식은 대단히 효과적인 것으로 보인다. 이것이 바로 이번 개정판에서 다루어 볼 주제 중 하나다. 피트는 이제 일을 믿고 맡길 수 있는 동료들이 충분해서 여러 가지 주요 프로젝트를 동시에 진행하곤 한다. 이러한 사실만으로도 피트와 그가 핵심 역할을 담당한 자연주의 식재 운동이 얼마나 큰 진전을 이루었는지 가늠해 볼 수 있다.

전 세계적으로 이러한 움직임이 성장하고 있기 때문에 이번 개정판에 새로운 내용을 추가할 수 있었다. 어떻게 보면 피트의 작업은 빙산의 일각에 불과할지도 모른다. 세계적으로 자연주의 식재 적용에 대한 관심이 급증하고 있기 때문이다. 이런 현상을 이끈 원동력은 원예업체에서 공급하는 표준화된 식물 대신 지역 자생종을 사용하려는 의지 덕분이기도 하다. 피트가 사용하는 식물은 그 출처가 매우 광범위하기 때문에 피트의 자연주의 윤리는 아주 다양한 서식처에서 온 식물을 예술적으로 활용하기에 이상적이다. 예를 들어 브라질 남부의 세라도Cerrado 초원에서는 피트의 식물 선택이나 조합이 브라질리아Brasilia, 브라질의 수도의 디자이너들에게 영감을 주어 북유럽에서 작업하는 그 누구도 들어보지 못한 식물을 사용했다. 이제 중국·일본·한국에서도 공공공간이나 넓은 정원에서 여러해살이풀과 그라스의 사용이 증가하고 있으며, 그중 많은 부분을 자생종 식물이 차지한다. 당연하게도 영감과 기술적 조언을 얻기 위해 피트가 연구 대상이 되고 있다. 가까운 유럽에서는 동유럽과 러시아의 여러해살이풀 사용 빈도가 크게 높아지고 있는데, 공공공간 식재나 개인정원 식재에 드는 비용을 확보할 수 있었기 때문에 이런 일이 가능해졌다. 피트의 작업을 향한 관심은 앞으로도 계속 높아질 전망이다.

2020년 여름
노엘 킹스버리

차례

옮긴이 서문 ··· 004
머리말 ··· 006

들어가며 ··· 011

간략한 일대기 012 | 식재디자인 016
야코뷔스 피터르 테이서와 서식처공원 014

후멜로, 그 시작 ··· 023

정원: 첫걸음을 내딛다 032 | 네덜란드 가드닝, 시골로 가다 045 |
북부 지방의 부흥 051 | 육묘장을 샅샅이 뒤지다 056 |
동지를 만나다 071 | 오픈 데이: 새로운 만남의 장 077 |
민 라위스 042 | 로프 레오폴트: 철학자-정원사 052 | 칼 푀르스터 060 |
에른스트 파겔스 066 | 헹크 헤릿선 072 | 안야가 특히 좋아하는 식물 089

이름을 알리다 ··· 099

국제적 교류 107 | 비전을 제시하다 117 | 정원, 형태를 갖추다 120 |
대중의 관심을 끌다 141 | 여러해살이풀 전망 153 |
스웨덴: 새로운 전환점 158 | 그라스 171 |
새로운 식물을 육종하다 179 | 공공부문의 의뢰 185 |
식물 팔레트 209 | 잉글랜드의 찬사 226 |
수집품 I 104 | 가지치기로 모양내기 150 | 사진가 피트 아우돌프 206 |
점점 더 야생적으로 224 | 혼합하기 232

해외 정원 작업 ·· 239

시카고 루리 가든: 북미 첫 프로젝트 239 │ 북미 식물로 작업하기 262 │
제약이 창의적 해법을 제시하다 267 │ 스무 해 동안 이루어진 발전 268 │
배터리 274 │ 트렌텀 이스테이트: 영국 미로 289 │
후멜로 정원의 변화 296 │ 진화하는 아이디어 307 │
하이 라인 310 │ 독일 프로젝트 335 │ 건축과 예술을 연결하다 342 │
디자인과 식물 활용에 관한 새로운 지평 351 │ 수상 356 │
계속되는 해외 작업 360 │ 함께 일하는 동료 394 │
후멜로: 디자인 너머 408

분산식물 258 │ 원거리 유지관리 264 │ 아이디어를 나누다 286 │
고유한 특성 292 │ 블록식재 308 │ 수집품 II 312 │ 가장자리화단 318 │
층위식재 343 │ 시각적 연출 348 │ 바탕식재 352 │ 식물 비율 396

각주 ·· 420
감사의 말 ·· 422
사진 출처 ·· 425
방문할 만한 추천 정원 ·· 426
찾아보기 ·· 428

들어가며

관광객 일행이 시내를 내려다보고 있다. 어떤 사람은 사진을 찍고 다른 이는 무언가 도시 풍경을 가리키고 있다. 2층 높이에서 도로를 내려다보고 있자니 곧 싫증을 느껴 발걸음을 옮긴다. 몇 걸음을 내딛자 다른 무언가가 한 사람의 시선을 사로잡는다. 바로 눈앞에서 꽃을 본 것이다. 곧 뒤따라 모든 사람이 사진을 찍는다. 계단을 따라 올라가야 하는데 식물들 때문에 자꾸만 시선을 빼앗겨 발걸음이 지체된다. 그동안 한 사람은 야생종 그라스 뒤쪽으로 삐져나온 광고판의 재치 있는 문구를 사진에 담느라 몰두한 탓에 나머지 다른 사람들과 멀어진다.

가장 혁신적인 세계 도시 조경디자인이라 할 수 있는 뉴욕 하이 라인the High Line에서 매일 벌어지는 장면이다. 방치된 고가 화물 철로를 공원으로 조성하자는 생각은 어떻게 보아도 과감한 결정이 아닐 수 없다. 하지만 하이 라인의 성공은 다름 아닌 식재가 프로젝트에 꼭 필요한 자리를 차지하고 있었기 때문에 가능했다. 계절마다 역동적인 시각적 질감을 만들어 내도록 디자인된 풍성한 식물종의 조합이 사람들을 공원으로 끌어들인다. 하이 라인은 어떤 식물원보다도 디자인의 조합, 즉 머무르고 싶게 만드는 조경 구조물과 시설, 좁은 산책로, 도심 속에 위치한 공원의 입지, 이 모든 것이 어우러져 사람들로 하여금 이전에는 결코 경험해 보지 못한 방식으로 식물을 바라보게 만들었다.

방치된 철로를 복원하자는 아이디어는 시민단체인 '하이 라인 친구들Friends of the High Line'로부터 시작되었고, 전체적인 큰 그림은 조경회사인 제임스 코너 필드 오퍼레이션스James Corner Field Operations와 디자인 스튜디오 딜러 스코피디오+렌프로Diller Scofidio + Renfro의 협업으로 진행되었다. 하지만 하이 라인이 세계적으로 명성을 떨치게 된 이유 중 많은 부분은 하이 라인의 식재가 차지하고 있다. 하이 라인 식재는 오늘날 업계에서 가장 유명한 네덜란드 정원·조경디자이너인 피트 아우돌프가 디자인했다. 공공정원 작업을 주로 하는 그의 작품은 새로운 방식으로 도시민의 일상에 식물을 가져다주었고, 풍요롭고 기억에 남을 공간을 만드는 데 식재디자인이 얼마나 효과적인 역할을 담당하는지를 잘 보여 준다. 지금은 전 세계 인구의 절반 이상이 도시에서 살고 있다. 인간의 목적에 부합하도록 지구를 마음대로 재편성하려는 욕구에 직면하여 자연이 완전히 위축되고 물러나 버린 도시에서 아름답고, 다양한 생명이 공존하며, 끝없이 변화하는 식재는 아마도 앞으로 우리가 온전한 정신을 유지하고, 다른 생명체와 우리의 공간을 공유하며 살 수 있는 능력에 필요한 절대적인 요소가 될 것이다. 이 책은 피트와 그의 작업에 관한 책이지 전기가 아닌데, 그 이유는 뒤에서 살펴볼 것이다. 피트는 동시대 식재디자인 움직임을 가장 성공적으로 주도한 재능 있는 인물이다. 하지만 그의 작업을 이해하려면 그 움직임 전체를 이해할 필요가 있다. 때문에 이 책의 초점은 피트 아우돌프에 관한 이야기에 있지만, 이 새로운 식재 흐름의 맥락과도 긴밀히 연결된다.

    이 책의 주제에 접근하기 위해 나는 피트와 그의 가족을 먼저 소개하고 오늘날의 식재디자인과 그 흐름을 만들어 낸 사람들의 이야기를 더 많이 덧붙일 것이다.

간략한 일대기

이 책의 초판은 1944년 10월 27일에 태어난 피트의 70세 생일을 기념하기 위해 출간되었다. 피트는 암스테르담 서부 하를럼Haarlem 근처, 모래언덕이 있는 작은 마을 블루멘달Bloemendaal에서 자랐다. 부모님은 레스토랑과 바를 운영했다. "불과 1킬로미터 떨어진 곳에 테이서 호프Thijsse's Hof라는 공원이 있었죠. 작은 야생화공원인데 어릴 때 거기 놀러 가길 좋아했어요. 하지만 그때만 해도 그 공원의 중요성을 미처 몰랐지요"라고 피트는 기억한다. 젊은 시절 페트루스Petrus, 피트의 정식 이름는 부모님의 사업을 도왔지만 곧 정원 만들기에 흥미가 생기기 시작했다. "가업을 잇지 않겠다고 결심한 스물다섯 살 즈음 정원 일에 관심을 갖기 시작했죠." 어느 날, 피트가 젊었을 때 하를럼에서 살던 집을 보여 준 기억이 난다. 커다랗게 담장 위로 올라온 대나무의 싱싱한 푸른 잎을 가리키며 자기가 처음으로 심었던 식물 중 하나라고 알려 주었다. 그는 조경시공에 관한 공부를 하고 정원 조성 일을 시작하는 데 필요한 자격증을 땄다. 처음에는 모든 일을 혼자서 도맡아 했지만 곧 식재에만 집중하고 싶어서 조경시설물과 포장 공사를 담당할 다른 기술자를 영입하기 시작했다. 온화하고 습기가 충분한 기후의 유럽 지방이라면 누구나 쉽게 키울 수 있는 너무나도 다양한 식물과 사랑에 빠진 여느 사람처럼 피트 역시 곧 더 많은 공간이 필요하게 되었다. 그래서 피트는 가족과 함께 후멜로Hummelo 마을로 이사했다. 우리의 본격적인 이야기는 바로 그곳에서 시작된다.

피트는 매우 가정적인 사람이다. 피트와 볼일이 있는 사람이라면 곧 그의 아내 안야Anja를 만나게 된다. 안야의 내조는 피트의 직업 생활에서 매우 중요한 자리를 차지한다. 둘은 아주 가까운 사이로 서로를 깊이 아낀다. "안야가 저를 보살피고 제가 할 수 없는 많은 일을 도와주죠. 안야는 제 일에서 사교 부분을 담당하고 있습니다. 다른 이와 소통하는 일을 맡고 있는데, 우리는 그렇게 서로 보완적인 관계입니다." 장남 피터르Pieter는 인근 도시에 살며 자주 부모님을 방문한다. 아버지의 디자인 열정을 물려받아 델프트 도자기 복제품과 현대 타일을 판매하는 일을 하고 있다. 둘째 아들 휘호Hugo는 아내의 나라인 에콰도르의 시골에 살며 세 자녀를 두고 있다.

피트는 전형적인 네덜란드인처럼 생겼다. 금발에 키가 크고 밖에서 많은 시간을 보낸 사람이 그렇듯 햇빛에 그을린 얼굴을 하고 있다. 간혹 무관심하다는 오해를 받기 쉬운 수줍은 성격에 말도 적은 편이다. 나는 피트가 네덜란드 역사에서 중요한 역할을 맡았던 동인도회사의 선장에 아주 잘 어울린다고 늘 상상했다. 저 멀리 수평선 너머에 시선을 고정하고 어떤 날씨가 닥쳐도 용감하게 헤쳐 나갈 그런 선장 말이다. 한번 피트를 알게 되면 그에게 인간적인 따뜻함과 소통하고자 하는 강한 의지가 있음을 깨닫게 된다. 개인정원 작업이란 신기하게도 사교성이 필요한 직업이다. 고객과 되풀이해서 만날 필요가 있고, 그 가족도 알게 되며, 식사도 여러 번 함께한다. 피트는 특히 고객이나 협업 동료와 진정한 친구 관계를 유지해 나가는 탁월한 능력이 있어 보인다.

야코뷔스 피터르 테이서와 서식처공원

네덜란드는 지구상에서 가장 인공적으로 '만들어진' 나라라고 할 수 있다. 하지만 이제는 전례 없는 수준의 자연 재생 사례들을 보여 주고 있다. 이러한 현상에 부분적으로 영향을 끼친 인물이 흔히 야크 테이서로 불리는 야코뷔스 피터르 테이서Jacobus Pieter Thijsse, 1865-1945다. 테이서는 네덜란드가 대규모의 집약농지를 확보하기 위해 넓은 지역의 황야나 숲지대를 무참히 베어 가며 마지막 남은 원생림을 훼손하기 시작했던 해보다 5년 전에 태어났다. 이러한 난개발은 익히 알려진 네덜란드의 습지대 간척사업보다 훨씬 더 심각했다.

테이서는 교사로 일하면서 자연보존주의를 주창하는 대표 인물이 되었고, 생물학과 자연사를 가르치기 위한 수단으로 자연을 이용했다. 그는 동료 교사인 엘리 헤이만스Eli Heimans와 함께 최초의 네덜란드 야생화 책을 써서 인기를 끌었고, 학교나 청년단체를 위한 교육자료도 만들고, 야생생물 보존과 더불어 그들을 위한 새로운 장소를 만드는 운동도 벌였다.

오늘날 일고 있는 서식처공원heempark 운동에서처럼 테이서의 업적에서 한 가지 중요한 점은 오로지 '자생종만' 심는다는 철칙을 내세운 적이 결코 없다는 사실이다. 독일 국경에 있는 빌리 랑게Willy Lange의 '노르딕 가든Nordic garden'과는 달리 테이서는 귀화해서 자리 잡은 외래종도 상당수 받아들였다.

테이서의 작업은 생애 말년에 이르러 최초의 서식처공원이라는 결실을 낳았는데, 지역 자생식물을 사용해서 디자인한 공공공간을 일컫는다. 당시 점점 팽창하는 암스테르담의 근교 신도시로 조성된 암스텔베인Amstelveen에 두 군데 서식처공원이 만들어졌다. 필생의 역작으로 자연에 가까운 환경을 조성한 조경디자이너 크리스티안 피터르 브루르서Christiaan Pieter Broerse의 작품으로, 그는 지역 공원의 책임자가 되었다. 암스텔베인 지역사회는 어느 곳에서나 도시환경과 자연이 잘 어우러지는 가장 진보된 모델의 하나로 성장해 나갔다. 은퇴한 공원 책임자였던 헤인 코닝언Hein Koningen은 "녹색은 토털 시스템, 녹색은 동거인, 시민의 문 앞까지 녹색을 데려다준다"라는 표현으로 이 모델을 설명했다.

서식처공원이라는 용어를 만들어 낸 브루르서는 자연주의 공원이나 정원은 무엇보다 아름답게 만드는 게 최고라고 믿었다. 자생식물 군락을 과학적으로 똑같이 재현해 내려는 시도 따위는 결코 하지 않았다. 숲, 습지, 모래언덕, 초지, 황야 등 자연의 모든 서식처를 출발점으로 삼아 각 공간이 지닌 특징 가운데 정수만을 뽑아 내되 미적인 흥미를 극대화했다. 그의 작업 방식은 선별된 자생 식물군락을 사진으로 옮겨 그중 시각적 매력이 강해서 중요한 역할을 하는 소수의 '주제 식물종'을 골라서 야생에서보다 훨씬 더 많은 개

야코뷔스 피터르 테이서
어릴 때 아우돌프는 네덜란드 블루멘달에 있는 테이서 호프와 불과 몇백 미터 떨어진 곳에서 살았다. 테이서 호프는 자연스러운 지형과 자생종 식물을 사용한 것으로 유명한 야크 테이서의 업적을 기념하기 위해 만들어진 공원이다.

수를 심는 것이다. 그는 특별히 교목과 관목으로 전체적인 틀을 잡는 일을 중시했고, 동시에 풍성한 초본층 만들기를 가장 신경 썼다.

브루르서의 유산은 자생종 식물에 대한 열정을 지닌 젊은 육종가 헤인 코닝언이 이어 갔다. 그는 처음에 하급 직원으로 시청팀에 합류했고, 2001년에 그 자리를 떠날 때까지 암스텔베인의 모든 서식처공원의 총관리자로 일했다. 헤인은 더치 웨이브Dutch Wave 운동에 가담했는데, 브루르서의 원래 작업에 참여하며 갈고 닦은 그의 관리기술은 빈번히 네덜란드·독일·스웨덴·영국 동료들의 연구·기록 대상이 되었다. 그의 관리 철학의 핵심은 천이 과정을 적용하는 것이다. 땅에 빈자리가 생기면 하나의 식물군락이 들어서고, 다른 군락이 연이어 들어오면서 성숙한 숲이 만들어질 때까지 연속적인 과정이 진행된다. 암스텔베인 공원에서는 이 과정이 미적인 흥미를 위해 관리되고 조각조각 서식처가 생기는데, 그 결과 매우 특별한 경관이 만들어진다.

유명해지면 사람이 변한다고들 하지만 피트를 아는 사람이라면 누구나 그가 명성을 얻고도 성격이 전혀 바뀌지 않았다고 말한다. 30년 된 친구인 요이스 하위스만Joyce Huisman은 "피트는 유명인과 같이 있다고 해서 태도가 변하지 않아요"라고 말한다. 미국 협업 동료인 릭 다크Rick Darke는 피트를 "진정한 협력의 모델이고 상대를 바라보고 귀 기울일 줄 아는 고귀한 인품을 가졌어요"라고 평한다. 실제로 피트는 다른 이의 명성을 그다지 중요시하지 않기 때문에 자신도 존경받을 만한 인물로 여기는 것 같지 않다. 그의 겸손함은 전형적인 네덜란드인의 기질이기도 하다. 다른 나라의 부자들이 보석과 자수로 화려하게 치장된 옷을 입고 과시할 때도 네덜란드에서는 가장 부유한 시민조차도 소박한 검정색 옷을 입는다. 렘브란트의 1662년 작품 '암스테르담 직물 제조업자 길드 이사들의 초상화'만 보아도 명백하게 드러난다. 칼뱅주의에서 기인한 이런 검소함은 바로 이 책이 전기가 아닌 이유이기도 하다. 네덜란드인들은 전기를 쉽게 받아들이기 어려운 글이라고 생각한다. "축구선수나 전기를 쓰게 하겠지"라고 피트는 비꼬듯이 말했다. 그는 겸손함과 함께 사람들을 향한 열린 마음과 그들의 말에 귀 기울이려는 의지도 보여 준다. 자신의 작품이 사랑을 받고 늘 보기 좋게 유지되려면 관리하는 사람들과 좋은 관계를 유지할 필요가 있다. 그렇게 평등주의가 몸에 밴 태도는 네덜란드인의 또 다른 특징이다.

무엇보다 피트는 자신의 작업이 수많은 사람을 기쁘게 한다는 사실을 좋아한다. 그가 공공정원 작업을 선호하는 이유이기도 하다. 정원이 유지되려면 돌봄이 필요하다. 뉴욕 배터리The Battery에 일련의 정원 식재를 의뢰했던 워리 프라이스Warrie Price는 "피트는 유지관리를 할 의지가 보이지 않는 장소나 단체를 위해 정원을 만들고 싶지 않다는 사실을 분명히 했습니다"라고 밝혔다. 정원은 단번에 끝나는 작업이 아니기 때문에 피트는 지속적인 관리에 늘 함께 참여하길 원한다. 물론 그런 일이 일어나지 않는 경우도 있지만 말이다.

식재디자인

장식적인 목적이건 심지어 기능적인 목적이건 간에 식물을 함께 배치하는 창조적 작업은 역사적으로 볼 때 비교적 그 가치가 과소평가된 기술이었다. 아마도 20세기 초반 독일에서 예술적 형태로 두각을 나타내며 절정에 달했다고 볼 수 있다. 하지만 유명 디자이너는 극소수였다. 영국의 거트루드 지킬Gertrude Jekyll, 1843~1932과 브라질의 호베르투 부를리 마르스Roberto Burle Marx, 1909~1994, 이 두 사람이 후대에서도 쉽게 기억하는 이름이다. 피트의 가장 중요한 업적 하나를 들자면 바로 모두를 통틀어 조경디자이너라는 직업의 위상을 높이는 데 크나 큰 기여를 했다는 점이다.

이 책에서는 피트를 생태적인 고려를 하면서 식재디자인을 하는 새로운 운동에 동참하는 한 사람으로, 최대한 그런 맥락에서 이야기하려고 한다. 이러한 흐름 자체를 뚜렷이 규정할 수는 없다. 같은 생각을 가지고 일하는 사람들 중에서 피트가 단연코 가장 성공적인 디자이너일 뿐이다. 그런 흐름에는 선언문도 없고, 회원제가 있는 것도 아니어서 늘 열려 있다. 유동적이며 누구든 환영하는 움직임이라 말할 수 있겠다. 나 역시도 이런 흐름에 속한다고 생각한다. 나는 식재디자인 컨설턴트로서 연구와 글쓰기, 디자인 작업을 병행하고 있다. 피트와는 1994년부터 알고 지냈으니 이 글이 마치 나 자신의 회고록을 쓰는 것처럼 느껴지는 순간도 가끔 있었다.

이러한 운동은 식물에 대한 깊은 지식과 식물 다양성 존중의 중요성을 늘 강조해 왔다. 1980년대 이후로 네덜란드·독일·스웨덴·영국 등의 유럽에서 점점 더 전문·아마추어 정원사가 새로운 식재 스타일을 발전시켜 나가고 있다. 19세기 이래 한 치의 변화도 없이 계속되어 온 한해살이풀로 꽉 채운 여름 화단이나 1960년대에 시작된 상록성 관목을 대규모로 심어 따분한 녹색 시멘트로 만들어 버린 조경식재에서 드러난 것처럼 뻔한 공식에 맞추어 식물을 사용하는 일에 전면적으로 반기를 들며 많은 사람이 이제 보다 느슨하고 좀 더 낭만적으로, 그리고 무엇보다 자연스러운 스타일로 조경을 해야 한다는 강력한 욕구를 느끼고 있다. 가장 중요한 점은 이 새로운 식재가 역사적 조경 관행에 저항하는 방법이라는 사실을 깨닫는 것이다.

이 새로운 식재 스타일에는 다양한 이름표가 따라붙었다. 영국의 평론가들은 '더치 웨이브'라는 이름을 언급했지만 이 이름에는 논란의 여지가 있다. 1996년에 쓴 내 책의 제목을 따라 '새로운 여러해살이풀 양식New Perennial Style'이라는 표현도 사용되었다. 독일에서 1980년대 이후로 매우 독창적인 여러해살이풀 양식을 발전시켜 온 사실에 비유하여 최근에는 '새로운 독일 양식New German Style'이라는 말도 들린다. 이들 각각의 정원문화가 나름의 개성을 발전시켰지만 이 모두를 아우르는 근간에는 세 가지 동일한 기본 원칙이 있다. 자연주의 미학을 추구하려는 강한 의지, 지속가능성, 생물다양성을 위한 서식처 조성에 초점을 맞추는 것이다.

잡지나 신문의 편집자들은 어떤 움직임에 이름 붙이기를 좋아한다. 그래야 정의 내리기가 쉽고 독자들도 쉽게 이해할 수 있기 때문이다. 물론 대표 인물을 지명하기도 좋아한다. 정원 관련 출판물의 편집자가 아닌 이상 정원계에서 일어나고 있는 새로운 동향에 관해서도 감을 잡지 못하는 편이다. 그런데 이는 커다란 오해를 불러일으키기도 한다. 때문에 피트는 친환경·생태 식재 운동의 리더로 자주 소개된다. 생태적 측면이 그의 작업에서 중요한 측면이기는 하지만 가장 중요한 부분은 아니다. 오늘날 여러해살이풀로 작업하는 디자이너들이 일으키는 변화의 물결에는 공통적으로 나누어 갖는 뚜렷한 목표가 있다. 자연에서 영감을 얻는다는 사실이 우리 모두의 작업에서 핵심이지만 하나의 선언문으로 잘라서 표현하기에는 너무나 다양한 움직임이다.

모두가, 특히 고객들이 좋아하고 효과적인 몇 가지 아이디어 덕분에 크게 성공을 거둔 디자이너가 틀에 박힌 작업을 하기도 한다. 많은 디자이너가 다양한 스타일이나 분위기로 작업할 수 있지만 고객이 다른 곳에서 만든 작품을 좋아해서 똑같은 걸 요청하기 때문에 새로운 시도를 하기가 어려워지는 것이다. 불운한 니콜라 푸케Nicolas Fouquet의 보르비콩트Vaux-le-Vicomte 정원에 눈독을 들인 루이 14세가 당장 르노트르Le Nôtre를 고용하여 그보다 더 크고 멋진 정원을 얼마나 만들고 싶어했는지 생각해 보자이 이야기를 모르는 독자들을 위해 알려드리자면 푸케는 남은 생을 감옥에서 보내고 르노트르는 베르사유 정원을 만들기 시작했다.

피트는 자신의 작업이 반복되는 것을 원치 않는다고 말한 적이 있다. 늘 새로운 식물 조합과 새로운 배치 방식을 시도하고 실험하며, 차별화된 관점으로 앞으로 나아가는 모습이 그의 작업을 계속해서 흥미진진하게 만든다. 하지만 내가 보기에는 이런 태도가 때로는 고객의 마음을 불편하게 만들지도 모른다는 생각이 든다. 피트는 항상 주변 경관은 물론 개인정원인지 공공정원인지 등 현장의 조건을 고려하여 디자인한다. 하지만 가장 중요한 점은 각각의 프로젝트가 그 자체로 전체 이야기 속에서 하나의 챕터가 되고, 정원을 만드는 그 순간까지 식물과 식재에 관해 경험으로 배운 모든 사실을 반영하여 독창적인 조합을 만들어 낸다는 사실이다. 그래서 그의 작업이 이전에 한 여느 작업과도 다를 수밖에 없다. 동일한 장소라도 역사의 룰렛 휠을 다시 돌려 몇 년 전에 조성했거나 몇 년 뒤에 의뢰했다면 다른 디자인 해법이 적용되었을 것이다. 그렇다 하더라도 피트의 새로운 디자인 기법은 축적되는 경향이 있다는 사실을 짚고 넘어가야겠다. 그는 식물을 함께 배치하는 특정 방식 자체를 완전히 포기하지 않고 새로운 프로젝트에 몇 가지 새로운 기술을 적용해 본다. 그 결과 몇 개의 층위로 이루어진 복합적인 구성이 가능하고 특정한 시각적 또는 생태적 환경을 만드는 데 필요한 디자인 해법을 섬세하게 조율하는 능력도 늘어난다.

많은 예술가가 그러하듯 피트는 고도로 시각적이고 직관적인 방법으로 작업한다. 때문에 그가 사용하는 방법론의 핵심을 구체적으로 묘사하기가 특히나 어렵다. 고정된 방식으로 일하는 경우는 아주 드물어서 그를 공부하는 학생들에게는 여간 이해하기 힘든 일이 아니다. 한번은 피트가 다국적 학생 그룹 앞에서 설명하는데 한 범주의 식물부터 디자인을 시작한다고 했다가 때로는 다른 범주로 시작하기도 한다는 말을 하자 학생들이 의아하다는 표정을 짓던 기억이 난다. 피트의 디자인 방식은 도무지 종잡을 수가 없다. 아마도 이런 이유 때문에 그가 만드는 경관이 하나같이 창의적이고 자신이 좋아하는 식물 팔레트를 사용하더라도 수많은 다른 효과를 만들어 내는 이유가 어느 정도는 설명이 된다. "규칙을 깨라"는 말은 피트가 자주 쓰는 표현이다. 이 책에서 피트의 작업을 체계적으로 정리하면서 내가 맡은 역할은 독자들이 이해할 수 있는 선에서 여러 규칙을 소개하고 그 규칙을 깨도록 격려하는 일이다. 그러므로 이 수업조차도 신조가 되게 할 생각은 없다.

노엘 킹스버리

후멜로, 그 시작

1982년 피트와 안야는 두 아들 피터르(당시 9세)와 휘호(당시 7세)를 데리고 네덜란드 동부 지역 헬데를란트 지방의 시골 마을 후멜로 변두리에 있는 약 4000제곱미터의 땅이 있는 오래된 농가로 이사했다. 너른 공간과 땅에서 식물을 길러 볼 필요가 있었기 때문이었다. 피트는 "우리는 작은 정원이 있는 교외에서 살며 어머니의 정원에서 실험용 식물을 키웠죠. 작은 정원을 디자인하고 다람쥐 쳇바퀴 돌 듯 일을 했어요. 고객이 제법 되었는데 더 많은 걸 시도해 보고 싶었죠. 이렇게 우리가 원했던 삶으로 한 걸음 더 나아간 겁니다"라고 말한다.

하를럼 지역에서 잘나가는 정원 설계·시공 회사를 운영하다 보니 피트는 점점 더 식물을 향한 관심이 커졌다. 정원디자인에서 여러해살이풀과 그라스의 잠재력이 어마어마하다는 사실을 깨달았지만 육묘장에서 그런 식물을 구할 수 없어 안타까웠다. 설사 구할 수 있다 해도 아주 양이 적었고 도매가로 구할 수도 없었다. 저명한 정원·조경디자이너 민 라위스(Mien Ruys)의 책은 피트에게 강한 인상을 남겼고 피트 스스로 '건전한 집착'이라 묘사하는 여러해살이풀을 향한 열정을 일깨우게 되었다. 1950년에 발간된 《여러해살이식물 책 Het Vaste Plantenboek》은 그 후에도 수년간 높이 평가받은 책으로 피트에게는 중요한 영감의 원천이자 참고 자료가 되었다. 그가 추구하고 싶은 모험적인 식재 타입이 커다란 잠재력이 있다는 사실을 깨달았지만 식물을 구할 수 없다면 어떤 진전도 불가능했기 때문에 피트는 자신의 육묘장을 만들기로 결심했다.

식물에 열정을 가진 사람이라면 누구나 잘 알듯이 그에게도 머지않아 재배 공간이 문제가 되기 시작했다. 하를럼에서 사는 게 답답해진 것이다. 디자이너로서 피트의 창의력은 공간 부족으로 점점 더 한계에 부딪혔고 사업가로 발전하는 일도 정체되었다. 피트는 실험용 식물을 찾아 여행을 시작했다. 마

하를럼에 있는 플라터Plate 일가의 정원. 피트의 초기 디자인에 속한다.

음에 드는 식물을 접하면 재배하고 번식시켜 고객의 정원에 사용했다. 물론 초기에는 네덜란드만 찾아다녔는데 당시만 해도 다양한 선택을 할 수 있는 육묘장이 거의 없었다. 독일이나 영국이 더 좋은 공급원이었다. 하지만 구해 온 식물을 재배할 공간이 우선적으로 필요했다.

1970년대부터 네덜란드나 영국, 또는 다른 서유럽 국가에서도 이상주의 성향의 젊은 가족들이 도시를 떠나 시골로 들어가려는 움직임이 생겨났다. 하지만 피트의 이주는 시골 생활을 원했다기보다 식물 재배가 목적이었다. 그는 1만 3000제곱미터 면적의 오래된 농가를 사면서 새로운 출발의 기회를 마련했다. 하지만 처음에는 할 일이 산더미였다. "집은 완전히 낡았고 지붕의 기와가 떨어져 나가 있었죠. 건물 수리는 다 직접 했어요. 골조를 정비하고 벽을 만들고 지붕 작업까지 모두 했지요. 쉴 새 없이 일을 했지만 다행히 경험이 있었습니다. 하를럼에서 집을 두 채나 수리해 보았으니까요"라고 피트는 기억한다.

초기에 피트는 롬커 판데카 Romke van de Kaa와 동업을 했는데, 그는 영국의 유명 정원사이자 작가인 크리스토퍼 로이드 Christopher Lloyd의 정원에서 수석정원사로 일한 경험이 있고 그는 피트에게 소중한 인맥을 제공했다 그 후에는 아일랜드에서 일했었다. "어느 잡지사가 후원하는 모임에서 만났죠. 모든 일을 저 혼자서 할 수는 없다는 걸 깨닫자 파트너가 필요했어요." 피트는 이렇게 당시를 회상했다. 롬커는 1985년까지 피트와 함께했다. "각자의 길을 가기로 했습니다. 롬커는 지적이고 지식인이었죠. 글을 쓰기 시작했습니다. 육체노동은 모두 제가 했어요. 롬커는 결국 자신의 육묘장을 인근 마을 디런 Dieren에 세웠죠." 피트와 롬커의 동업 관계는 오래가지 않았지만 피트는 "롬커가 제게 영국 정원과 육묘장의 문을 열어 주었죠"라고 강조한다. 결과적으로 이 관계는 피트가 식물전문가, 육종가, 디자이너로 성장하는 데 절대적인 역할을 했다.

새집에서 보낸 처음 몇 해는 힘든 시기였다. "대출금을 손에 쥐고 보니 1년 생활비밖에 안 되었습니다. 처음에는 고객도 없었어요." 그 말은 가난이 멀지 않았다는 의미였다. 피트는 "집수리에 필요한 노동을 너무 쉽게 생각했던 것 같아요. 낮에는 육묘장을 만들고 밤에는 수리를 계속했습니다"라고 말한다. 초기에 유일한 수입원은 안야의 절화 판매였다. 동네 꽃집들은 아스트란

후멜로 초기의 가족생활은 집수리와 육묘장 만들기를 중심으로 이루어졌다.

얼어붙은 겨울 풍경은 늘 피트의 마음에 울림을 주었다.

티아*Astrantia*, 에키나세아*Echinacea*, 에링기움*Eryngium*, 심지어 물안개 같이 섬세한 길레니아 트리폴리아타*Gillenia trifoliata*까지 고객들이 여태 보지 못했던 식물로 채워지기 시작했다. 안야는 "후멜로로 이사한 일은 커다란 변화였습니다. 늘 쉽지만은 않았어요. 추운 겨울에 난방이 안 되었죠. 장작 난로가 있었는데 너무 추울 때면 밤에 두 번이나 일어나 불을 때야 했어요. 하지만 줄곧 앞만 바라보며 나아갔습니다"라고 당시를 회상한다.

아들 피터르는 이렇게 기억한다. "아주 어릴 때여서 저는 오히려 재미있게 느껴졌어요. 완전 새로웠거든요. 농장이랑 들판도 있고 학교에는 농부의 아이들도 있었죠." 온전한 가족으로 새집에 이사 갈 때까지 아버지가 몇 달에 걸쳐 집수리를 했다고 그는 말한다. 아이들이 뛰어다닐 공간은 충분했고 놀거리도 풍부했다. "나무 위에 집을 지었어요. 나중에는 작은 전동자전거도 있어서 시골길을 달릴 수 있었죠. 애완용 도롱뇽과 개구리도 있었어요." 나중에 아이들은 육묘장 일도 조금 도왔고 이웃의 조경시공업체에서도 일했다. 피터르는 자동 관수시스템이 없어서 물주기를 도왔던 기억에 관해 이야기한다. 스무 살 즈음 피터르도 자신의 회양목을 키워서 가지치기를 한 다음 성목을 만들어 정원디자이너들에게 판매할 목적으로 키우기 시작했다. 그는 아직도 동네 밭을 소유하고 있고 식물 판매도 계속하고 있다.

안야는 집안일을 하고 아이들을 돌보았다. "피트가 롬커와 동업을 시작했을 때에는 거기에 관여하지 않았어요. 하지만 롬커가 떠난 후 식물 작업에 더 많이 관여하게 되었죠. 식물종에 관해 배우고 재배 방법도 익혔습니다." 자신이 육묘장을 운영하기 시작했다는 말을 안야는 이렇게 겸손하게 표현했다. 안야는 육묘장이 번성하기 시작하면서 해마다 삽목과 분주, 포트에 담아 매장으로 옮기기 등 한 해 동안 해야 할 업무를 관리했고, 물론 고객들도 맞이해야 했다. 육묘장은 곧 소매업으로 발전했고 먼 곳에서도 식물을 사러 오기 시작했다. 안야는 열성적으로 '안주인' 역할을 맡았다. 손님이나 잠재 고객을 응대하고 더 오래 머무는 이들을 위해 커피도 준비했다. 타고난 외향적인 성격이라 안야가 했던 비즈니스를 위한 대표 역할은 아주 값진 것이었다. 물론 보이지 않는 곳에서 모든 준비를 하는 것도 안야의 몫이었다. 수많은 행사를 포함해 육묘장을 운영하는 일은 사람을 다루는 일을 의미했다. 안야는 동네 부인들을 불러서 번식 작업이나 커피·음식 준비, 손님맞이 등의 일을 돕도록 했다.

안야 덕분에 모든 일이 순조롭게 돌아갔다. 실제로 후멜로를 방문한 사람들은 모두 안야 이야기를 했는데, 그녀의 쾌활하고 시원시원한 스타일을 언급했다. 안야에게는 완벽한 조합이었다. "밖에서 사람과 식물과 함께하는 건 늘 행복한 일이었죠."

정원: 첫걸음을 내딛다

처음에는 정원이라 부를 만한 게 없었다. 토양은 구역별로 큰 차이가 났지만 전체적으로는 양질 사토였다. 식물을 재배하기에 알맞은 비옥한 땅이었고 점토질이 더러 발견되기는 했지만 너무 질지는 않은 흙이었다. 집 뒤로는 창고와 부속 건물이 있었다. 이것을 허물어 버리고, 포트에 담은 식물을 배치할 육묘장 구역을 만들고, 콘크리트로 테두리와 통행로를 설치했다. 물빠짐을 좋게 하기 위해 모래도 추가했다. 작은 직사각형 연못도 두 개 만들었지만 물이 새는 바람에 없애 버렸다. "앞쪽에 동그란 연못을 하나 만들었죠. 물론 처음에 연못을 만들려던 건 아니었어요. 겨울에 비가 많이 올 때 물을 가두어 두기 위한 목적으로 파둔 곳이었죠"라고 피트는 기억한다. 당시 사진을 보면 집 주변 땅은 완전히 개방된 모습이었고 유럽너도밤나무 생울타리만 짧게 식재되어 있었다. 육묘장 구역 너머 가장 뒤에 있는 공간은 식물 테스트나 번식용 모체를 키우기 위한 재배 공간이었고 여러해살이풀이 줄지어 자라고 있었다.

1986년에는 더 많은 실험용 화단과 판매용 포트 식물이 앞쪽에 준비되었다. 비슷한 시기에 피트와 안야는 이웃과 부동산 거래를 해서 옆에 붙은 땅을 더 많이 사들일 수 있었고, 덕분에 육묘장을 넓힐 공간을 얻게 되어 온실을 짓고 재배 공간을 추가로 확보할 수 있었다. 협상은 몇 년간 이어졌는데 결국에는 땅을 교환하는 걸로 마무리 지으며 겨우 한숨을 돌리게 되었다.

집 앞의 너른 공간은 실험용 여러해살이풀 화단으로 배치했다. 적당한 크기가 되면 고객의 정원에 옮겨 심을 목적으로 주목을 무리 지어 심었다. 서로 엇갈리는 줄의 나무를 빼내자 당장 필요하지 않은 수량이 남았다. 그래서 나온 아이디어가 남은 주목들의 모양을 다듬어 생울타리로 만들어 보자는 것이었다. 결과적으로 나온 독특한 형태는 그 자체로 장식 효과가 컸으며, 2011년 침수로 사라지기까지 후멜로 정원의 가장 유명한 특징 중 하나가 되었다. 조각 작품 같은 생울타리가 정원의 배경으로 빼어나게 잘 어울렸으며 잔디밭과 정원의 화단에 리듬감을 만들어 내는 주목 기둥과 완벽한 조화를 이루었다.

육묘장의 실험용 모체는 대부분 영국에서 왔다. 당시의 모험적인 네덜란드 정원사들에게 영국은 흥미로운 식물을 구할 수 있는 최고의 장소로 여겨졌다. 처음에는 롬커와 여행했는데, 그는 그레이트 딕스터Great Dixter에서 크리스

앞뜰과 미래에 육묘장이 될 장소의 초기 사진

후멜로의 농경지를 배경으로 형태를 갖추기 시작하는 육묘장

피트는 정원의 첫 온실을 짓고, 안야는 워시필드Washfield 육묘장에서 모종을 챙기고 있다.

토퍼 로이드와 일했던 경험이 있었기 때문에 영국 남동부 켄트주와 서식스주를 잘 알고 있었고, 피트에게는 그렇게 다양한 식물을 구할 수 있다는 사실이 새로운 발견이었다. 롬커가 소개해 준 인물 중에는 워시필드라는 전문적인 육묘장을 운영했던 엘리자베스 스트랭맨Elizabeth Strangman이 있었다.

워시필드는 1950년대 초반부터 존재했는데, 1982년 피트가 처음 방문했을 때는 스트랭맨 부인이 운영하고 있었다. 그녀가 유명해진 이유 중 하나는 당시 거의 컬트적으로 인기를 얻기 시작한 식물인 헬레보루스Helleborus 덕분이었다. 그녀는 발칸반도에서 식물 채집을 했고 야생에서 겹꽃 형태의 헬레보루스를 발견하여 육종 프로그램에 이용했다. 기본적인 교잡 기술을 사용하여 다양한 헬레보루스를 소개했고, 당시 사람들의 지대한 관심을 불러일으켰다. 육묘장 담당 매니저는 그레이엄 고프Graham Gough였는데 16년간 워시필드에서 일한 후 자신의 육묘장인 마천츠 하디 플랜츠Marchants Hardy Plants를 설립했다. 그의 육묘장은 정원도 유명했지만 새로운 식물을 소개하는 곳으로도 유명했다.

피트가 식물을 구하러 방문한 곳으로는 로빈 화이트Robin White가 헬레보루스 육종을 한 블랙손 너서리Blackthorn Nursery, 베스 채토Beth Chatto의 육묘장, 에식스의 시범 정원이 있었다. 서식처별로 식물을 선택한 베스 채토의 아이디어가 영국 정원사들 사이에 보다 친환경적인 사고방식으로 소개되기 시작할 무렵이었다. 당시에는 식물 검역서 없이는 한 나라에서 다른 나라로 식물 이동이 금지되었다. 하지만 세관 통관 절차가 점점 완화되자 애호가들은 식물을 한가득 차에 싣고 국경을 넘나들기 시작했다.

민 라위스

1990년대로 거슬러 올라가 피트와 대화를 나눌 때면 "민 라위스는 정원디자인의 모든 것이었다"라는 말을 듣곤 했다. 빌헬미나 야코바 마우사울트-라위스Wilhelmina Jacoba Moussault-Ruys, 1904~1999는 네덜란드 전후 시대의 가장 유명한 정원·조경디자이너였다. 민 라위스에 관해 영어로 된 글은 거의 없지만, 그녀를 이해하고 싶은 사람이라면 누구든 데뎀스바르트Dedemsvaart에 있는 민 라위스 가든Tuinen Mien Ruys을 찾아가면 된다. 어느 다른 디자이너의 정원도 이곳만큼 많은 것을 보여 주지 않을 것이다. 그녀는 10대 후반에 아버지가 운영하던 로열 무어하임 너서리스Royal Moerheim Nurseries의 일부였던 저택에서 정원 가꾸기를 시작했다. 그곳은 유럽에서 가장 규모가 큰 여러해살이풀 육묘장의 하나였으며, 민 라위스는 96세로 세상을 떠날 때까지 그 육묘장 운영에 관여했다.

    2000년경 내가 처음으로 민 라위스 가든을 방문했을 때 그 정원이 피트에게 어떤 영향을 끼쳤는지 금방 알아챌 수 있었다. 하지만 머지않아 피트는 자신의 디자인 스타일을 찾아가며 점점 더 민 라위스와는 멀어져 갔다. 또한 우리 영국인들이 미술공예운동Arts and Crafts 성격을 띤 정원과 귀족적인 시골 대저택 정원을 고수하는 태도를 보여 주다가 정원디자인에서 모더니즘을 구현할 수 있는 기회를 놓쳐 버렸다는 사실을 알 수 있었다. 방문객들은 민 라위스가 정원에서 시각적 상상력을 건축적으로 명확하게 표현했으며, 식물을 모험적이고 창의적으로 사용했다는 점을 특히 좋아했다. 28개 정도의 구역으로 나뉜 정원에는 민 라위스가 평생에 걸쳐 보여 준 창의적인 상상력이 녹아 있다. 라위스의 아버지가 여러해살이풀 육묘장을 운영했기 때문에 젊은 디자이너 민 라위스가 주로 개인정원에서 여러해살이풀을 즐겨 썼던 것은 지극히 당연한 일이었다. 1927년 영국의 조경회사에서 실습생으로 일하던 그녀는 연로한 거트루드 지킬을 만났다. 후에 독일 베를린에 있는 달렘Dahlem의 대학에서 공부하며 자연주의 성향을 보인 칼 푀르스터Karl Foerster의 사상을 접했다. 델프트의 집으로 돌아온 뒤로는 바우하우스Bauhaus 운동으로부터 지대한 영향을 받아 정원 구성에서 명쾌한 선형을 강조하는 방식이 평생 그녀를 따라다녔다.

    전후에 있을 수 있는 당연한 현상으로 유럽에는 개인정원 디자인 의뢰가 아주 적었다. 하지만 민 라위스의 강력한 사회주의적 정치 성향은 시대정신과 잘 맞아떨어졌다. 거대한 규모의 주택공급이나 공공시설 디자인 등 도시 계획이 필요한 시기였기 때문에 대부분의 작업이 공동체 정원이나 기타 공공구역을 만들어 내는 일에 집중되었다. 민 라위스의 작업은 예술가 피트 몬드리안Piet Mondrian과 캐나다의 건축·조경디자이너 크리스토퍼 터너드Christopher Tunnard로부터 영감을 받아 뚜렷한 형태감과 비대칭적 구성이 특징이

민 라위스, 1975년

고, 민 라위스는 체스 게임의 '비숍'처럼 대각으로 뻗는 동선과 축을 선호했다. 콘크리트, 조립식 슬라브판, 철도 침목 같은 새로운 자재들의 실험은 그녀의 작업이 과거의 방식에 안주하지 않고 근대 산업화의 흐름을 따르는 방식임을 보여 주었다. 대량 생산이 이루어지고 비싸지 않아 누구든 쓸 수 있는 요소들을 정원에 도입한 것이다.

민 라위스의 정원디자인은 대단히 실험적이었다. 다양한 관목을 생울타리나 추상적인 형태를 표현하기 위한 소재로 실험했고, 터키세이지 *Phlomis russeliana*, 머루 *Vitis coignetiae*, 그라스처럼 부피감이 있거나 질감이 돋보이는 식물들을 유행시켰다. 1954년에 창간한 〈우리들의 정원 Onze eigen tuin〉이라는 계간지는 오늘날까지도 이어지고 있다.

1924년에 설립된 데뎀스바르트의 민 라위스 가든에 있는 30개 화단 중 두 군데 전경

네덜란드 가드닝, 시골로 가다

작은 나라인 네덜란드는 암스테르담에서 로테르담에 이르는 좁고 긴 해안선을 따라 인구가 집중되어 있다. 인구밀도가 높은 이 지역 사람들의 생각으로는 가는 데 한 시간 이상 걸리는 거리라면 아주 먼 곳이다. 이런 사실을 깨닫게 된 것은 아우돌프 가족을 방문하고 암스테르담으로 돌아갔을 때였는데, 이 책의 편집자인 헤일렌 레스허Hélène Lesger를 만나자 "후멜로 그 먼 곳에서 왔다"고 외쳤기 때문이다.

아우돌프 가족이 도시에서 시골로 이사할 무렵 네덜란드의 많은 젊은 가족도 같은 움직임을 보였다. 아우돌프 가족이 이사를 했던 건 육묘장을 시작할 만한 넓은 공간이 필요하다는 현실적인 이유에서였지만, 다른 가족들은 1970년대에 일어난 유행을 따르기 위해서였다. 그 움직임은 1960년대 반문화운동counterculture movement에 정신적인 뿌리를 박고 있었다. 다른 많은 가족이 북쪽 지방으로 이사를 했지만, 아우돌프 가족은 너무 멀리 옮겨 가길 원치 않았다. 후멜로는 암스테르담에서 차나 기차로 약 한 시간 반 정도 떨어진 곳이었고 아른험Arnhem에서는 30분 정도, 독일에서 가장 인구밀도가 높은 곳의 하나인 루르 지방 외곽에서는 한 시간 정도 떨어진 곳이었다. 인근의 주요 관광지는 호허 펠뤼어Hoge Veluwe 국립공원으로, 후멜로는 외딴곳이 아니면서도 조용한 시골이었다.

더치 웨이브 식재 운동에서 중심 역할을 맡은 사람들은 암스테르담에서 북쪽으로 두 시간 정도 떨어진 더 먼 지역으로 옮겨 간 정원사들로, 강력하게 기존 문화에 저항하는 반문화운동을 한 세대였다. 하지만 내가 알기로 피트는 처음부터 그런 움직임에 동참하지는 않았고 히피였던 적도 없었다. 하지만 많은 동료와 더치 웨이브 운동을 포함한 반문화운동으로부터 깊은 영향을 받았다.

1960년대와 1970년대 초반의 반문화운동은 서양 산업국가에 큰 영향을 끼쳤다. 네덜란드에서는 극히 분열되고 보수적인 사회 분위기 속에서 전통의 틀을 파괴하는 데 큰 역할을 맡았다. 그때까지 사람들을 구분하는 첫 번째 기준은 천주교와 개신교, 또는 세속적 반종교 등의 종교적 신념이었고 이들 각각의 그룹은 서로 아무런 관계도 맺지 않았다. 1960~70년대의 떠들썩하고 다채롭고 때때로 폭력적으로 변하기도 했던 젊은이들의 반항은 부분적으로는 이러한 단절을 거부하는 운동이기도 했다. 시위는 여러 다른 정치·사회적 양상을 보였는데, 암스테르담에서는 빈집을 점거하고 마약을 상용하는 문화로 발전되기도 했다. 마약이 가장 극단적인 유산이었다면 아마도 제일 커다란 자취를 남긴 건 예술적인 유산일 것이다. 프로보스Provos라 불리는 무정부주의 그룹이 가장 떠들썩한 핵심 세력이었고, 그들은 사유재산 개념을 폐기해야 한다는 주장과 대책을 제시했다. 그들이 고안한 하얀색 자전거는 누구나 빌려 탈 수 있고 사용이 끝나면 거리에 내버려 두도록 했는데, 이는 '부르주아' 재산 소유의 거부를 표현한 가장 유명한 사례다.

다른 나라의 반문화운동처럼 재산권 거부 운동은 도시 생활을 거부하고 시골로 이주하는 것으로 특징지을 수 있다. 1960년대 운동에 참여했던 젊은이들은 정착하고 자녀를 출산하면서 시골 주변으로 거처를 옮겼다. 그들은 1980년대 초반에 방치되어 빈 채로 있던 낡은 농가들을 헐값에 살 수 있었다. "자급자족이 유행하던 시대였죠"라고 말한 플뢰르 판조네벌트Fleur van Zonneveld는 1971년 남편 에릭 스프라위트Eric Spruit와 북쪽 지방 흐로닝언Groningen으로 이사를 하며 첫 정원을 가꾸기 시작했다. "저도 작은 농가를 사서 처음에는 채소와 과일나무를 키우기 시작했어요. 그것만으로는 곧 지루함을 느끼게 되자 식물 재배를 시작했죠." 친구인 로프 레오폴트Rob Leopold도 북쪽으로 이주하여 식물 기르기와 정원 가꾸기에 특별한 관심을 보였다. 이후 그는 더치 웨이브의 주요 인물이 된다. 레오폴트는 1960년대 후반에 에릭과 함께 대학에서 철학을 공부했고 레이던Leiden의 한 코뮌자치 공동체에서 생활했다. 더치 웨이브 정원 역사의 오랜 멤버였던 레오 덴뒬크Leo den Dulk는 "로프는 꽤나 별난 친구들을 사귀었죠"라고 회상했다. 플뢰르의 기억에 따르면 환각제를 실험해 보던 유행은 이미 그들이 모두 이사할 무렵에는 사라져 가고 있었고, 젊음의 에너지와 반항 정신은 자신을 표현하기 위한 새로운 수단을 찾도록 만들었다. 그중 하나가 정원 가꾸기였고 다른 하나는 자연이었다.

1960년대 급진주의자나 반항아들, 특히 도시에 살던 사람들이 상당수 막 일어나기 시작한 녹색운동에 참여했고, 이미 시골에 정착한 사람들은 농업이나 정원 가꾸기로 옮겨 갔다. 이 시기에 네덜란드 시골은 계속 산업화가 진행되고 있었다. 인구 과잉과 소득 증가로 농산물 수요가 급증했고, 농부들은 더

오버레이설Overijssel에 있는 헹크 헤릿선Henk Gerritsen과 안톤 슐레퍼스Anton Schlepers의 프리오나 가든Priona Garden

많은 수확을 내기 위한 방법을 선택하기에 이르렀다. 그 때문에 초지나 습지처럼 야생화로 풍부한 서식처가 파괴되는 결과를 낳았다. 비료에서 흘러나온 질소나 인산이 물길을 오염시키고 갈대와 풀의 성장을 가속시켜 결과적으로 다른 종들을 쫓아내고 말았다. 헹크는 이렇게 말했다. "1960년대 초반에 자전거를 타고 위트레흐트Utrecht 주변을 다니던 기억이 납니다. 송이풀로 가득 찬 도랑이나 등대풀과 뚜껑별꽃이 무성한 들판을 보았죠. 하지만 이젠 다 사라져 버렸어요." 헹크 뿐만 아니라 많은 사람이 자연경관을 적극적으로 알리고 보존하려는 강한 욕구를 느꼈다. 특히 환경을 걱정하는 분위기와 정원 가꾸기를 향한 욕구가 만나 자생종 식물과 그 재배에 관한 관심을 점점 키워 나갔다.

헹크와 그의 파트너 안톤 슐레퍼스는 수년간 환경운동 캠페인을 벌인 암스테르담과 프리오나Priona 사이에서 시간을 나누며 살았다. 프리오나는 오버레이설 동부 지방 한적한 곳에 있는 안톤의 가족 농장으로, 안톤은 1978년부터 그곳에서 정원을 만들기 시작했다. 1983년에 그들은 도시를 완전히 떠나기로 결심했다. 헹크는 "에이즈로 많은 친구가 죽어 나간다는 사실에서 도피하고 싶었어요. 그들과 같은 운명을 피하고 싶었지요"라고 말했다. 그는 그와 가까운 사람들이 얼마나 도시와 도시 생활을 가망 없는 일로 여겼는지를 생생하게 전해 주었다.

하지만 네덜란드의 도시에 아무런 희망이 없던 것은 아니었다. 이 시기에 많은 사람들이 보다 직접적으로 자연을 접하기 시작했다. 1993년에 설립된 오아서Oase, 오아시스라는 뜻라는 이름의 조직이 많은 성과를 남겼는데, 이들은 이미 수년간 비공식적인 네트워크로 활약하고 있었다. 핵심 인물은 빌리 뢰프헌Willy Leufgen과 마리아너 판리르Marianne van Lier 커플인데, 헬데를란트의 옛 수도원에서 살았던 예술가와 음악가 등 다양한 창작 활동을 하는 사람들로 이루어진 단체의 일원이 되었다. 설립 이래 오아서는 워크숍·집회·답사 등을 진행하며 자연친화적 정원 가꾸기를 지지하는 전문 정원사나 아마추어 정원사를 위한 계간지를 발간했다. 자연환경을 몸소 접하고, 정원을 가꾸며, 예술을 매개로 사람들을 자연에 더 가까이 끌어들이는 게 주된 목적이었기 때문에 자생식물 역시 오아서의 주요 관심사였다. 빌리는 "우리가 제일 좋아한 프로그램은 엘리시움Elyseum이라는 이름의 친환경 가드닝 수업이었죠. 자연에서 영감을 받은 정원 만들기 기술을 가르치고 실습하면서 많은 사람을 교육시킬 수 있었죠"라고 설명한다.

북부 지방의 부흥

1970년대 도시를 떠난 이상주의자 세대의 수많은 젊은이가 북부 세 지방, 드렌터·프리슬란트·호로닝언으로 이사했다. 그중에는 플뢰르 판조네벌트와 에릭 스프라위트도 있었고, 로프 레오폴트와 안셔^{Ansje}로도 알려진 그의 아내도 있었다. 로프와 안셔는 네팔과 아프가니스탄에서 수입한 공예품을 판매하는 숍을 호로닝언에 열었다가 나중에는 시골집으로 거처를 옮겼다. 거기서 로프는 한해살이와 여러해살이풀을 재배하는 널찍한 실험농장을 만들었다. 그들을 따라 다른 젊은이들도 옮겨 갔는데, 반문화운동에 참여하지 않은 사람이라도 열린 하늘과 한적한 길, 특히 가장 중요한 '싼 집'을 찾아 떠났다. 오늘날 북부 지방에는 예술가뿐만 아니라 정원을 가꾸는 사람이나 작은 농장이 모여 있다. 북부 지방은 창의적인 영혼을 가진 이들이 여전히 모여들고 그들의 에너지를 반영하는 곳이다.

암스테르담이나 홀란드^{Holland} 해안 도시에 사는 사람들은 나머지 지역을 촌구석으로 치부하는 경향이 있었다. 특히 시골 출신이 아닌 사람들에게 북부 지방은 몹시 고립된 곳이었다. 당시 지도를 보면 어느 곳으로도 연결되지 않고 좀 더 가면 북해, 동쪽으로는 독일의 오스트프리슬란트^{Ostfriesland} 지방의 대체로 빈 땅이 펼쳐진다. 하지만 이렇게 소외된 지역이 훨씬 수준 높은 새로운 정원이 만들어지는 데 큰 역할을 했다.

1970년대와 1980년대 초의 네덜란드 정원계는 모든 면에서 지루한 시기였다. 대형 기업들이 농업을 통합하기 시작했고 상업성 원예도 같은 길을 따랐다. 육묘장은 효율을 더 중시하여 대개는 유럽 다른 국가로 수출하기 위해 대량생산이 쉬운 식물만 재배했다. 여러해살이풀은 눈에 띄게 유행에서 멀어졌다. "침엽수, 관목류, 빳빳하게 자라는 한해살이풀"이 전부였다고 플뢰르는 회상한다. "조금이라도 흥미로운 식물을 선보이는 곳은 별로 없었죠. 무어하임에 있는 민라위스의 육묘장이나 플루허^{Ploeger} 정도였습니다. 상업 육묘장은 아주 좁은 범위의 식물만 판매했기 때문에 사람들은 친구나 이웃과 식물을 나누어 갖곤 했죠." 피트는 흥미로운 식물을 접하기 힘들던 시기에 헤르만 판뵈세콤^{Herman van Beusekom}이 운영하는 크베케레이 더블루멘후크^{Kwekerij De Bloemenhoek} 육묘장을 "홀란드에서 플루허와 보스코프^{Boskoop}에 있는 몇 곳 다음으로 처음 만난 보석 같은

로프 레오폴트: 철학자-정원사

"우리는 지금 아름다운 꽃으로 가득한 초원에 있군요"라고 헝클어진 머리에 다부진 체격의 한 남자가 팔을 활짝 벌리며 말했다. 그가 이 말을 한 곳은 강연장이었으니 초원의 야생화란 자신의 주위에 앉아 있던 참석자들을 일컫는다는 사실을 쉽게 알아차릴 수 있었다.

그가 바로 로프 레오폴트1942~2005였다. 피트와 안야의 막역한 친구로 막 새롭게 일어나던 식재 운동의 주요 인물이다. 위의 일화는 평소 그가 얼마나 함축된 표현으로 말을 했는지 보여 주는 전형적인 예다. 그에게는 비영어권 국가의 연설자들이 지닌 특별한 재능이 있었는데, 비록 문법적으로 틀리거나 잘못된 표현을 쓰더라도 개의치 않고 원하는 바를 정확하게 전달할 수 있었다. 기술적으로 완벽하지 않은 그들의 말에는 원어민에게는 허용될 수 없는 일종의 시적인 느낌이 깃들어 있다.

로프는 다재다능한 사람이었다. 정원계에 깊이 몸담은 그는 20세기의 가장 위대한 혁신가 중 하나로 손꼽힐 만한 인물이다. 유럽 전역의 도시 공간에 번져 나가기 시작한 한해살이풀 초원이 바로 로프 덕분이었다. 하지만 로프는 기술적인 혁신을 가져온 사람으로 기억되는 것이 아니라 철학자, 그리고 사람을 연결하는 인물로 기억된다. "로프의 최고 강점은 사람들이 함께 토론하고 자신들의 활동을 생각해 보며 새로운 기회를 찾아낼 수 있도록 장려하는 촉매 역할에 있었지요"라고 피트는 회상한다.

정원은 로프의 철학에서 핵심적인 부분을 차지했다. 그에게 정원 가꾸기란 문화와 자연을 이어 주는 새로운 세상에 대한 비전을 제시하는 일도 포함되었다. 이는 로프의 묘사처럼 "만연하는 모더니즘"에 저항하는 일이었으며, 많은 동세대 사람처럼 고층 다세대 주택, 고속도로를 중심으로 하는 도시계획, 농업의 산업화 등에 반발하는 일이었다. 야생화가 사라지고 지역 자생식물이나 전통적인 풍경이 사라진다는 사실이 로프에게 아주 깊은 영향을 미쳤다. 때문에 정원 가꾸기를 향한 로프의 관심이 네덜란드 자생식물을 기르는 것에서부터 출발했다는 사실은 놀라운 일이 아니다.

로프는 언제나 철학적인 표현을 사용해 이야기했다. 하지만 자기중심적인 지도자guru 같은 인물이 아니라 실제로는 그 반대였다. 그는 새로운 경험과 사람, 아이디어에 늘 마음이 활짝 열려 있었다. 로프는 1980~90년대에 빠르게 성장하던 네덜란드 정원계에서 중심인물이 되었다. 수많은 정원 관련 학회나 모임에 참여했고, 모르는 사람들을 서로 소개해 주는 일을 즐겼다. 사람을 끌어모으는 일이 로프의 주된 인생 과제였고, 식물이나 씨앗과 함께 연락처를 나누는 일을 하나의 미션을 실현하는 두 가지 방법으로 간주했다.

정원계에서 로프의 실질적인 기여는 1978년에 흐로닝언 이웃인 딕 판덴뷔르흐Dick

왼쪽: 피트와 로프 레오폴트
오른쪽: 레오폴트와 딕 판덴뷔르흐가 운영한 종자회사의 카탈로그 표지

van den Burg와 설립한 크라위트-후크Cruydt-Hoeck라는 종자회사였다. 로프가 준비한 〈두꺼운 종자목록Dikke Zadenlijst〉이라는 이름의 훌륭한 씨앗 카탈로그는 도움이 되는 자세한 정보로 가득했다. 이 카탈로그의 글과 그림에는 배움과 열정이 고스란히 담겨 있었고, 단순한 판매용 상품 목록이라기보다 차라리 한 권의 책에 가까웠다. 이는 참으로 시의적절한 결과물이었다. 그 무렵 산업화된 세계의 모든 정원사가 비로소 잊힌 한해살이풀 종류나 과거로부터 물려받은 종이나 야생종 등을 재발견하기 시작했기 때문이다.

로프는 한해살이풀과 야생화 씨앗을 섞은 혼합체를 만들어 작은 봉지에 담아 개인 정원사들에게 판매했다. 이런 방법으로 전통적인 한해살이풀 정원 개념에 야생화를 이용한 정원 가꾸기를 접목했다. 이 혼합체에 영감을 얻어 영국 셰필드대학교의 교수인 나이절 더닛Nigel Dunnett은 비슷한 방법을 훨씬 더 넓은 영역에 적용하는 시도를 했다. 그가 제시한 픽토리얼 메도Pictorial Meadows, 나이절 더닛이 개발한 씨앗 혼합체의 상품명으로 여러 색채가 조합된 생동감 있는 식재가 특징이다 씨앗 혼합체는 전체 시기에 걸쳐 가장 성공을 거둔 실험 중 하나가 되었고, 다른 나라의 디자이너들도 더 발전된 시도를 할 수 있도록 자극을 주었다.

후멜로, 그 시작

위: 플뢰르 판조네벌트
아래: 엘리자베스 드레스트리유Elisabeth de Lestrieux와 함께 있는 헹크 헤릿선과 안톤 슐레퍼스

육묘장"이라고 말했다. 또한 자생종 식물과 스틴저 식물stinze plant1을 홍보하던 헤일린 통컨스Heilien Tonckens의 빌더 플란턴Wilde Planten 육묘장도 기억했다.

플뢰르는 "우리 북부 지방 사람들은 아주 적극적으로 정원을 가꾸고 있죠. 여성들의 가든 클럽 가입과 오픈 가든 행사 참여도가 아주 높아요"라고 말했다. 1970년대 후반과 1980년대 초에 가든 클럽 운동이 빠르게 확산하면서 보다 다양한 식물을 공급하는 시장이 만들어지는 데에 도움을 주었다. 플뢰르는 1983년에 자신의 육묘장인 더클레이너 플란타허de Kleine Plantage를 시작했다. 비슷한 시기에 정원을 공개하는 오픈 가든 움직임도 일어나기 시작했다. "남부 지방의 림뷔르흐Limburg와 제일란트Zeeland에 있는 몇몇 유명 정원이 일반인에게 문을 열기 시작했죠. 영국으로 자주 여행을 다녔던 분들이 관리하던 곳이라 대부분의 식물이 영국에서 온 것이었어요."

북쪽 지방의 정원사, 재배가, 육종가, 조경가로 이루어진 비공식적인 그룹이 이 지역에서 형성되기 시작했다. 그들의 첫 번째 목적은 더 쉬운 식물 공급이었다. 1983년에 흐로닝언 남쪽에 있는 식물원 호르투스 하런Hortus Haren에서 첫 식물 장터가 열렸다. 호르투스 하런의 행사는 몇 년간 이어졌고, 작은 육묘장들이 판로를 찾는 데 도움을 주었다. 또 다른 진전은 1998년에 네덜란드 국경에 인접한 독일 정원사들과 협력하여 이 지역의 정원을 공개하는 데 필요한 조직을 설립하는 일이었다. '이웃정원Het Tuinpad Op'2이라는 그룹이 독일의 오스트프리슬란트와 네덜란드의 흐로닝언, 드렌터의 정원을 공개하기 위하여 준비와 홍보를 담당했다. 2006년부터 두 언어로 만든 안내 책자와 웹사이트를 만들었다. 플뢰르는 "서로의 정원을 들여다보는 새로운 현상이었죠"라고 회상했다. 그녀는 이러한 행사가 사람들이 각자의 정원을 최고의 모습으로 보여 줄 수 있도록 정원에서 일하게 만들었다고 여겼다.

이 시기에 유일하게 젊은 세대의 관심을 끌었던 곳은 오버레이설의 데뎀스바르트에 있는 민 라위스의 정원이었다. 플뢰르의 표현을 빌자면 "부모님의 정원 같은" 구식 정원이라 생각하는 사람들도 있었다. 하지만 헹크 헤릿선에게는 첫 방문이 자신을 송두리째 변하게 만든 결정적인 순간이었다. 헹크가 한번은 이렇게 말했다. "1976년에 민 라위스 가든을 처음 방문했죠. 거기서 본 모든 게 다

마음에 들지는 않았지만 '아하!'라는 깨우침을 준 경험이었어요. 당시 저는 화가로 살아남기 위해 발버둥치는 중이었는데 문득 정원을 가꾼다면 디자인, 회화, 글쓰기의 예술적인 능력과 자연을 향한 열정을 결합시킬 수 있다는 사실을 깨달았습니다. 2년 후에 프리오나에서 정원을 만들기 시작했어요." 프리오나 가든은 데뎀스바르트에서 10킬로미터도 안 되는 거리에 있어서 헹크와 안톤은 자주 그곳을 방문할 수 있었다.

1970년에는 또 다른 화가가 네덜란드 정원계에 다방면으로 큰 영향을 끼치기 시작했다. 톤 테르린던Ton ter Linden은 당시 파트너였던 아너 판달런Anne van Dalen 과 드렌터의 라위넌Ruinen에서 정원을 만들기 시작했다. 그 무렵 정원 사진작가로 자리 잡은 마레이커 회프Marijke Heuff 덕분에 그의 작업이 널리 알려지게 되었다. 톤은 정원에서 자라는 식물과 정원을 모델로 수많은 수채화나 파스텔화를 그려서 판매했다. 1999년에는 한 해에 약 1만5000명의 방문객이 강렬한 색 테마를 자연주의와 결합한 그의 작품을 보러 왔다. 그때부터 톤은 예술가이자 사진작가인 헤르트 타박Gert Tabak과 함께 살며 처음에는 림뷔르흐, 그 다음에는 프리슬란트에서 정원 작업을 했다. 현재 그의 집은 네덜란드의 아주 한적한 시골길을 끝까지 가야 닿을 수 있는 상당히 외딴곳에 있다. 방문객 수를 제한하려는 의도가 뚜렷이 드러난다. 네덜란드에서 그의 작업은 영향력이 매우 컸는데, 심지어 피트보다 더 컸을 것이라고 플뢰르는 생각한다. "사람들이 이해하고 직접 따라 하기 쉬운 스타일이었죠. 늘 같은 작업을 반복했거든요. 시간이 지나면서 피트의 스타일에도 변화가 왔어요. 어떤 이들은 따라가기가 힘들다고 여겼죠. 피트의 정원은 쉽게 만들 수 있을 것처럼 보이지만 막상 만들어 보면 어려워요." 하지만 피트와 테르린던의 작업은 더치 웨이브 사상의 중심이 되는 기본 특징을 공유하고 있었다. 즉, 풍부한 여러해살이풀 사용을 강조하고 자연과 대화하려는 욕구를 표현하는 것이다.

육묘장을 샅샅이 뒤지다

네덜란드 정원사들이 1970년대와 1980년대 초반에 흥미로운 식물, 특히 여러해살이풀을 찾기 위해 영국, 그중에서도 잉글랜드로 향한 건 자연스러운 현

톤 테르린던의 식재디자인

상이었다. 독일에도 규모가 크고 훌륭한 육묘장이 꽤 있었지만 몇 군데만 제외하면 영국의 소규모 육묘장이 보여 주는 활력과 호기심이 부족했다. 섬나라 영국의 보다 온화한 기후가 하나의 요인일 수도 있었다. 어떤 식물종은 영국과 네덜란드의 기후에서 살아남지만 독일의 추운 겨울에 살아남을 확률은 크지 않았기 때문이다. 게다가 많은 네덜란드인이 영국을 좀 더 편하게 느낀다는 데는 의심의 여지가 없다.

놀라울 정도로 활기 넘치는 영국의 소규모 육묘장들은 이미 오래전부터 존재하기는 했지만 뜨기 시작한 것은 이 무렵부터였다. 1960년대 이전에 상업용 조경 식재에서는 여러해살이풀이 거의 알려지지 않았고 정원용 여러해살이풀도 대체로 색을 기준으로 선발되고 판매되어서 많은 노동력이 필요한 식재디자인이 주를 이루었다. 당시의 카탈로그를 보면 식물속의 범위는 제한된 반면, 각 속마다 특히 색에 변화를 준 어마어마하게 다양한 종이 있었다는 생각이 든다. 델피니움, 아스테르, 국화 등 특정 식물에 초점을 맞추어 전문성을 살리려는 경향도 보인다. 당시 독일의 상업 육묘장들도 비슷한 식물을 선보였다. 하지만 마저리 피시Margery Fish, 1892-1969나 비타 색빌웨스트Vita Sackville-West, 1892-1962 같은 작가들은 많은 사람이 읽던 신문의 주말 고정 칼럼이나 책으로 20세기 중반 영국 정원사들의 지평을 넓히는 데 크게 기여했다.

1950년대 '회색빛 10년'은 영국 여성들 덕분에 생기를 띠었다. 바로 정원사이자 작가였던 콘스턴스 스프라이Constance Spry, 1886-1960 같은 사람들에게서 영감을 받아 빠르게 성장한 꽃꽂이 클럽 덕분이었다. 당대 꽃꽂이 스타일은 꽃이나 잎 또는 식물의 다른 부위까지, 소재로 사용할 수 있는 식물의 영역을 대폭 확장시켰다. 그중 빼어난 아마추어 플로리스트로 베스 채토가 있었는데, 그는 좀 더 "색다른" 꽃이 피는 식물들을 절화용으로 키우기 시작했다. 정원계에 지대한 영향을 끼친 베스의 경력은 그렇게 시작되었다. 베스는 1967년 육묘장을 열며 비즈니스를 시작했고, 활발한 저술 활동과 강연을 했다. 베스가 끼친 영향은 아무리 강조해도 부족하다. 매력과 집요함을 동시에 지닌 베스는 육종가, 전시기획자, 작가로서도 끊임없는 열정을 보였다. 그의 첼시 플라워 쇼Chelsea Flower Show 초기 전시는첫 참가는 1976년 아스트란티아Astrantia나 대극Euphorbia처럼 당시에는 정원 식물로 여기지 않았던 식물을 전시했다는 이유로 심사위

칼 푀르스터

칼 푀르스터는 아마도 가장 영향력 있는 정원사로 역사에 남을 것이다. 육묘장 운영자와 육종가 외에 푀르스터는 철학자의 면모도 지니고 있었다. 이런 철학적인 접근 때문에 그가 쓴 글은 비독어권 독자들에게 번역도 어렵고 이해하기 어렵다고 느껴진다. 그의 형인 프리드리히 빌헬름 푀르스터는 잘 알려진 평화주의자로 나치정권 시절에 가장 두드러진 지식인 비평가 중 한 사람이었다. 그는 전쟁이 일어나는 동안 미국으로 망명을 떠났다. 푀르스터 역시 레지스탕스로 활동했고 유태인 친구들을 육묘장에 고용해 숨겨 주기도 했다. 영국과는 달리 독일의 관상용 식물 재배는 전쟁 기간이라고 해서 즉시 금지되지 않았다. 푀르스터의 용기에 도움을 받은 사람으로 발터 풍케Walther Funcke가 있는데, 그의 이름을 딴 톱풀 품종도 있다. 공산당원이었던 풍케는 나치정권 치하에서 4년간 감옥살이를 했고, 전후에는 공산 동독의 주요 조경디자이너가 되었다. 푀르스터는 그에게 피난처와 일거리를 제공했다. 푀르스터를 상징하는 베레모는 20세기 중반 예술가와 정치 급진주의자가 선택한 모자가 되었다. 그를 따르던 에른스트 파겔스Ernst Pagels나 한스 지몬Hans Simon 역시 베레모를 썼다.

푀르스터가 1903년에 부모님의 육묘장을 물려받았을 때 그가 해야 할 일은 여러 재배 품종이 마구 뒤섞인 '혼돈'에 가까운 당시 상황에서 식물을 선발하여 재배하고, 아름다우면서도 신뢰할 수 있는 두 가지 성격을 결합하는 일이었다. 칼 푀르스터는 몇 년 후에 베를린 외곽 지역 포츠담Potsdam에 있는 보르님Bornim에서 그의 유명한 정원을 시작했다. 정원 구성은 영국식에서 영감을 받은 선큰가든sunken garden, 단을 낮춘 형태의 정원을 중심으로 배치하여 당시 유행하던 색 테마 중심의 정원이 아니라 양치식물이나 그라스처럼 은은한 아름다움을 보여 주려는 그의 관심사를 반영하여 다양한 서식처를 포함하고 있었다. 그는 육종가로서 상업적으로 아주 인기가 많은 델피니움Delphinium, 풀협죽도Phlox, 국화Chrysanthemum, 아스테르Aster에 주력했을 뿐만 아니라 그라스도 육종했다. 그가 육종한 식물은 모두 370여 종에 이른다.

푀르스터는 점점 더 유명한 정원작가이자 정원 관련 라디오 방송인이 되었고, 그의 집과 정원은 후에 보르니머파Bornimer Kreis라 불린 정원·조경디자이너뿐만 아니라 많은 건축가, 작가, 예술가, 음악가로 이루어진 집단의 모임 장소가 되었다. 제2차 세계대전 발발 이전의 독일에서 정원 가꾸기는 문화계 엘리트들이 중시했던 활동이었고, 미술·철학·음악 그리고 자연에 관심이 있는 사람들을 이어 주는 역할을 했다. 당시 자연주의 정원디자인 작가로 가장 유명했던 빌리 랑게가 푀르스터의 책에 서문을 써 주긴 했지만 푀르스터는 랑

1967년의 칼 푀르스터

게와 그의 "자생종만" 키우는 "노르딕 가든"과는 거리를 두었고, 오로지 독일 자생종 식물만 선호하는 나치정권의 정책을 고발했다. 그는 독자들에게 식탁에 올라오는 음식이 "지구의 다섯 대륙에서 왔듯이" 정원 식물도 마찬가지임을 상기시키곤 했다.

전쟁이 끝나자 푀르스터는 당시 소련이 집권하는 구역인 동독에 남게 되었다. 공산 정권의 보호 아래 육묘장 일에 계속 관여할 수 있었는데, 비록 국영 기업이 되어 버렸지만 사실상 독일 전역에서 유일한 여러해살이풀 육묘장이었다. 그는 은퇴 후에도 글쓰기를 계속했고 동독과 서독 양쪽에서 그의 책이 출간되었다. 그는 디자인, 식재, 그리고 바이마르Weimar에 있는 괴테 정원Goethe's garden을 포함한 여러 공공정원 복원에도 관여했다. 포츠담에 있는 그의 우정섬Freundschaftsinsel 공공정원은 독일의 가장 유명하고 잘 정리된 여러해살이풀 컬렉션으로 유명하다. 이 정원은 진정한 생존자라고 할 수 있는데, 나치정권의 의뢰로 만들어져 공산정권이 유지관리를 맡고 통일 후에 다시 복원되었기 때문이다.

푀르스터의 유산은 수많은 신품종, 방대한 저서, 강연, 그에게 배운 후에 푀르스터처럼 미래에 큰 영향을 끼치게 될 제자들, 즉 온 세대의 정원사들이라 할 수 있다. '서식처 식재'를 확립한 리하르트 한젠Richard Hansen이 그의 제자였고, 워싱턴디시에 위치한 외메 밴스위든 조경Oehme van Sweden Landscape Architecture 회사의 볼프강 외메Wolfgang Oehme도 직접 그의 가르침을 받은 건 아니지만 '위대한 학생'으로 간주할 수 있다.

후멜로, 그 시작

원들의 비난을 받았다. 또 다른 주요 혁신가는 앨런 블룸Alan Bloom, 1906-2005인데, 육묘장 겸 전시용 정원으로 1955년에 설립한 그의 브레싱엄 가든Bressingham Gardens 역시 여러해살이풀을 정원 식물로 소개하고 새롭게 떠오른 비정형적인 식재 스타일의 소재로 널리 알렸다. 블룸은 1957년에 설립된 하디 플랜트 소사이어티Hardy Plant Society, 강인한 초본식물을 널리 알리고 연구하기 위해 1957년에 설립된 영국의 자선단체의 핵심 인물로, 점차 수가 늘어나던 여러해살이풀 애호가들이 서로 연락을 주고받을 수 있게 만들었다.

1980년대 초기에는 작은 육묘장들이 상당한 네트워크를 이루어 여러해살이풀을 키우기 시작했고 열성 있는 개인 정원사들이 모여 그들을 지원하기에 이르렀다. 당시의 잉글랜드는 피트가 식물을 찾으러 가기에 적합한 곳이었다. 피트뿐만 아니라 수많은 네덜란드 정원사나 재배가에게 다행이었던 점은 잉글랜드 남동부의 부유한 지역에 이런 육묘장들이 집중적으로 모여 있었다는 사실이다. 원예 낙원을 찾아가려면 왕래가 빈번한 페리를 타고 해협을 횡단하기만 하면 되었다. 한 나라에서 다른 나라로 식물을 이동할 때 거쳐야 하는 식물위생 검역이 점차 느슨해지기 시작한 것도 중요한 변화인데, 유럽연합에 가입해서 얻게 된 혜택이었다. 최종적으로 관상용 식물 관련 모든 검역이 사라진 것은 1995년에 체결된 솅겐조약Schengen Agreement 때문이다. 이 조약 덕분에 여러 국가간 식물여권이나 여타 검역이 생략되었다.

독일의 여러해살이풀 육묘장들이 영국만큼 새롭지는 않아도, 독일이 수많은 여러해살이 식물을 집중적으로 육종한 오랜 역사를 지닌 것은 사실이다. 독일에서 재배하는 식물들은 매우 인상적이고, 1950년대부터 많은 품종을 포기한 영국에 비해 더 오래된 육종 역사를 거친 다양한 품종으로 이루어져 있다. 페터 추어린덴Peter zur Linden과 하게만Hagemann은 자신들이 키우던 다양한 풀협죽도Phlox, 도깨비부채Rodgersia, 헬레니움Helenium, 노루오줌Astilbe, 그라스, 양치식물 종류로 유명했고, 1930년대 헬렌 폰슈타인 체펠린Helen von Stein Zeppelin, 폰체펠린 공작부인이 세운 폰체펠린 육묘장은 양귀비Papaver와 붓꽃Iris으로 유명했다. 바이에른 주 프랑코니아Franconia 지역에서 육묘장을 운영했던 식물전문가 한스 지몬은 어수선한 영국의 소형 육묘장 중 일부는 교잡종이나 원예종이 아닌 야생종 식

위: 앨런 블룸의 육묘장에서 여러해살이풀을 캐고 있는 피트 아우돌프
아래: 베스 채토와 민 라위스

물을 무수히 보유하고 있었다고 기억했다.

이 기간 동안에 피트는 한해에도 몇 번이나 독일 국경을 넘어 레어Leer로 가서 에른스트 파겔스를 만났다. 파겔스는 가장 뛰어난 독일 육묘업자 가운데 한 명이었다. 당시 70대였던 파겔스는 칼 푀르스터의 제자였고, 여전히 왕성하게 활동하며 식물 선발 작업을 했다. 피트는 "가장 최신 식물을 찾아서 집으로 가져왔고 교환도 많이 했어요"라고 당시를 회상했다. 피트는 향후 디자인 작업에서 주류를 차지할 수많은 식물을 파겔스에게서 구했다. 대표적인 식물로는 톱풀 '발터 풍케'*Achillea* 'Walther Funcke', 한라노루오줌 '푸르푸를란체'*Astilbe chinensis* var. *taquetii* 'Purpurlanze', 뿌리속단 '아마존'*Phlomis tuberosa* 'Amazone', 또 '아메티스트Amethyst', '블라우휘겔Blauhügel', '오스트프리슬란트Ostfriesland', '뤼겐Rügen', '텐체린Tänzerin', '베수베Wesuwe' 같은 수많은 살비아 네모로사*Salvia nemorosa* 품종, 그리고 버지니아냉초 '라벤델투름'*Veronicastrum virginicum* 'Lavendelturm', '디아나Diana' 등을 들 수 있다.

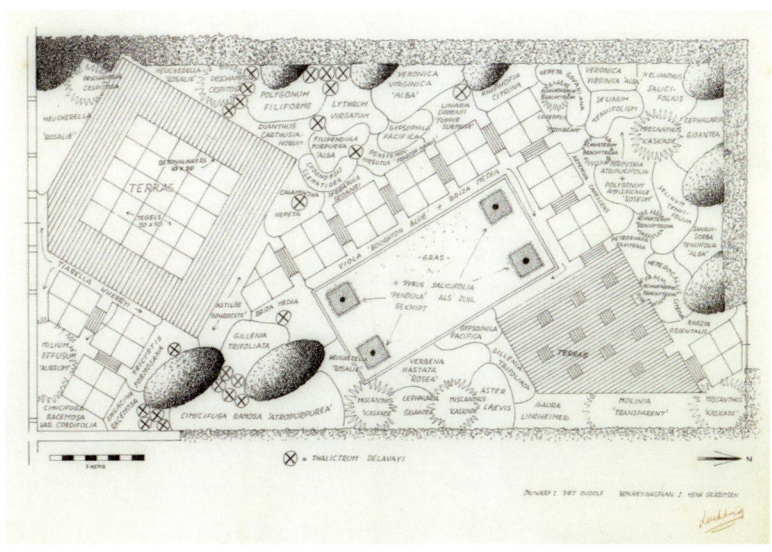

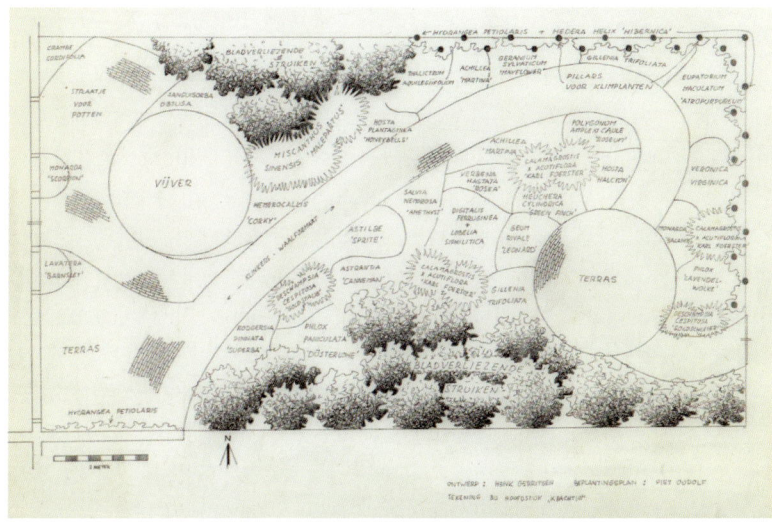

《꿈의 식물Droomplanten》에 수록된 피트 아우돌프와 헹크 헤릿선의 도면

에른스트 파겔스

에른스트 파겔스1913~2007는 20세기 독일의 가장 유명한 육묘업자이자 식물 육종가였다. 젊은 시절에는 포츠담 인근의 칼 푀르스터 집을 자주 방문하며 그의 제자가 되었다. 푀르스터는 파겔스 세대의 젊은이들에게는 위대한 지도자와도 같은 인물이었기 때문에 너무도 당연한 일이었다. 그는 전쟁이 끝나고 포로로 붙잡혀 고초를 겪은 뒤 1949년 고향 집으로 돌아왔다. "악몽 같은 시기를 지난 후에 처음으로 칼 푀르스터를 만났어요. 그의 친절함과 따뜻한 위로의 말이 지독한 우울감으로부터 벗어날 수 있게 해 주는 치유제가 되었죠"3 라고 그는 기억했다. 푀르스터가 건넨 선물 중에는 살비아 네모로사 씨앗 봉지도 있었는데, 동부 독일의 건조한 초지에서 흔히 볼 수 있는 식물이었다. 그 씨앗이 파겔스로 하여금 평생 식물 선발에 전념하게 만든 출발점이 되었다. 그로부터 진한 청보랏빛 꽃이 매력적이고 아담하게 자라는 탁월한 품종 '오스트프리슬란트'를 육종했다. 시든 꽃을 잘라 주면 다시 꽃이 피는 품종이다. 평생에 걸쳐 파겔스는 살비아 13종을 비롯해 30개 속에 걸쳐 130종의 여러해살이풀을 선발했다.

그가 품종을 선발할 때의 기준은 즉각적인 효과뿐만 아니라 우리가 '정원식물로서 지닌 가치'라고 부르는 것으로 수명이 길고 개화기 외에도 오랜 기간 전체적으로 단정해 보여야 하고 비교적 아담하게 자라야 한다. 이런 특징 덕분에 그가 선발한 식물의 절반 이상이 오늘날에도 상업적으로 재배되고 있다.

독일과 네덜란드의 동료들로부터 많은 존경을 받은 파겔스는 이 두 나라의 국경을 넘어서 유명세를 떨친 몇 안 되는 독일인 재배가였다. 레어에 있는 그의 육묘장에 가는 일은 마치 성지순례 같다고들 하는데, 나 역시도 같은 느낌을 받았다. 내 기억에 파겔스는 강한 인상을 남기는 체구에 그의 시그니처라 할 수 있는 베레모를 쓰고 있었다. 그의 정원에서는 지금까지 본 것 중 가장 덩치가 큰 참억새가 자라고 있었고, 시선이 가는 화단들의 바크 멀칭 사이로 곰보버섯이 올라오고 있었다. 또한 그의 화려한 색 아프리카 셔츠도 생각난다. 레어는 주요 항구도시인 브레멘에 가까운데 시간이 흐르면서 파겔스는 가나 출신의 몇몇 선원들과 친구가 되었다. 가나인 중에서 특히 이사 오스만Issa Osman은 파겔스와 아주 가까웠다. 그는 파겔스의 말년에 요양사 역할을 하며 그를 돌보았고, 지금도 육묘장에 이은 공공정원 프로젝트에 깊게 관여하고 있다. 2세기를 거슬러 올라가는 전통인 오스트프리슬란트 다례도 있었다. 향이 진한 차에 특별한 크리스털 설탕과 크림이 많은 우유를 넣어 마시는데, 이제는 '티 밀크'라는 이름으로 종이팩에 담겨 판매되고 있다.

슬로베니아의 텔레비전 프로듀서인 스타네 수슈니크Stane Sušnik 역시 에른스트 파겔스

1993년의 에른스트 파겔스

를 방문했는데 "이런 스타일의 정원 가꾸기에 막대한 영향을 미친 사람들 중 몇 분이라도 만나게 되어 아주 자랑스러웠죠"라고 회상한다. "우리의 초원이나 숲에서 자라는 온갖 식물도 정원에 쓰일 수 있다는 사실을 깨닫게 해 주었어요. 물론 자연 그대로의 방식은 아니라 하더라도 어떤 종이나 품종을 골라서 커다란 그룹으로 모아 함께 섞어 심을 수 있다는 것을 말이죠."

정원디자이너 마이클 킹Michael King은 "해마다 그의 생일이면 점심을 같이 하곤 했어요. 수많은 네덜란드 육묘업자도 같이 모였죠. 네덜란드에서 육묘장을 운영하는 많은 이가 그를 중요한 영감의 원천으로 삼았어요. 피트와 안야도 늘 참석했고 한스 크라머르Hans Kramer, 쿤 얀선Coen Jansen, 브리안 카버스Brian Kabbes, 헹크 헤릿선도 몇 번 왔죠. 좋은 레스토랑으로 그분을 초대해 점심 식사 대접을 해드렸어요. 식탁의 상석에 앉으셨죠." 파겔스는 사망하기 전에 그의 육묘장을 한 재단에 남겼는데, 지금은 루돌프 슈타이너Rudolf Steiner 유치원과 그가 길렀던 방대한 식물 컬렉션을 보유한 공공정원으로 운영되고 있다.

(앞 페이지와 위 아래) 유명한 헹크 헤릿선과 안톤 슐레퍼스의 프리오나 가든

동지를 만나다

처음에 피트와 안야는 피트의 정원디자인 사업에 필요한 식물 공급을 목적으로 육묘장을 설립했지만, 우리 모두가 잘 알다시피 육묘장 자체도 하나의 독립된 사업체로 성장해 나갔다. 열정적인 정원사들이 흔히 보기 힘들거나 새로 소개된 그의 식물을 사러 왔다. 육묘장 운영은 아우돌프 부부에게 수입과 명성을 얻게 해 주었으며, 새로운 사람들을 만나는 데 큰 도움이 되었다. 이 육묘장 초기 방문객 중의 한 사람이 헹크 헤릿선이었다.

당시 헹크는 보다 다양한 층의 사람들에게 정원사로서 상당한 영향력을 미치고 있었다. 데뎀스바르트까지 민 라위스 가든을 보러 가는 사람들은 헹크의 프리오나 가든도 방문 일정에 포함시켰다. 헤릿선은 세상을 떠나기 전까지 계속 글을 썼으며 정원 컨설턴트로 활동하면서도 영향을 끼쳤는데, 가장 중요한 곳이 잉글랜드 버크셔주에 있는 월섬 플레이스Waltham Place다. 20세기 초기 정형식 정원은 이제 정원주 스트릴리 오펜하이머Strilli Oppenheimer 덕분에 이 지역에서 가장 의식적으로 야생적인 스타일을 지향하는 정원의 하나가 되었다. 그녀는 헹크에게 자신과 정원사 베아트리체 크렐Beatrice Krehl이 이끄는 직원들의 교육을 의뢰했다. 정원사 크렐은 이전에 민 라위스 가든의 수석 정원사로 일했다.

프리오나 가든을 방문하고 헹크와 대화한 것은 피트가 디자이너로 성장하는 데 매우 중요했다. "헹크는 식재를 자연환경 안에 들이고자 했어요"라고 피트는 회상한다. "우리가 대화를 시작했을 때 저는 식재디자인에 관한 생각을 발전시키려고 노력했지만 제대로 접근하기 어려웠죠. 제 방식에는 자연스러움이 부족하다는 사실을 깨달았습니다"라고 회상한다. 프리오나 가든을 방문하면서 피트의 디자인 스타일은 보다 느슨해지기 시작했다. "헹크 덕분에 식재는 식물의 구조·형태·개성과도 관련이 있다는 사실을 배웠지요. 분위기·계절성·감정, 이 모든 것도 중요하다는 사실을요. 헹크와 함께 꽃이 피지 않을 때조차도 멋진 식물을 발견했죠. 헹크가 그 사실을 수없이 알려 주었습니다. 우리는 절정기가 지난 식물을 관찰했어요." 헹크와 피트는 이후 완전히 새로운 디자인과 식재 방식을 발전시키는 데 서로 도움을 주었다.

헹크 헤릿선

헹크 헤릿선1948-2008은 1982년에 처음 고객으로 후멜로에 갔다. 피트는 "우리가 보낸 작은 카탈로그를 보고 왔다고 했어요. 헹크는 그런 카탈로그를 한 번도 본 적이 없다면서 식물 몇 개를 사 갔는데 다음에 또 오더군요. 그렇게 해서 대화가 시작되었죠"라고 회상한다. 헹크의 기억에 따르면 피트의 육묘장은 "대발견"이었다. "계속 찾아갔죠. 피트의 식물은 달랐고 아무도 모르는 종류였어요. 세련된 색조였지만 다른 식물에 비해 모양은 더 야생적으로 보였죠. 씨송이, 단풍, 겨울 실루엣처럼 개화 후의 모습에도 신경을 썼습니다." 나중에 피트와 안야는 두 아들을 데리고 헹크와 안톤 슐레퍼스가 만들고 있던 정원을 보러 갔다. 프리오나 가든을 처음으로 경험한 피트는 "완전히 야생의 느낌이었어요. 야생화가 육묘장 재배 식물과 뒤섞여 자라고 있었죠"라고 기억했다. 무엇보다도 그는 거기에서 헹크의 신조인 "자연과 함께 놀기"의 의미를 이해할 수 있었다.

프리오나는 헹크와 사진가인 안톤의 공동 프로젝트였다. 정원 협업에서 안톤이 예술적인 부분을 맡았다면 헹크는 자연주의자와 생태운동가의 역할을 맡았다. 1993년에 안톤이 세상을 떠나자 헹크 혼자서 정원을 이어 나갔는데, 안톤과 쌓은 추억을 기리기 위해 정원은 꼭 필요한 부분이 되었다. 두 사람 다 유럽의 야생화 군락에 깊은 영감을 받았고, 헹크가 지닌 풍부한 생태학적 지식을 바탕으로 야생 초지의 느낌과 기타 다른 식물군락을 최대한 정원에 끌어들이려고 노력했다. 정원은 일부러 헝클어진 모습으로 두었지만, 잘 깎은 잔디밭이나 생울타리도 있었으며 보다 전통적인 측면의 정원 요소도 포함했다. 다양한 조각 작품이나 토피어리가 기괴하면서도 실제로는 유머러스한 분위기를 자아낸다. 1990년대에 일어난 일부 자연주의 정원의 기준으로 본다면 그다지 야생적이지 않다고도 할 수 있지만 1980년대 초에 두 사람이 정원을 공개할 때만 해도 몇몇 방문객들의 반응으로 미루어 볼 때 그곳이 결코 평범한 정원이 아니었음을 여실히 알 수 있었다. 프리오나 가든은 모든 사람으로부터 사랑 받지는 못했다.

시골로 터를 옮긴 많은 도시인처럼 헹크와 안톤이 꿈꾸는 시골 생활에는 몹시 낭만적인 데가 있었다. 그들은 처음 채소를 길렀을 때 벌레가 꼬이고 꽃대가 웃자라는 현상에 깜짝 놀랐다. 그리고 그 사실을 자신은 농부가 되기에 적합하지 않다는 신호로 받아들였다. 하지만 채소의 꽃이나 씨송이도 그 나름대로 독특한 아름다움이 있다는 사실을 깨닫고 보고 즐겼다. 그래서 일부러 채소를 심어서 씨앗이 맺히도록 두었다. 서양대파와 양배추의 키가 크고 흐느적거리는 줄기와 파스닙꽃이 한해살이풀과 야생화 사이에서 어울리는 것을 보기 좋아했지만, 어떤 방문객에게는 정원의 이 구역이 거의 충격적으로 보이기까지 했다.

2000년 슬로베니아로 떠난 야생화 답사여행. (왼쪽에서 오른쪽으로) 헹크 헤릿선, 안야 아우돌프, 에릭 브라운Eric Brown, 로지 앳킨스의 남편, 어느 식물학자, 피트 아우돌프, 메트카 지곤Metka Zigon

프리오나 가든을 포함한 헹크의 전반적인 작업은 엘리자베스 드레스트리유 때문에 널리 알려지게 되었는데, 그녀는 인테리어 디자이너이자 정원·요리책 작가로 로프나 다른 정원계 인사들과도 친하게 지냈다. 헹크는 정원의 끝부분을 그녀의 별명에 따라 '카터의 정원 Kaatje's Garden'이라 이름 지었다. 중심부에는 주목을 모아 심어 조각 작품을 연상시키는 추상적이고 유기적인 형태로 다듬은 것이 특징이다. 주변으로는 관상용 그라스와 야생화를 둘러 심었다. 모더니스트 양식의 표현 방법으로 야생성과 토피어리 사이의 창조적인 긴장감을 보여 주었는데 그것이 방문객에게 깊은 인상을 남겼다.

    프리오나 가든은 마레이커 회프의 사진으로 많은 정원사에게 알려졌다. 그녀의 사진은 정원의 개성을 잘 살려 주었는데, 사진에 나오는 수많은 씨송이, 마른 줄기, 시들어 가는 잎은 이후에 큰 영향을 미치게 될 특징이었다. 마레이커는 부드러운 가을 햇살 아래 식물의 혼돈과 쇠락을 잘 녹아들게 해서 결국 많은 사람에게 씨송이의 가치를 일깨워 주었다. 안톤이 에이즈로 세상을 떠나고 자신의 건강도 악화되어 고통을 겪은 헹크에게는 정원의 이런 특징이 중요한 측면이었지만 결코 음침하거나 섬뜩한 느낌을 뜻하지는 않았다. 헹크는 "사람들은 정원에서 죽음을 느끼는 것을 무서워해요. 노랗게 변한 모든 잎은 불완전을 뜻하니 없애 버려야 했죠. 하지만 우리 세대 모두가 죽음을 경험하게 되자 정원에서도 더 이상 죽음을 쫓아내지 않게 되었어요"라고 말한 적이 있다. 하지만 2000년대에 이르러 헹크는 자신의 뜻을 충분히 밝혔다고 느끼고 프리오나가 '죽음의 정원'으로 알려지는 것을 원치 않았다. 2008년에 헹크가 세상을 떠난 후로 정원의 미래가 불확실한 시기에 몇몇 친구들이 정원의 유지를 위해 노력을 기울였다. 지금은 다른 사람에게 팔렸지만 새 주인이 헹크의 이상에 공감해서 다시 일반인에게 공개되고 있다.

1989년 테라출판사Terra Publishers에서 피트에게 책을 써 보라고 권유했을 때 글쓰기가 자기 적성에 맞지 않다고 판단한 피트는 헹크에게 도움을 청했다. 두 사람은 좋아하는 식물에 관한 이야기를 나누었고, 헹크가 글을 쓰고 안톤이 사진을 찍었다. 두 사람의 이름이 공동저자로 표지에 실릴 것이라 생각했지만, 출판사에서는 당시 이름이 알려지기 시작한 피트의 명성을 고려해서인지 피트의 이름만 올리기를 원했다. 피트는 헹크의 이름도 당연히 올라야 한다고 주장했다. 유난히도 더웠던 그해 여름에 안톤은 정원에서 사진을 찍느라 땀을 많이 흘렸는데, 후멜로는 때로 기온이 섭씨 30도 이상까지 올라가기도 했다. 전기난로 앞에서 헹크는 겨우내 글을 썼다. 이듬해에 출간된 《꿈의 식물》은 완전히 새로운 여러해살이풀을 세상에 선보이는 신호탄이 되었다. 상당히 빠른 기간 내에 스웨덴어 번역판이 출간되고 9년 후에는 《더 많은 꿈의 식물》이 후속편으로 나왔다. 이 책은 영문판 《자연정원을 위한 꿈의 식물Dreamplants for the Natural Garden》이라는 제목으로, 처음에 나왔던 《꿈의 식물》은 2003년 영문판 《자연정원 식재Planting the Natural Garden》한글판은 영문판 개정판을 번역한 것으로 제목은 《자연정원 위한 꿈의 식물》라는 제목으로 출간되었다. 1993년 안톤이 세상을 떠나던 해에 안톤과 헹크는 야생화를 찾아 떠난 여행에서 발견한 식물들을 정원에 심으려 시도했던 경험을 모아 두 사람의 책 《자연과 함께 놀기Spelen met de natuur》를 펴냈다.

　《자연정원을 위한 꿈의 식물》을 다시 읽어 보는 일은 늘 흥미롭고 여전히 배울 게 있다. 각 장의 제목만 보아도 피트와 헹크가 당시에 토론했던 주제가 무엇이었는지 많은 점을 알 수 있다. 그들은 디자인 관점에서 식물을 구분했는데 이것은 전통적인 식물도감에서는 결코 볼 수 없었던 일이다. "작열하는", "무성한", "하늘하늘한", "평온함", "생기발랄한", "은빛의", "초원의", "쓸쓸한?", "가을", "멋스러운"처럼 식물 조합을 설명하는 키워드 역시 독특하다. "좋은 이웃"이라는 제목의 또 다른 장에는 여러해살이풀을 조합으로 생각하는 게 얼마나 중요한지 잘 보여 준다. 전문 정원작가의 입장에서 말하자면 헹크의 문체가 마음에 든다. 느긋하면서도 필요한 말만 하고, 많은 정보를 담으며, 위트 넘치는 진솔한 문체이기 때문이다. 헹크는 내가 존경하는 정원작가로, 최대한 따라 해 보고 싶은 마음이 들게 하는 작가다.

위: (왼쪽부터) 헹크 헤릿선, 안야 아우돌프, 피트 아우돌프
아래: 후멜로 오픈 데이

오픈 데이: 새로운 만남의 장

식물장터는 오늘날 정원생활에서 빠질 수 없는 부분이 되었기 때문에 육묘장 주인들이 트럭을 몰고 와서 식물을 진열하고 고객들이 나타나길 초조하게 기다리는 일이 없었던 시절을 기억하기 어려울 정도다. 대개 첫 한두 시간 정도는 식물 애호가들이 몰려와 귀한 식물이나 희망 목록에 있는 식물을 살피며 진열대를 샅샅이 훑어 본다. 들뜬 분위기가 좀 가라앉으면 그때부터는 손님과 판매자 사이에 열띤 대화가 오가거나 미온적인 손님 앞에서는 판매자가 중요하다고 생각하는 식물의 특성을 열심히 설명하기도 한다.

1980년대 북유럽 전역에 걸쳐 정원 가꾸기와 정원 역사에 대한 관심이 눈에 띄게 증가했다. 영국에서 가장 수준 높은 식물장터 가운데 하나로는 각 지역별로 막 생겨난 단체인 '식물과 정원 보전 위원회National Council for the Conservation of Plants and Gardens(Plant Heritage)'에서 주관하는 행사를 들 수 있다. 나 역시도 당시에 작은 육묘장을 운영하여 여러 장터에서 식물을 판매하던 기억이 생생하다. 귀한 식물을 찾아다니는 일이 상당한 열기를 띠는 경우도 생긴다. 진홍색 크나우티아 마세도니카Knautia macedonica가 처음 등장했을 때 영국 지방의 품위 있는 부인들이 서로 차지하려고 거의 싸움을 벌이던 일이 생각난다. 물론 이제는 대부분의 가든센터에서 볼 수 있는 식물이 되었지만 말이다.

짧은 기간 안에 수많은 식물장터가 생겼다는 사실은 당시 일어나고 있던 시대 현상을 잘 설명해 주는 하나의 예다. 몇몇이 개별적으로 시작하면 다른 이들이 그 아이디어를 따라 하는 것이다. 1983년 9월에는 흐로닝언 근처의 호르투스 하런에서 식물장터가 열렸고, 10월에는 프랑스 파리 남쪽의 도멘 드 쿠르송Domaine de Courson에서 10여 개의 육묘장이 참여한 식물장터가 열렸다. 도멘 드 쿠르송에서 열린 행사는 비슷한 타입의 식물장터로는 유럽에서 처음으로 시작된 것이다. 같은 해 8월의 마지막 주말에 아우돌프 부부도 후멜로에서 첫 오픈 데이 행사를 열었다.

"사람들을 함께 모으려는 생각으로 시작했죠. 물론 돈을 벌 목적도 있었지만 한편으로 식물에 대해 같은 관심을 공유하는 육묘업자들을 한자리에 모이게 해 우리 모두를 홍보하는 기회로 삼고 싶었습니다." 아우돌프 부부가 준비한 식물은 모두 팔렸고 다른 육묘장이나 식물 관련 사업자들도 그들의 상품을 판매하도록 초대되었다. "아주 초기에는 동참한 육묘장이 많지는 않았어요. 로프 레오폴트가 씨앗을, 리타 판데르잘름Rita van der Zalm이 구근식물을 들고 오고, 바우트Wout와 딕 플루허Dick Ploeger 형제가 운영하는 플루허 육묘장이 참여했죠. 롬커 덕분에 크리스토퍼 로이드가 보러 오기도 했어요." 이듬해부터는 쿤 얀선과 더클레이너 플란타허를 포함하여 더 많은 육묘장이 초대되었다. 1987년에는 엘리자베스 드레스트리유와 두 명의 고서 판매상, 특수 연장을 판매하는 사람들까지 포함하여 다른 업종에서도 참여했다. 안야가 대부분의 필요한 준비를 도맡았고 홍보도 책임졌다.

첫해를 제외한 이듬해부터는 9월의 첫 주말에 행사가 열렸다. 초기 방문객 수는 수백 명이었지만 머지않아 수천 명에 이르게 되었다. 첫 고객들은 홀란드나 벨기에에서 왔고, 이후에는 덴마크·독일·스웨덴에서도 사람들이 왔다. 주차 시설이 없어서 방문객들은 길가에 주차를 해야 했다. 쿤 얀선은 초기 참가자였는데 "우린 모두 식물을 보여 주고 판매하는 젊은 육묘장 주인들이었어요. 피트는 참가비로 아무것도 요구하지 않았죠. 늘 영리하게 홍보하는 방법을 잘 알고 있었습니다. 하지만 이기적이지는 않았죠. 우린 모두 동등한 입장에서 참가했어요." 젊은 세대 정원사나 육묘장 주인에게 오픈 데이 행사는 아이디어와 식물을 얻고 사람들을 만나 인맥을 형성하며 자신을 소개할 수 있는 기회가 되었다. 정원계는 이례적으로 열려 있고 우호적이다. 업계에 몸담고 있는 사람들은 기꺼이 씨앗이나 삽수삽목에 쓰이는 줄기, 뿌리, 잎을 말한다를 나누고 주소와 전화번호도 교환한다.

하지만 1997년에 오픈 데이 행사는 막을 내리게 된다. 전국 각지에서 수많은 다른 행사가 계속되면서 초창기 주자는 더이상 특별하지 않게 되었다. 따라서 아우돌프 부부는 9월에 한 주를 더 늦추어 그들 작업의 핵심 식물이자 널리 알리고 싶었던 식물군인 그라스를 부각시키는 '그라스 데이'를 열기로 결정했다. 다양한 층의 초대손님들은 로이 랭커스터Roy Lancaster, 엘레나 더벨더르Jelena de Belder, 퍼넬러피 홉하우스Penelope Hobhouse 같은 정원계 주요 인사의 강연을 들을 수 있었다. 그들은 가장 미래지향적인 유럽 정원사의 대표 주자들이었다. 〈가든스 일러스트레이티드Gardens Illustrated〉 잡지의 첫 편집인이었던 로지

후멜로, 그 시작　79

앳킨스Rosie Atkins는 "거대한 파티가 벌어졌어요. 쿠르송이랑 비슷했는데 가판대가 있었죠. 수공으로 만든 연장을 판매하는 스네이부르Sneeboer 같은 좋은 사람도 만났어요. 제일 좋았던 건 안야의 여자 친구들이 함께 돕곤 했던 겁니다. 콩 수프를 접시에 담고 둘러 앉아 식물 이야기를 나누었지요"라고 회상한다.

돌이켜 생각해 보면 후멜로 오픈 데이 행사는 피트와 안야가 자신을 세상에 알리는 계기가 되었을 뿐만 아니라, 같은 생각을 가진 사람들이 서로 만나 네트워크를 형성할 수 있게 해 주었다. 예를 들어 로지는 이렇게 말했다. "초기 오픈 데이에서 피트가 제게 마레이커 회프를 소개해 주었죠. 영국에서는 본 적이 없었던 새로운 정원 사진을 볼 수 있는 엄청난 기회였죠." 피트는 첫 오픈 데이 주말에 로프 레오폴트와의 만남을 생생하게 기억한다. "헹크로부터 로프와 크라위트-후크 이야기를 들었어요. 그래서 로프에게 전화를 했더니 관심을 보이면서 흔쾌히 참여하겠다고 했어요. 로프는 우리 집 뒤에 있는 온실에다 씨앗 봉투들을 매달아 전시를 했는데 참 멋진 아이디어라고 생각했죠. 그렇게 하는 걸 본 적이 없었거든요." 피트는 오픈 데이의 지속적인 성공이 부분적으로는 로프 덕분임을 강조한다. "로프는 우리에게 실질적인 도움을 주었습니다. 예를 들어 안야가 육묘장 홍보를 위해 준비하는 일을 도왔지요. 로프는 많은 사람을 위해 그런 일을 했어요. 게다가 엄청난 열정을 가지고 늘 사람들을 연결시켜 주었습니다."

오픈 데이 행사는 단지 식물을 판매하고 비즈니스를 홍보하는 기회를 넘어서 훨씬 더 사회적이고 지적인 교류의 장이 되기도 했다. 피트는 "로프는 언제나 제 작업에서 무엇이 저를 이끄는지, 그것이 모두 어디서부터 왔는지 설명해 보라고 요구했죠"라고 말했다. "그런 식으로 토론을 계속하는 일이 반복되었고, 단계마다 매번 더 깊은 단계로 옮겨 갔죠. 어떤 사람은 높은 단계라고 표현하기도 했어요. 하도 높이 올라 마치 하늘에라도 닿을 것 같았다고 말이죠. 로프는 아주 소중한 친구가 되었고 오픈 데이 행사가 끝나도 우리의 대화는 매번 새벽 두세 시까지 계속되었어요. 늘 세상 만물의 깊이, 넓이, 충만함에 관한 이야기였습니다."

에발트 휘긴Ewald Hügin은 오픈 데이 초기에 온 독일인 중 한 명이다. 당시에 막 비즈니스를 시작한 젊은이였는데, 오늘날 독일 흑림 지역의 프라이부르크 시내 한복판에 있는 그의 육묘장은 독일에서 가장 흥미로운 식물전문가 육

위: 옐레나 더벨더르와 퍼넬러피 홉하우스
아래: 로프 레오폴트

아우돌프 육묘장에서 발간한 옛 카탈로그 표지

묘장의 하나가 되었다. 그곳은 내한성이 강한 여러해살이풀 신품종과 내한성이 떨어지는 여름 식재용 종으로 가득하다. 쿤 얀선도 오픈 데이에 온 한 젊은 이를 기억한다. 이번에는 판매자가 아니라 방문객으로 온 한스 크라머르였다. 한스는 그가 다루는 식물과 더불어 포트용 퇴비 두 가지 면에서 네덜란드 육묘업계에서 가장 혁신적인 인물이 되었다.

후멜로 오픈 데이를 계속 이어 나갈 지역의 후계자가 생겼다. 1996년에 첫 육묘장 오픈 행사가 하위스 빙헤르던Huis Bingerden에서 열렸는데, 바로 아우돌프 집에서 아른험 가는 길 아래쪽에 있었다. 외허니 판베이더Eugenie van Weede는 첫 쿠르송 행사에 다녀왔는데, 그녀의 남편은 비슷한 행사를 빙헤르던에서도 하면 멋질 것이라고 생각했다. 몇 년 후에 그녀는 피트, 로프, 롬커를 점심 식사에 초대했다. "세 사람 모두 아주 열렬한 반응을 보였죠. 첫 행사 때 식물 판매에 참여할 육묘장 선택에 도움을 주었어요. 우리는 이 세 분을 창립자라 생각해 네덜란드어로 '대부'라 부르기로 했죠"라고 그녀는 회상한다. 30개의 진열대로 시작해서 지금은 그 수가 100개를 넘어섰고 이 행사는 명실공히 "네덜란드의 쿠르송"이 되었다. 하지만 외허니는 그 의도가 여전히 순수하다는 사실을 강조한다. "여기서는 단지 식물이나 식물과 관련된 제품만 취급해요. 냅킨이나 향초 같은 물건은 없어요."

 1980년대 후반 피트의 '연구와 개발' 시기의 첫 단계가 막을 내렸다. 자신감을 가지고 사용할 수 있는 식물의 범위가 넓어지고 주변에 같은 생각을 가진 사람들의 그룹, 그리고 북서유럽 전역에 걸쳐 결정적으로 정원 가꾸기 붐이 일어나서 모든 조건이 갖추어졌다. 하지만 피트와 새로운 모습의 정원이 확립되기까지는 좀 더 오랜 시간이 걸렸다.

실험정원의 안야 아우돌프

안야가 특히 좋아하는 식물 학명 알파벳순

톱풀 '발터 풍케' *Achillea* 'Walther Funcke'
아코니툼 '스테인리스 스틸' *Aconitum* 'Stainless Steel'
미국흰노루삼 *Actaea pachypoda*
촛대승마 '시미터' *A.* 'Scimitar'
아델로카리움 앙쿠소이데스 *Adelocaryum anchusoides*
알리움 '서머 뷰티' *Allium* 'Summer Beauty'
버들잎정향풀 *Amsonia tabernaemontana* var. *salicifolia*
히말라야바람꽃 *Anemone rivularis*
아랄리아 칼리포르니카 *Aralia californica*
자관백미꽃 *Asclepias incarnata*
아스클레피아스 투베로사 *A. tuberosa*
아스테르 '리틀 칼로' *Aster* 'Little Carlow'
아스테르 '알마 푀치케' *A.* 'Alma Pötschke'
아스테르 오블롱기폴리우스 '옥토버 스카이스' *A. oblongifolius* 'October Skies'
아스트란티아 '로마' *Astrantia* 'Roma'
아스트란티아 마요르 인볼루크라타 '섀기' *A. major* subsp. *involucrata* 'Shaggy'

밥티시아 류칸타 *Baptisia leucantha*
큰잎브루네라 '잭 프로스트' *Brunnera macrophylla* 'Jack Frost'

센트란투스 루베르 *Centranthus ruber*
센트란투스 루베르 코시네우스 *C. r.* var. *coccineus*
세라토스티그마 플룸바기노이데스 *Ceratostigma plumbaginoides*
분홍바늘꽃 '알붐' *Chamerion (Epilobium) angustifolium* 'Album'
국화 '폴 보와시에' *Chrysanthemum* 'Paul Boissier'
병조희풀 '차이나 퍼플' *Clematis heracleifolia* 'China Purple'
클레마티스 렉타 '푸르푸레아' *C. recta* 'Purpurea'

데이난테 비피다 *Deinanthe bifida*
다르메라 펠타타 *Darmera peltata*

에키나세아 '빈티지 와인' *Echinacea purpurea* 'Vintage Wine'
점등골나물 '리젠쉬름' *Eupatorium maculatum* 'Riesenschirm'

회향 '자이언트 브론즈' *Foeniculum vulgare* 'Giant Bronze'

게라니움 왈리키아눔 '벅스턴스 버라이어티' *Geranium wallichianum* 'Buxton's Variety'
뱀무 '플레임스 오브 패션' *Geum* 'Flames of Passion'
길레니아 트리폴리아타 *Gillenia trifoliata*
글리시리자 유나넨시스 *Glycyrrhiza yunnanensis*

헬레니움 '디 블론데' *Helenium* 'Die Blonde'
호스타 플란타기네아 그란디플로라 *Hosta plantaginea* var. *grandiflora*

리아트리스 보레알리스 *Liatris borealis*

피크난테뭄 무티쿰 *Pycnanthemum muticum*

살비아 실베스트리스 '디어 안야' *Salvia* × *sylvestris* 'Dear Anja'
캐나다오이풀 *Sanguisorba canadensis*
셀리눔 왈리키아눔 *Selinum wallichianum*
세라툴라 세오아네이 *Serratula seoanei*

중국금꿩의다리 '알붐' *Thalictrum delavayi* 'Album'
꿩의다리 '엘린' *T.* 'Elin'

베르노니아 크리니타 '맘무트' *Vernonia crinita* 'Mammuth'
버지니아냉초 '애더레이션' *Veronicastrum virginicum* 'Adoration'
버지니아냉초 '템테이션' *V. v.* 'Temptation'

그라스와 사초

카렉스 브로모이데스 *Carex bromoides*
크리소포곤 그릴루스 *Chrysopogon gryllus*

꽃그령 *Eragrostis spectabilis*

참억새 '게비터볼케' *Miscanthus sinensis* 'Gewitterwolke'
참억새 '사무라이' *M. s.* 'Samurai'
몰리니아 세룰레아 세룰레아 '모어헥세' *Molinia caerulea* subsp. *caerulea* 'Moorhexe'

큰개기장 '셰넌도어' *Panicum virgatum* 'Shenandoah'

소르가스트룸 누탄스 *Sorghastrum nutans*
큰기름새 *Spodiopogon sibiricus*
스포로볼루스 헤테롤레피스 *Sporobolus heterolepis*
스티파 티르사 *Stipa tirsa*

이름을 알리다

1980년대 후반에 피트 아우돌프는 새로운 고객을 끌어들였고, 육묘장에도 점점 더 다양한 고객이 찾아왔다. 첫 외국 고객 중에는 영국 하디 플랜트 소사이어티 회원들이 있었는데 피트와 안야를 '발견하러' 후멜로로 왔다. 1987년에는 한 회원이 협회 신문에 후멜로 방문기를 실었다. 네덜란드는 전통적으로 구근식물 재배국가로 알려져 있지, 여러해살이풀 재배국가로 유명하지는 않았다는 사실을 먼저 부각한 후 "강인한 초본식물에 대한 네덜란드인의 지식과 관심은 놀랍고도 빠르게 성장하고 있다. 이 분야의 미래가 아주 밝다고 생각한다"라고 기록했다. 이틀째 되던 날 방문객들은 "한 시간 정도 아른험 근처에 있는 후멜로 투어를 시작했다. 조경디자이너 피트 아우돌프가 약 5300제곱미터 규모의 육묘장과 정원을 운영하는 곳이다. 두 곳 모두 색에 대한 감각을 갖춘 그의 디자인 능력을 여실히 보여 준다. 디자인 작업을 위해 각 품종마다 내한성을 기준으로 선별한 최고의 식물을 키운다. 촛대승마 *Actaea simplex*가 특히 눈에 띄었는데, 매력적인 아스테르 '소노라' *Aster* 'Sonora', 그리고 80센티미터 정도의 키에 독특한 원추형 이삭이 특징인 아크나테룸 브라키트리카 *Achnatherum brachytricha*와 잘 어울렸다. 참억새 '말레파르투스' *Miscanthus* 'Malepartus'의 아름다움도 내 시선을 사로잡았다. 이곳에서는 모든 그라스가 아주 잘 자랐고 흔히 보는 여느 그라스보다 이삭이 훨씬 더 컸다. 그의 멋진 컬렉션 가운데 가장 두드러진 참억새 품종은 '로트푹스 Rotfuchs'였다. 180센티미터의 큰 키에 강인하며, 빼곡한 이삭이 특징인 이 식물은 정원 조성에서 빠질 수 없는 식물이 될 것이다. 참억새속 식물은 그다지 익숙하지 않은 터라 모든 종이 다 압도적으로 느껴졌는데, 다수가 독일에서 온 신품종이었다. 그라스와 대나무도 매우 훌륭해서 내게 깊은 인상을 남겼다."[4]

1980년대 후반에 아우돌프가 디자인한 두 개의 개인정원
위: 판스테이흐 가든 van Steeg Garden
아래: 파테노터/판데르란 가든 Pattenotte/van der Laan Garden

초기 고객 중 한 사람이 한스 판스테이흐Hans van Steeg였는데, 피트는 1200제곱
미터 남짓한 정원의 일부 공간을 작업하게 되었다. 자신이 즐겨 쓰는 여러해
살이풀과 그라스를 정원 규모에 맞게 마음껏 활용해 볼 수 있는 기회가 생긴
것이다. 키 큰 여러해살이풀을 심은 넓은 화단은 농지로 둘러싸여 있었는데,
여름이면 주택을 에워싸는 우람한 옥수수밭을 여러해살이풀로 재해석한 듯
한 화단을 만들었다. 집 근처에는 안쪽을 향해 주목과 회양목을 모양내어 다
듬은 개인정원이 있었다. 마침내 피트는 대표작으로 내세울 만한 정원을 만들
었고, 특히 연중 날씨에 상관없이 언제든지 정원 사진을 찍을 수 있게 되었다.
판스테이흐는 크로아티아에서 의류공장을 운영하며 해마다 공장을 방문했다.
그는 어느 해 피트를 여행에 초대했는데, 풍부한 생물다양성을 지닌 이 크로
아티아 지역은 오늘날 우리의 정원에 커다란 기여를 했다.

집수리도 마치고 자랑스럽게 여길 수 있는 정원도 생기자 피트는 미래의
고객들에게 자신의 정원을 보여 줄 준비가 되었다고 여겼다. 내가 처음 방문
했을 무렵에 피트는 "정원디자인을 의뢰하려는 사람이 있으면 우선 여기 와
서 직접 보라" 권한다고 했다. 1990년대 초기에 그는 여러 개인정원뿐만 아
니라 상업공간 작업도 맡게 되었다. 부동산 개발업체들이 새 사옥 주변으로
상록관목만 넓게 심는 보통의 식재 대신 보다 독특한 식재를 원했다. 그런 프
로젝트 가운데 하나가 1991년 사센하임Sassenheim의 인쇄업자인 판엘뷔르흐Van
Elburg의 사옥정원으로 2000제곱미터에 달하는 규모의 화단이었다.

식물을 직접 보고, 구매하고, 수집하기 위해 네덜란드 국경을 넘어 답사를 떠
날 수 있는 기회도 생겼다. 1989년 11월 9일 독일 국민을 서독연방공화국과 동독
독일민주공화국으로 잔인하게 양분했던 베를린장벽이 동독의 개혁주의 지도자에
의해 공식적으로 붕괴되어 독일은 통일을 이루었다. 1주일 후에 국경을 넘어
벌떼처럼 몰려온 동독 주민들이 서독 상점 창 너머로 진열된 다양한 상품을
보느라 정신이 없는 동안 피트와 쿤 얀선은 동독으로 차를 몰았다. 그들이 간
곳은 베를린과 가까운 포츠담 근교 보르님에 있는 칼 푀르스터의 정원과 육묘
장이었다.

푀르스터는 1970년에 96세로 세상을 떠났고 그의 아내 에바Eva와 딸 마리
안네Marianne는 여전히 그 집에서 살고 있었다. 사람들에게 널리 알려진 선큰가

든은 나무 때문에 그늘이 짙게 졌다. "모든 사람이 베를린을 둘러보거나 사업을 계획하러 몰려왔기 때문에 잘 곳이 없었어요. 결국 육묘장 창고에서 지낼 수밖에 없었죠. 육묘장이 남아 있기는 했지만 국가 소유 기업이 되어 모든 식물이 농사짓듯 땅이나 밭에서 자라고 있었어요." 공산국가에서 흔히 있는 일로 육묘장 담당자는 개인 수입을 얻을 방도를 따로 마련해 두었다. 피트는 "주말시장에서 팔려고 한곳에 모아 키우던 식물들을 발견했죠. 그중에 뒤뜰에 있던 살비아 네모로사 '플루모사' *Salvia nemorosa* 'Plumosa'를 찾아낸 기억이 납니다. 쿤은 델피니움 몇 개를 샀는데 남아 있던 식물 중에 진짜 값진 식물은 없었어요. 숨어 있는 보물은 없었죠"라고 말했다.

소문을 듣고 오거나 잡지의 기사를 읽고 온 사람들, 육묘장에서 새로운 식물을 발견할 것이라는 기대에 차서 오는 방문객의 숫자는 점점 늘어나기 시작했다. 피트의 명성이 네덜란드 국경을 넘어서기 시작했다는 사실을 확실히 보여 주는 조짐이었다. 1991년에 피트는 프랑스 쿠르송에서 열리는 식물의 날 Journées des Plantes 행사에 심사위원으로 위촉되었다. 행사가 열릴 때 파리 남쪽의 고택에는 아름다운 공원이 펼쳐지는데, 나무를 비정형으로 배치하고 물길을 만드는 '영국 풍경식'으로 꾸민 정원이었다. 파트리스Patrice와 엘렌 퓌스티에Hélène Fustier 부부, 올리비에Olivier와 파트리샤 드네르보로이스Patricia de Nervaux-Loys 부부가 1983년 이래로 해마다 두 번 식물의 날 행사를 주관했다. 프랑스 전역뿐만 아니라 네덜란드, 벨기에, 영국에서 온 육묘장들이 열띤 반응을 보이는 방문객을 상대로 식물을 판매했다. 참가한 육묘장의 판매대와 진열된 식물은 유수한 정원 전문가들로 이루어진 심사위원단이 평가했다. 1991년에 심사위원으로 추대 받은 피트는 10년간 위원으로 활동했다. 동료 위원으로는 영국의 가장 유명한 식물전문가 로이 랭커스터, 독일에서 오랫동안 여러해살이풀 사용을 장려해 온 육종업자 한스 지몬도 있었다.

쿠르송에서 피트는 랭커스터의 소개로 1990년대 초기에 로지 앳킨스를 만났다. 로지는 당시 런던에 근거지를 둔 〈가든스 일러스트레이티드〉 잡지를 창간한 편집장이었다. 로지는 영어권 출판물에 피트 관련 기사를 쓴 최초의 인물이 되었는데, 이 사실은 매우 중요한 의미를 지닌다. 피트와 후멜로에 관한 기

위: 베를린장벽이 무너진 후 동독으로 향하는 피트 아우돌프
아래: 안야 아우돌프와 〈가든 일러스트레이티드〉 잡지의 초대 편집장 로지 앳킨스

수집품 I

피트와 안야는 줄곧 도자기 공예품을 수집했다. 한번은 수많은 도자기 작품 때문에 부엌이 터져 나갈 위기에 처한 걸 목격했던 기억이 난다. 최근에 안야는 블룸즈버리 그룹Bloomsbury Group의 작품, 그중에도 특히 쿠엔틴 벨Quentin Bell 작품 수집에 집중하고 있다.

영국의 예술가 및 지식인 모임으로 알려진 블룸즈버리 그룹은 대중적으로 강한 흥미를 끌었다. 1920년대에 활발하게 활동했던 그들은 예술과 문학 분야에 생생한 색채와 순진한 매력, 자유로운 사고방식, 창의적 통찰을 제시했다. 몇몇 그룹 멤버가 찰스턴Charleston이라 불리는 서식스주의 오래된 농가에서 공동체에 가까운 생활을 했다. 오늘날 이곳은 일반인에게 공개되어 그룹을 대변하는 비공식적인 기념관 역할을 하고 있다. 쿠엔틴 벨1910~1996은 클라이브Clive와 버네사 벨Vanessa Bell의 아들이며 버지니아 울프Virginia Woolf의 조카였다. 쿠엔틴 벨은 유명한 숙모의 전기를 쓴 작가로 더 알려지기는 했지만, 진정으로 도예에 심취했던 유일한 멤버였다. 젊을 때 유서 깊은 도자기 마을 스토크온트렌트Stoke-on-Trent에서 실습을 했으며 평생 도자기 작업을 이어 갔다. 1960년대에 찰스턴 농가를 보존하는 일에 핵심적인 역할을 맡기도 했다. 그의 도자기 작품은 자신이 직접 배합한 유약과 소성 온도 실험에서 비롯된 소박한 특징과 특유의 색채로 유명하다.

안야는 "1980년대 중반에 피트가 인근 육묘장을 방문하기 위해 찰스턴에 갔을 때 처음으로 도자기에 관심을 가지게 되었죠. 눈에 보이는 모든 것에 매료되었어요. 그룹 멤버들의 스케치나 그림을 살 수 있는 런던의 블룸즈버리 워크숍 갤러리를 찾아갔는데, 제 눈에는 쿠엔틴 벨의 도자기가 들어왔습니다. 색 조합이 마음에 들어서 해마다 몇 점씩 수집해요"라고 말했다. 찰스턴은 이제 영국에 갈 때마다 꼭 들르는 곳이 되었다. 이렇게 갤러리를 방문하면서 피트와 안야는 지금은 90대에 접어든 벨의 아내 올리브Olive를 만나기도 했다.

이름을 알리다

사는 1994년 4월에 나온 통권 7호에 실렸다. 그때부터 피트의 주요 정원 작업이나 조경 프로젝트도 수시로 잡지에 등장했다.

로지와 남편 에릭은 피트 부부와 아주 좋은 친구 관계를 유지했다. 로지는 "첫눈에 서로 마음에 들었죠"라고 말했다. "아주 잘 맞았어요. 당시에 피트는 영어가 능숙하지는 않았지만 우리 네 명은 너무도 잘 어울렸어요. 공통점이 많았거든요. 제 부모님은 호텔을 운영하셨으니 둘 다 서비스업에 종사하는 부모를 둔 셈이죠. 아이도 둘씩, 게다가 웃이며 예술, 재즈나 블루스까지 취향도 같았어요. 에릭, 안야와 피트는 오페라를 좋아하고, 안야와 저는 중고품 가게 구경하는 걸 좋아해요. 안야가 블룸즈버리 도자기를 수집할 때 제가 도와주기도 하죠. 우리 모두 건축에도 관심이 많아요. 유일하게 다른 점이라면 피트 부부는 요리를 좋아하지 않는다는 점입니다."

로지는 "피트에 관해 처음으로 쓴 기사는 그가 자신의 식물을 기를 때나 수집하고 육종할 때 마치 자신만의 색을 직접 조색하는 예술가를 닮았다고 했던 글이었어요. 모든 과정은 오롯이 피트의 것이며, 피트는 직접 자신의 팔레트를 만들어 내고 그 팔레트를 현장에 적절하게 사용했지요. 전부 손으로 그린 거의 집착에 가까운 그의 도면은 작품을 만드는 예술가의 자질을 보여 줍니다. 전 미술학교를 다녔기 때문에 친구 중에 화가가 많은데, 피트는 제가 아는 다른 조경디자이너들과는 달리 정말 화가를 연상시키지요. 피트는 훨씬 더 열정적이고 어떻게 자신을 표현할지 몰라 머뭇거릴 때도 있습니다"라고 기억한다. 그는 또 "모든 일이 차분하고 원만하게 돌아가서 피트가 일을 하는 데 지장이 없도록 하는 게 안야의 역할이었어요. 마치 예술가를 돕는 뮤즈처럼요"라고 덧붙였다.

〈가든스 일러스트레이티드〉 잡지는 좋은 정원디자인을 널리 알리는 데 큰 역할을 했고 여전히 그렇게 하고 있다. 또 어느 특정 학파나 운동과 관련이 없을 뿐만 아니라 동시대 디자인에만 전적으로 초점을 맞추지도 않는다. 언제나 '현재'를 반영하는데 특히 조경가부터 아마추어 정원사에 이르는 오늘날 여러 유형의 정원디자이너가 정원을 인간의 삶에 꼭 필요한 공간으로 만드는 방법을 찾기 위해 얼마나 부단히 노력하는지를 보여 주고자 한다. 정원이나 정원 만들기는 수많은 사람에게 심리적인 생존 메커니즘이기 때문인지 몰라도 낭만적으로 치우치는 경향이 있다. 한편으로 과거에 대한 향수는 자칫하면 퇴행적인 디자인으로 표현될 우려도 있다. 이 잡지는 결코 그런 유혹에 빠지지 않기 때문에 다른 경쟁 잡지와 차별화된다.

〈가든스 일러스트레이티드〉는 1992년에 처음 발간되었다. 실제로는 〈더 선데이 타임스 매거진〉의 편집자로 일한 경력이 있던 로지 앳킨스가 발간인을 위해 사전 시험 프로젝트로 준비하여 한 해 전에 세상에 첫선을 보였다. 하지만 로지는 경제성이 없다는 말을 들었고 이후에 존 브라운 출판사에 시험판을 들고 가면서 출간이 성사되었다. 로지는 "저 혼자서 모든 걸 시작했죠. 출판인의 부인은 아트디렉터로 일했지만 어떤 그래픽 작업도 하지 않았어요. 저는 사람들을 데리고 리버 카페에 가서 점심을 먹으며 사진을 좀 찍어 달라고 부탁했죠. 비용은 챙겨 줄 수 없다고 하면서도 이미 다른 잡지에서 다들 보아 온 식상한 사진은 원치 않는다, 신선한 느낌의 이미지여야 한다는 사실을 강조했습니다. 그런 식으로 준비하기 시작했어요"라고 말했다. 당시에 정원 사진 분야는 아직 걸음마 단계였고 전문 사진가도 극히 드물었다. "참 놀랍게도 앤드루 로슨Andrew Lawson 같은 사람들이 무료로 사진을 제공해 주었어요. 그들을 위해 출장 경비를 받아 내거나 리버 카페에서 점심을 대접했지요. 그게 잘 먹혀들어 간 이유는 그 잡지가 해외에서도 판매되었기 때문입니다. 거기에 라이프스타일에 관한 기사도 실었어요. 정원주들은 어떤 옷을 입고 어떤 음식을 먹는지 독자들이 관심이 있을 거라고 생각했거든요"라고 앳킨스가 말했다.

로지는 또 이렇게 말했다. "피트는 제임스 밴스위든James van Sweden과 볼프강 외메 같은 사람들을 수도 없이 저에게 소개해 주었어요. 잡지에 실린 대부분의 내용은 대개 초기에 아는 사람들이 연결해 주어서 만들어졌죠. 외국에서도 판매가 되었기 때문에 미래지향적이고 차별화된 잡지가 되고 싶었어요."

국제적 교류

아우돌프의 명성이 높아지면서 국제적인 교류는 물론 우정을 나누는 친구들의 숫자도 늘어났다. 캐나다 출신의 노리Nori와 샌드라 포프Sandra Pope는 1992년 스웨덴 알나르프Alnarp에서 열린 학회에서 만났는데, 그 후로 오래 연락을 이어 갔다. 포프 부부는 서머싯주의 하스펜 하우스Hadspen House에서 정원 가꾸기

위: (왼쪽에서 오른쪽으로) 노리와 샌드라 포프,
유리공예가 안드레스 빈괴르Anders Wingørd, 안야 아우돌프
아래: 제임스 밴스위든과 피트 아우돌프

를 했는데 그들의 정원은 1988년에서 2005년 사이에 영국에서 가장 많이 언급되고 열성적인 관심과 애정을 받던 정원 중 하나가 되었다. 포프 부부의 스타일은 무엇보다 색에 초점을 맞추었기 때문에 피트의 스타일과는 아주 달랐지만 피트는 그들의 작업에 감탄했다. 색상을 주제로 한 일련의 화단과 엄격한 실험 프로그램 덕분에 포프 부부의 정원은 그때까지 만들어진 색 중심 정원 중 단연 최고의 자리에 오르게 되었다.

아우돌프 부부가 알게 된 또 다른 인물은 뛰어난 창의력을 지닌 조경가 듀오 제임스 밴스위든과 볼프강 외메였다. 외메는 동독에서 칼 푀르스터의 전통을 이어 견습한 원예가로 1957년 미국으로 이민을 떠났다. 이후 네덜란드 혈통의 미국인 건축가로 1960년대에 네덜란드에서 공부한 제임스 밴스위든과 팀을 이루었는데, 제임스 밴스위든은 건축가 경력 초기에 "건물 자체보다 건물 사이의 공간에 더 관심이 간다"는 사실을 깨닫고 결국 조경가가 되었다. 그들은 워싱턴디시에 소재한, 지금은 외메 밴스위든 조경이라는 이름의 회사를 함께 설립했다. 그들의 작업은 도시 경관에 여러해살이풀을 도입해서 특히 주목을 받았다. 식물을 향한 볼프강의 집요한 관심 덕분에 공공공간의 열악한 생장 조건을 잘 이겨 낼 수 있는 종이나 품종을 선택하게 되었고, 제임스의 비전 덕분에 조화로우면서도 시각적으로 강렬한 효과를 이끌어 낼 수 있었다.

피트는 "밴스위든은 후멜로를 세 번이나 방문했죠. 이곳을 아주 좋아했어요. 아마도 전통적인 정원이 아니라서 좋아한 것 같아요"라고 말한다. 제임스에게는 틀을 깨고 새로운 길을 찾는 일이 매우 중요했다. 하지만 깊은 식물 지식이 그의 관심사는 아니어서 피트의 식물 설명을 따라가기가 좀 힘들었고, 당시 피트의 작업에서 중시되었던 모양내어 다듬은 나무도 제대로 이해하지 못했다. 미국에서 흔히 보는 가지치기한 관목은 대부분 아주 뻔한 모양이었고, 식물 상태도 좋지 않았기 때문에 가장 진보적인 사고를 가진 미국 조경가라면 어떤 식으로든 모양내어 다듬은 형태에 관해서는 본능적으로 강한 거부 반응을 보일 수밖에 없었다.

1991년 3월 피트와 한스 판스테이호는 헬레보루스를 찾아서 수집할 목적으로 크로아티아와 보스니아를 방문했다. 신생 독립국 크로아티아와 유고슬라비아 연방의 세르비아가 이끄는 군대 사이에 전쟁이 일어나기 바로 2주 전이

크로아티아에서 식물 채집하기

었다. 1991년까지 여섯 개의 반자치 공화국이 속했던 유고슬라비아 연방은 모든 지역에서 풍부한 식물다양성을 자랑한다. 동유럽 공산 국가 중에서는 가장 개방적이었음에도 불구하고 상대적으로 적은 수의 식물채집가들만이 이곳을 다녀갔다. 유고슬라비아 연방의 해체는 특히 그 지역의 헬레보루스 때문에 큰 관심을 불러일으켰다. 피트는 "모두들 헬레보루스를 찾아 달려갔죠"라고 당시를 회상했다. 그가 수집한 식물들은 재배에 필요한 유전자풀에 기여했지만 자신이 직접 육종에 참여하지는 않았다. 피트는 이른 봄에 흥미를 더하는 요소가 되고, 잎이 오래 유지되는 것은 물론이고, 수명이 길고 간헐적인 가뭄이나 한파에도 견디는 능력을 가지고 있어 헬레보루스를 아주 중요한 식물로 생각한다.

대부분의 구 유고슬라비아 지역이 전쟁으로 붕괴하면서 그곳으로 여행하는 일은 인기가 없어졌다. 하지만 영국의 식물전문가이자 은퇴한 수학 교수인 윌 맥루인Will McLewin은 헬레보루스 씨앗 채종을 위해 그 지역으로 자주 돌아갔다. 그의 경험에 따르면 누군가 스파이라고 의심해도 현지 언어를 전혀 하지 못한다는 사실이 다행히 커다란 보호 장치 역할을 했다. 피트와 안야는 1999년과 2000년에 헹크 헤릿선과 함께 크로아티아를 다시 방문했다. 구 유고슬라비아 연방공화국의 최북단에 위치한 슬로베니아는 짧은 기간 동안 소규모 충돌이 일어난 이후 평화를 유지하게 되었고, 머지않아 식물의 낙원으로 급속히 알려졌다. 피트는 1999년에 로지 앳킨스와 그녀의 남편 에릭과 함께 그곳을 다시 방문했다. 로지는 몇 번의 여행 중에 헹크와 함께 한 적도 있었다고 기억한다. "정말 놀라운 식물학자였어요. 안야와 에릭은 뒤로 물러나 있거나 때로는 잠시 카페에 가기도 했죠. 그동안 피트와 저는 식물을 찾아서 경사지 관목림 주변을 샅샅이 뒤지곤 했습니다."

1990년대 중반 무렵에는 반대로 슬로베니아에서 피트를 찾아왔다. 스타네 수슈니크는 같은 슬로베니아 동포인 옐레나 더벨더르와 함께 슬로베니아 국영 텔레비전 방송국에서 몇몇 프로그램을 담당하고 있었다. 옐레나는 벨기에 플랑드르 지방의 다이아몬드 무역상인 로버르트 더벨더르Robert de Belder와 결혼했다. 더벨더르 부부는 교목과 관목 컬렉션으로 유럽에서 손꼽히는 칼름트하우트 수목원Kalmthout Arboretum을 앤트워프Antwerp 근처에 만들었다. 어느 날 옐레나는

스타네에게 후멜로에 가서 피트를 만나 보라고 제안했다. 스타네는 "재미있는 이야기인데요. 피트가 와도 좋다고 했어요. 하지만 우리가 도착했을 때 결혼기념일처럼 뭔가 중요한 개인적인 일을 축하하면서 집에서 식사를 하고 있더군요. 거창하게 차린 식사와는 거리가 먼 아주 소박한 식탁이었어요. 편안히 집에서 쉬고 있었는데 마침 그런 아주 개인적인 일이 있는 날 찾아가게 된 것이죠. 물론 정원도 한 바퀴 둘러볼 수 있었어요"라고 기억한다. 스타네는 후멜로에 반했고 곧바로 정원은 슬로베니아 텔레비전에 소개되었다.

스타네와 그의 아내 모이차Mojca는 슬로베니아에서 아마추어 정원사들에게 커다란 영향력을 끼치고 있었다. 최초의 정원 관련 잡지인 〈꽃과 정원Roze & VRT〉을 창간했고, 2002년에는 독자들을 위한 정원 투어 프로그램을 만들어 독일의 행사나 첼시 플라워 쇼, 개인정원 방문을 했는데 물론 후멜로도 포함시켰다. 스타네는 후멜로 방문을 이렇게 말한다. "사람들은 매번 감탄했죠. 정형의 생울타리 틀 안에 만든 그런 종류의 식재, 특히 그라스류 식재를 한 번도 본 적이 없었거든요." 그는 피트와 헹크, 그리고 나를 포함한 다른 사람들을 자신의 나라로 초대했다. 수도인 류블랴나Ljubljana에서 두 시간 정도 가면 나오는 다양한 서식처로 우리를 안내했다. 피트가 특별히 살비아 프라텐시스Salvia pratensis 종류를 수집하던 것을 스타네는 기억했다. "흰색에서 분홍색, 파란색까지 종류대로 모두 모았죠. 그 다양성에 감탄하며 놀라워했어요."

1991년 또 다른 중요한 만남이 있었는데, 바로 영국인 존 코크John Coke와 만난 일이었다. 피트와 안야는 잉글랜드를 방문하는 동안 하스펜에서 포프 부부를 만나고 돌아오는 길에 코크 가족이 살고 있는 젠킨 플레이스Jenkyn Place에 초대받았다. 당시 그 저택에는 존의 부모님인 제럴드Gerald와 퍼트리샤 코크Patricia Coke가 만든 유명한 정원이 있었다. 피트는 "그곳의 수석정원사가 존이 운영하는 육묘장인 그린 팜 플랜츠Green Farm Plants 이야기를 하면서 존을 만나 보라고 말했어요. 그래서 다음에 여행 기회가 생겼을 때 들렀고, 우리는 만나자마자 친해졌어요"라고 기억한다. 존은 "키가 큰 금발의 남자가 육묘장으로 성큼 걸어왔어요. 곧바로 피트인 줄 알았죠. 그때는 이미 다들 소문을 들어 피트를 알고 있었거든요. 우리는 이야기를 나누기 시작했고 좋은 인연을 맺게 되었습니다"라고 말했다. 이듬해에 존이 후멜로를 방문했다. "정원이 뚜렷이 기억나요.

위: 댄 피어슨Dan Pearson과 안야 아우돌프
아래: 존 코크와 프레리 전문가인 닐 디볼Neil Diboll

지금은 당연하게 여기는 식물들이지만 그때는 정말 새로웠어요. 눈이 휘둥그레질 정도로 놀랐죠." 피트는 "첫 만남 이후에 존이 몇 번이나 우릴 보러 왔어요. 그는 우리가 식물을 보는 관점에 관심이 많았고 저의 작업 방식이 왜 그런지 늘 그 이유를 물었어요. 우리가 독일인들로부터 얼마나 큰 영향을 받았는지에도 관심을 보였는데, 독일인들은 작업하는 방식이 다르다고 느꼈기 때문이었죠"라고 당시를 회상했다.

피트와 존은 세 번의 미국 여행을 포함하여 여러 번 함께 여행을 다녔다. 존은 이렇게 기억한다. "2001년에 세계무역센터 쌍둥이 빌딩이 무너졌을 때 미국에 있었어요. 로이 디블릭Roy Diblik과 릭 다크를 만나고, 노스 크릭 너서리스North Creek Nurseries도 갔어요. 챈티클리어Chanticleer는 피트나 저나 전혀 마음에 들지 않았죠. 너무 조각조각 이어 붙인 듯 통일성이 부족하고 예쁘기만 했어요. 피트가 사용하는 종류의 식물들은 기르지 않았고, 디렉터인 크리스 우즈Chris Woods를 직접 만날 수도 없었죠." 크리스는 영국인으로 노스 웨일스North Wales의 포트메리온Portmeirion에서 정원사 경력을 시작했다. 유능한 정원 사업가라는 건 분명하지만 허풍이 심한 인물로 사람이건 정원이건 연극이라도 하듯 과장되게 접근하는 방식이 모든 사람의 취향에 맞지는 않았다. 존은 또 다른 여행 이야기도 했다. "피트가 프랭크 로이드 라이트Frank Lloyd Wright의 집을 방문하고 싶어 했어요. 하지만 어쩌다 방향을 잘못 잡는 바람에 디즈니랜드를 닮은 형편없는 놀이공원에 도착하기도 했죠. 정말 끔찍한 경험이었죠." 피트에게 동료와 함께하는 여행은 자신의 핵심 아이디어를 이해하는 사람과 식물이나 정원, 조경에 관한 새로운 경험을 같이 나눌 수 있는 기회를 의미했다.

비전을 제시하다

1992년은 마침 플로리아드Floriade, 네덜란드에서 10년마다 열리는 국제원예박람회가 개최되는 해였다. 네덜란드 경제의 중요한 부분을 차지하는 대량생산 업체들이 주를 이루는 상업성이 짙은 행사였다. 그에 대한 일종의 반작용으로 소규모 육묘업체들이 단결하여 전통 재배가 그룹Groep Traditionele Kwekers이라는 조직을 만들었다. 브리안 카버스는 "우리는 대형 육묘장들과 다르다는 걸 보여 주고 싶었습니다. 우리가 키우는 식물에 얼마나 정성을 기울이는지, 그리고 이윤에만 초점을 맞추지는 않는다는 사실을 알리고 싶었어요"라고 말했다. "우리에게는 좋은 마케팅 기회였어요. 로고까지 만들었죠." 브리안은 젊어서 육묘사업을 시작했는데 여느 사람들처럼 로프에게 피트를 소개받았다. 이후 브리안은 여러해살이풀로 선도적인 혁신가 대열에 올랐다. 피트 외에도 그룹의 다른 멤버로 쿤 얀선, 한스 크라머르, 엘레아노러 더코닝Eleanore de Koning, 헤르만 판뵈세콤이 있었다. 플로리아드에서 전통 재배가 그룹은 자신들만의 구역을 할당 받았고 정원디자인은 피트가 맡았다. 그의 기억에 따르면 "우리가 받은 삼각형 공간 안에 원형 패턴으로 배치를 했어요. 방문객들이 돌아보며 우리가 얼마나 다양한 식물을 기르는지 알아볼 수 있도록 만들었죠." 피트가 디자인한 부스는 금상을 차지했다.

같은 시기에 피트는 정원 가꾸기와 아울러 정원디자인을 홍보하는 여러 다른 전시회에도 참여하게 되었다. 당시 비슷한 행사들이 다른 서유럽 국가에서도 점점 더 빈번해지고 인기를 끌었다. 부분적으로는 소득 증가가 원인이었을 것이고, 어떤 경우에는 여가시간이 늘어난 이유도 있었다. 당시 주택정원과 관련된 사업이 붐을 일으키며 호황을 누렸다. 1994년에는 네덜란드에서 가장 유서 깊은 정원 중 하나인 헷 로Het Loo에서 전시회가 있었다. 〈레지던스Residence〉라는 이름의 고급 라이프스타일 잡지를 만드는 곳에서 주관한 전시였다. 피트는 "그 행사는 마치 정원이나 시골 장터처럼 느껴졌어요. 납을 입힌 목재 화분에 그라스와 여러해살이풀을 심어 장식해 달라는 의뢰를 받았죠"라고 당시를 기억한다. "그게 우리의 첫 단독 전시였습니다. 다니엘 오스트Daniel Ost가 우리 정원에서 가져간 식물로 화기에 꽃꽂이를 했어요." 오스트는 진취적인 작업으로 세계적인 명성을 얻은 벨기에의 플로리스트였다. 또 다른 전시 정원은 네덜란드 중동부 룬테런Lunteren의 니우 제헬라르Nieuw Zeggelaar 농장에서 존치형 모델정원Modeltuinen 중 한 곳을 디자인한 것이다. 활발히 글을 쓰던 정원작가이자 사업가인 로프 헤르비흐Rob Herwig가 1973년에 시작한 이 프로그램은 2000년까지 계속되었다. 네덜란드 전역의 정원디자이너들이 초청되어 정원을 만들었다.

정원 가꾸기와 조경 작업은 고독한 작업일 수도 있지만 늘 여행을 향한 강한 갈망을 갖게 한다. 특히 식물에 주목하는 사람이라면 더욱 그러하다. 다른 정원과 야생 서식처를 보며 흥미로운 종의 생장을 관찰하거나 식물 수집을 하는 일, 같은 열정을 나누는 사람들을 만나는 것, 이 모두가 끊임없는 영감의 원천이 된다. 여행의 대부분은 동료들을 만나러 가는 길이고, 그들은 열에 아홉이면 기꺼이 시간을 내어 주는 너그러운 사람들이다. 피트는 1994년에 로이 랭커스터와 미국을 여행하며 강연도 했고, 태평양 북서부 연안의 워싱턴주에 있는 올림픽반도를 방문할 기회도 가졌다. "댄 힝클리Dan Hinkley를 만나 길Gil과 캐럴린 시버Carolyn Schieber가 그와 함께 준비한 투어, 그리고 몇몇 다른 사람들이 준비한 투어에 참여했죠. 시버 부부의 정원은 그야말로 식물에 열광한 전문가의 정원이었죠. 멋진 곳이었어요. 수많은 자생종 식물, 산에서는 플록스 디바리카타Phlox divaricata의 향기가 났어요. 카스틸레야Castilleja와 루피너스Lupinus도 있었죠." 댄 힝클리는 국제적인 명성을 얻은 사람이다. 미국에서는 1987년부터 2000년까지 그가 운영한 헤런스우드 너서리Heronswood Nursery로 유명했는데, 시애틀 부근의 베인브리지 아일랜드에 있었다. 그 역시 강연과 글쓰기를 하는 한편 동아시아 식물 수집 여행에도 참여했다.

    2년 후에 피트는 독일 바인하임Weinheim의 헤르만스호프 실험정원Sichtungsgarten Hermannshof 디렉터인 우르스 발저Urs Walser를 만나러 갔다. 이 정원은 최고의 실험정원 사례 중 하나로 손꼽히는데, 감상을 위한 전시정원인 동시에 정원사들이 다양한 식물조합을 실험하는 공간이기도 하다. 전문 정원사 아마추어 정원사 할 것 없이 모두 그곳의 식물과 식물 그룹을 즐기며 공부할 수 있다. "바인하임은 서식처를 어떻게 활용할 수 있는지 보여 주었어요. 영국 정원과는 전혀 다른 완전히 새로운 조합이 펼쳐지는 신세계였죠. 제가 하고 싶은 일이었기 때문에 관심이 많았어요. 영국 스타일에서 벗어나는 동시에 리하르트 한젠의 도그마에서도 벗어날 수 있는 일이었으니까요." 머지않아 우르스도 후멜로에 갔는데, 그는 피트가 여러해살이풀을 얼마나 자신감 있고 대담하게 사용하는지를 보고 깜짝 놀랐다.

    리하르트 한젠은 바이엔슈테판Weihenstephan의 뮌헨기술고등학교[5]에서 식재디자인을 가르쳤다. 그는 1993년에 《여러해살이풀과 정원서식처Perennials and Their

Garden Habitats》라는 제목의 영어로 번역된 책을 펴냈는데, 식재에 커다란 영향력을 끼친 교과서였다. 이 책은 식물 '군락community'에 관련된 종합적인 개념을 소개했지만 미적인 측면에 관해서는 뚜렷이 밝히지 않았다. 우르스가 헤르만 스호프를 디자인할 때 이런 점을 깨닫고 매우 예술적인 해법을 선보였다. 어떤 디자이너들은 한젠의 작업을 마치 식재 공식인양 사용했는데, 그 때문에 피트는 '도그마'라는 가시 돋힌 언급을 했다. 하지만 내게 한젠의 접근 방법은 새로운 발견이었다. 1994년의 일인데, 그것이 식물을 대하는 완전히 새로운 방법이라는 사실을 깨닫게 된 순간을 뚜렷이 기억한다. 식물들을 하나의 시스템 또는 군락의 구성요소로 보는 관점은 각각의 식물을 수집하고 이름표를 붙이고 나란히 모아 심는 영국식 사고방식과는 완전히 달랐다. 한젠의 책을 읽은 많은 영국 독자들은 아쉽게도 그의 접근 방식을 하나도 이해하지 못했다. 아무렇게나 따라하려 한다거나, 바이에른 지역 밖에서 사는 이들이 비판적인 생각 없이 그대로 적용하려는 등 여러 문제가 있었지만 '한젠 시스템'은 식재 디자인을 생각할 때 이정표 역할을 해냈다.

정원사들이 교류를 시작하면 으레 식물을 교환하기 마련이다. 두 명의 영국인 식물전문가 조 샤먼Joe Sharman과 앨런 레슬리Alan Leslie가 후멜로를 방문했고 피트와 함께 에른스트 파겔스를 만나러 갔다. 그들은 많은 식물을 교환했는데 후에 앨런이 위슬리Wisley의 영국왕립원예협회 정원Royal Horticultural Society Garden에서 일했기 때문에 피트에게 새로운 품종의 빨간색 아스트란티아인 '루비 웨딩Ruby Wedding'을 주었다. 대개 엷은 황백색을 띤 아스트란티아는 세련된 취향의 정원사들이 관심을 갖는 속이다. 하지만 빨간색이 등장하자 좋아하는 층이 극적으로 늘어났다. 피트는 자신의 육종 프로그램에서 이 식물을 사용할 수 있었고 그중에서 씨앗으로 길러 낸 붉은 색조 계통은 '클라레Claret'로, 분홍색 품종은 '로마Roma'로 이름 붙였다.

정원, 형태를 갖추다

1993년까지 후멜로의 앞뜰 정원은 10년간 실험 화단으로 사용되었다. 기둥 모양으로 다듬은 주목이 틀을 잡아 주었지만 이곳은 기본적으로 매우 기능적인 공간이었다. 네덜란드는 침수가 자주 일어나기로 유명한데 이곳도 예외는

아니었다. 1993년에 참사를 일으킨 끔찍한 홍수가 1주일 이상 이 지역을 휩쓸었다. 피트는 "여기 심었던 80퍼센트 정도의 식물을 잃어버렸어요"라고 기억한다. 그 공간을 어떻게 사용할지 다시 생각해야 하는 입장이 되자 피트는 새로운 쇼가든을 만들기로 결정했다. 정원의 앞부분은 외부에서 들여온 흙으로 채우고 기존의 원형 연못도 식물로 채워 전체 구역에 뚜렷한 중심축을 드러냈다. 라머르트 판덴바르흐Lammert van den Barg는 마을에 땅을 소유하고 있었다. 피트는 그의 땅을 조금 빌려서 일부 판매용 식물과 함께 실험용 식물, 키워 보고 싶었던 식물의 어린 모종을 옮겼고, 이 모종에서부터 자신의 식물을 선발했다. 앞뜰 정원으로부터 식물을 옮겨야 할 또 다른 중요한 이유가 있었다. 피트는 "앞뜰 정원이 쇼가든으로 바뀌면서 번식시키기로 계획한 수많은 식물을 위한 공간이 필요했어요"라고 설명했다.

처음에 방문객들에게는 보이지 않았던 앞뜰 정원은 이제 중심축이 뚜렷이 드러나게 되었다. 당시에 사람들은 나지막한 옆문으로 들어와서 사선으로 난 벽돌 길을 따라 작은 규모의 잔디밭을 지나갔다. 그 앞으로 쭉 가면 커다란 체리나무가 있었는데, 이 나무는 오랜 농장의 역사 속에서 살아남은 것이었다. 한쪽으로는 깊이 5미터 정도의 화단이 있었다. 키 큰 식물을 뒤에, 키 작은 식물을 앞에 심은, 어떻게 보면 꽤 전통적인 스타일이었다. 1993년에 식재한 이후로 거의 손을 대지 않았기 때문에 피트의 초기 디자인 스타일을 보여 주기에 아주 좋은 화단이다. 이 길의 끝에 이르면 모퉁이를 돈다. 그 지점에서 정원의 중심축이 드러날 것이다. 중앙에 난 길은 세 개의 화단으로 나누어지는데, 모두 중심을 벗어난 타원형이다. 대칭이기는 하지만 일종의 반전 매력이 있는 대칭이다. 몇 년 후에 방문한 영국의 미술 평론가 로이 스트롱Roy Strong이 이를 두고 '불안정한 바로크'라고 주장하는 것을 엿들었던 적이 있다. 중앙의 화단은 여러해살이풀과 몇몇 관목이 섞인 곳이지만 처음과 세 번째 화단은 은빛 잎의 램스이어 '빅 이어스'Stachys byzantina 'Big Ears'와 오렌지색 꽃이 피는 원추리 '파든 미'Hemerocallis 'Pardon Me'가 자란다. 피트는 여기에 유럽족도리풀Asarum europaeum을 지피식물로 심었다가 햇빛을 감당하지 못하는 바람에 곧바로 "어리석은" 선택이었음을 깨달았다고 언젠가 고백한 적이 있다. 족도리풀은 램스이어로 대체되었다.

겨울의 생울타리 풍경

앞뜰 정원의 옆쪽 화단은 여러해살이풀로 채웠다. 물론 여느 영국 정원의 화단에서보다 훨씬 더 넓은 면적을 차지했다. 좁은 벽돌 길은 식물이 가장 흐드러지게 넘쳐나는 장소를 지나가는 통로 역할을 했다. 가까운 거리에 있었다면 여러해살이풀 사이를 걷는 것이 가능했겠지만 그렇지 않을 경우에는 잔디밭에서 화단을 바라보았다. 한쪽 옆에는 피트가 구불구불한 형태로 모양을 다듬어 유명해진 생울타리가 있었는데 아직도 그대로 남아 있다. 피트는 '용의 등 생울타리 dragon's back hedge'라고 별명을 지었는데 당시에 있었던 길 건너편 숲의 윤곽선을 묘사한 것이라고 했다. 혼합 방식의 시골풍 생울타리는 관목을 개별적으로 가지치기해서 불규칙한 곡선의 연속처럼 보이게 만들었다. 겨울에는 나무줄기와 가지의 테두리가 윤곽을 드러낸다. 제일 끝에는 네 겹으로 된 주목 생울타리가 있는데 커튼이라고 묘사하면 가장 어울릴만한 형태로 다듬었다. 각각의 생울타리가 동일한 너비였지만 윗부분에 아래위로 굴곡을 주어 파도치는 듯한 형태를 보여 준다.

여기까지가 1994년 8월에 내가 처음으로 정원을 보았을 때의 상태였다. 그날은 스웨덴농업과학대학교 조경학과에서 식재디자인을 강의하던 에바 구스타브손Eva Gustavsson도 후멜로를 방문했다. 당시만 해도 나는 후멜로 정원이 얼마나 새로운 스타일이었는지 깨닫지 못했다. 그것이 그 시즌 나의 마지막 정원 투어였다. 그해는 나에게 역사적인 해였다. 2월에 브라질의 리우데자네이루에서 호베르투 부를리 마르스를 만났고아쉽게도 그는 그해에 세상을 떠났다, 6월과 7월에는 독일의 가장 혁신적인 공원 식재를 보러 여러 곳을 들렀기 때문이다.

그 무렵 집 뒤쪽의 육묘장 구역은 제대로 자리가 잡혔고 어린 버들잎배나무Pyrus salicifolia 몇 그루, 진짜로 착각할 만한 오벨리스크와 조각상으로 장식을 했다. 디기탈리스 페루기네아Digitalis ferruginea는 벽돌 포장 사이로 자연발아를 했다. 그 가느다란 첨탑 모양 씨송이에 홀렸던 기억이 난다. 0.5리터9센티미터 또는 1리터13센티미터 포트에 담은 판매용 식물이 줄을 맞추어 배치되어 있고, 그늘을 좋아하는 식물은 집 가까운 곳의 차광막 아래에 두었다. 의도적으로 식물을 알파벳순으로 배열하지 않았다. 피트는 "아직 꽃이 피지 않은 시기에 고객들이 같은 속의 다른 품종 사이에 화분을 되돌려 놓을까 봐 걱정이 되었죠"라고 설명했다. 네덜란드나 독일의 육묘장들처럼 고객이 직접 이름표를 적었는데 손님이 오면 안야가 미리 잘라 둔 백지와 연필을 나누어 주었다.

뒤쪽으로는 1.5미터 폭의 좁다란 직사각형 화단에 번식용 모체들이 줄지어 있었다. 배치에 뚜렷한 순서가 있는 건 아니었지만 각각의 품종명이 목재로 된 커다란 이름표에 잘 보이도록 적혀 있었다. 제일 뒤쪽에는 등나무와 노박덩굴 같은 덩굴식물이 철제 지지대를 타고 자라고 있었다. 그 너머로는 무성한 풀과 젖소가 풀을 뜯는 들판이 지평선까지 펼쳐졌다. 판매용 식물이 모여 있던 구역은 전체를 의식적으로 디자인한 건 아니었고 무작위로 여러해살이풀을 심어 마치 하나의 거대한 화단 또는 여러 개의 화단같이 보였는데 방문객들도 대개 비슷한 이야기를 했다.

당시 피트를 만난 일은 모험을 찾아 여행하며 보냈던 한 해를 제대로 마무리하는 방법이었다. 피트는 탄탄한 디자인 능력과 식물전문가가 갖추어야 할 자질을 모두 지닌 몇 안 되는 사람 중 한 명으로 느껴졌다. 부를리 마르스 역시 그런 자질을 갖춘 소수의 사람에 속했지만 몇몇 다른 이들도 있었다. 1996년 미국에서 만난 제임스 밴스위든과 볼프강 외메, 이 두 파트너도 조경 사업 측면에서 두 가지 자질을 함께 갖추고 있었다. 안타깝게도 그 무렵에 볼프강의 식물 선택은 점점 더 고착화되고 보수적으로 변하고 있었다.

1994년에 나는 여행을 많이 했는데 특히 독일 식재디자이너들, 그중에서도 한젠의 전통을 이어받은 사람들로부터 큰 영감을 얻었다. 그들은 내게 익숙한 식물 팔레트였지만 영국에서 보아 왔던 것보다 훨씬 더 자유로운 방식으로 식물을 사용했다. 그 효과는 내가 늘 이야기했던 것처럼 야생화 초지와 전통적인 영국식 초화류 화단의 중간 지점에 있는 것처럼 보였다. 그들의 작업은 탄탄한 과학적 근거를 기반으로 자연의 식물군락과 긴밀하게 관계를 맺고 있었는데, 나는 이 두 가지 점이 다 좋았다. 아울러 공공공간 디자인이라는 측면에서 정치적으로도 매력이 있었다. 디자인을 업으로 하는 다른 사람들처럼 나 역시도 부유한 고객을 위해 일하지만 운 좋은 소수의 집단뿐만이 아니라 일반 대중이 작업의 결과물을 향유할 수 있으면 좋겠다는 소망을 자주 품고 있었다. 하지만 독일식 식재는 치명적인 단점이 있었다. 모든 것이 규모가 큰 공원을 위한 디자인이었다. 각 화단은 여름 내내 진행되는 정원박람회의 존치물이었는데, 박람회의 목적이 바로 질 높은 공공공간을 만들어 도시재생을 이루어 내는 것이었다. 대개 이 과정에서 모험적인 방식의 식재가 핵심적인 부분을 담당했다. 이러한 식재의 대부분은 잘 알려진 디자이너들이 육묘장과 협

업하여 오래 지속될 수 있는 식재를 만들어 내는 것이다. 하지만 정원박람회에 해당하지 않는 한 군데 예외가 있는데 헤르만스호프는 개인정원사가 엄두를 내기에는 훨씬 더 넓은 규모의 정원이었다. 게다가 많은 연구에도 불구하고 이러한 공공작업에서 영향을 받은 개인정원사들을 찾기 어려웠고, 어느 디자이너도 그들의 원칙을 주택정원에 적용하는 일에는 관심을 보이는 것 같지 않았다.

식물과 식재에 초점을 맞추어 작업하는 디자이너로서 피트의 능력은 나의 관심사와도 아주 흡사했다. 피트는 독일 전문가들이 사용하는 식물 팔레트와 매우 유사한 식물을 쓰고 자연 서식처의 아름다움을 깊이 인식하면서도, 공간의 제약을 현실적으로 극복할 수 있는 새로운 방식의 식재를 선보였다. 다듬어 모양을 낸 목본식물을 활용한 피트의 방식은 계절의 연속성이나 구조의 표현을 공고히 만들었지만 내가 본 어느 것과도 근본적으로 달랐다. 우리가 기억해야 할 사실이 있다. 1990년대 초반이 영국에서는 비타 색빌웨스트와 해럴드 니컬슨Harold Nicholson의 시싱허스트Sissinghurst, 로런스 존스턴Lawrence Johnston의 히드코트Hidcote로 대변되는 미술공예운동 정원을 정원이 다다라야 할, 또는 실제로 다다를 수 있는 정점으로 여겼던 시기였다는 점이다. 정형적인 구조와 왕성하게 자라는 여러해살이풀로 이루어진, 거의 손을 대지 않은 듯한 화단 사이에 그들이 만들어 낸 균형이 성공의 핵심이라고 여길 수 있다. 피트를 만나고 그의 정원을 보면서 그러한 균형을 이루는 또 다른 방법이 있다는 사실을 깨닫게 되었다. 이 구조적인 요소가 민 라위스와 그녀의 바우하우스·모더니스트 배경에서 영향을 받은 것이라는 사실을 나중에 알게 되었다.

적어도 해마다 피트와 안야를 계속 방문하다 보니 여러 가지 변화를 목격했는데, 변화는 점진적으로 일어나는 경향이 있었다. 그런 변화는 피트의 경력에서 일어나는 변화와 흐름을 같이 하는데 어찌 보면 꽤 당연한 결과다. 피트가 여러해살이풀에 보다 자신감을 가지고 더 많은 그라스를 여러 가지 다른 방법으로 사용하기 시작하면서 그라스가 점점 잔디나 다듬어 모양낸 목본식물의 자리를 차지해 나갔다.

육묘장 구역과 앞뜰 정원은 2000년대 중반까지 별다른 변화가 없었다. 하지만 그 사이 한 가지 큰 변화가 있었는데, 1997년 7월로 앞뜰 정원에 있던 오래된 체리나무를 베어 내야만 했을 때였다. 대체로 땅이 건조해지고 양분이 부족해지는 일은 나무 아래쪽에서 흔히 일어나는 현상이었다. 피트는 그곳에 대담한 원형 화단을 만들고 당시에는 "목걸이"라고 이름 지었다. 높이 60센티미터 정도로 단을 높인 원형 화단은 가장자리를 붉은 벽돌로 마감했는데, 그 사이사이로 다듬어진 주목이 몇 미터 간격으로 반복 배치되었다. 화단에는 야자사초 $^{Carex\ muskingumensis}$를 무리지어 심었고, 그 위로 참억새 '말레파르투스' $^{Miscanthus\ sinensis\ 'Malepartus'}$가 자라게 했다. 야자사초가 봄에 일찍 성장하기 때문에 거의 상록처럼 보이는 효과가 났다.^{실제로 날씨에 따라 한겨울에도 푸릇함을 유지하기도 한다}.

집 뒤쪽으로 두 채의 건물이 있는데, 옛 농장 시절에 뒤죽박죽 남아 있던 창고의 잔해로부터 건져 낸 검은색 코팅을 한 나무와 벽돌로 된 건물이다. 아우돌프 부부는 이곳을 육묘장과 정원을 방문하러 온 고객이나 손님에게 커피를 대접하며 따뜻하게 맞이하는 접대 공간으로 이용했다. 집과 그 건물들 사이에는 두 개의 정사각형 화단이 있는데 초기에는 여러해살이풀 몇 종류와 구근식물, 간혹 한해살이풀, 그리고 철제 지지대를 타고 오르는 클레마티스가 있었다. 지금까지도 유지되고 있는 식물 선택은 1990년대 후반에 이루어졌다. 이곳의 식물들은 당시에 피트가 어떤 식물에 관심을 갖기 시작했는지를 잘 보여 준다. 버지니아냉초 $^{Veronicastrum\ virginicum}$, 솔정향풀 $^{Amsonia\ hubrichtii}$, 그리고 특히 그라스 종류로 큰개기장 $^{Panicum\ virgatum}$과 스포로볼루스 헤테롤레피스 $^{Sporobolus\ heterolepis}$ 같은 북미 자생종이다. 지금까지도 남아 있는 이런 식물의 튼튼한 떨기는 이 식물의 장수성을 입증하며 북유럽 정원이나 조경에서 얼마나 가치 있는 식물인지를 확실히 보여 준다.

그러나 후멜로 정원의 아름다움이 모든 사람의 취향에 맞는 것은 아니었다. 독일의 전문 사진작가인 위르겐 베커 $^{Jürgen\ Becker}$는 1995년 가을에 처음 방문했는데 "꽃이 별로 없군요"라고 말했다. 비슷한 경우로 사진작가 마레이커 회프도 사진을 별로 찍지 않았는데 아마도 "뭔가 불편한 마음"이었기 때문이라 짐작한다고 피트가 말했다. 1996년 6월에는 영국 BBC 방송국의 주력 프로그램인 '가드너스 월드 $^{Gardeners'\ World}$' 제작진이 진행자 스티븐 레이시 $^{Stephen\ Lacey}$와 함께 촬영을 하러 왔다. 피트는 "당시에 그는 우리의 식재 스타일을 이해하지 못했어요. 너무 새로웠기 때문이었죠"라고 말했다. 나는 그가 겉으로 드러낸 것보다 실제로는 더 많이 이해했다고 생각한다. 스티븐 레이시는

스포로볼루스 헤테롤레피스는 아우돌프가 미국에서 처음 만난 프레리 원산 그라스로 지금도 그의 디자인에서 널리 사용되고 있다.

1994년과 1997년 큐 가든Kew Gardens에서 '여러해살이풀 전망Perennial Perspectives'이라는 이름의 학회를 개최하는 데 주된 역할을 맡았던 브리타 폰셰나이히Brita von Schoenaich와 그녀의 당시 사업 파트너였던 팀 리스Tim Reece를 지원했다. 또한 여러 잡지 기사에서 독일식 여러해살이풀 식재에 관해 매우 긍정적인 내용의 글을 썼다.

대중의 관심을 끌다

1994년에 피트는 첫 공공식재 작업으로 위트레흐트식물원 화단을 디자인했다. 1200제곱미터 정도의 규모로 길을 따라 나란히 디자인하는 전통적인 형태의 화단이었다. 하지만 피트에게는 많은 사람에게 작품을 보여 줄 수 있는 절호의 기회였다. 하루는 피트가 정원을 보러 갔다가 당시 디렉터였던 비어르트 니우만Wiert Nieuman을 만나 대화를 나누던 중 식재 작업을 승낙하게 된다. 비어르트는 당시를 이렇게 기억한다. "그해 가을에 부지를 준비하고 길도 만들었어요. 피트로부터 연락을 기다렸죠. 2월 말이 되어도 여전히 아무 소식이 없었어요. 좀 걱정이 되어 혹시 우리를 잊은 건 아닌지 전화를 걸었죠. 피트가 절대 아니라고 하면서 폭스바겐 픽업트럭을 타고 자기 육묘장으로 와서 트럭 한가득 식물을 채워 위트레흐트까지 같이 가자고 했어요. 화단을 만들겠다면서요." 그의 말대로 했는데 도면도 스케치도 아무것도 없었죠. 피트가 땅에 화분을 놓으면 저랑 직원들이 여러해살이풀을 심었어요. 종이에 그린 도면도 없이 작업을 했다니, 믿기지 않았죠! 시간이 흐르면서 때로는 파내고 다시 심기도 했어요. 하지만 아우돌프 화단인 것은 변함없으니 아주 만족하고 있어요." 피트는 화단이 유지되고 있다는 사실에 놀랐다. "정원이 그렇게 오래도록 유지되는 걸 좋아하지 않아요. 저는 민 라위스가 아니거든요. 하지만 그들은 하나의 유산처럼 간직하고 싶은 거겠죠." 정원을 오래 보존하는 것에 관한 피트의 태도는 아주 냉정한 편이다. 별 게 아닌 것조차도 보존하기를 바라는 정원계 사람들의 입장과는 매우 다르다. "가끔 민 라위스가 디자인한 오래된 정원을 유지하는 고객들을 보지요. 물론 그녀의 흔적이라곤 찾아볼 수 없는데도 말이죠. 변화를 받아들여야 해요. 정원도 변해야 합니다"라고 피트는 말한다.

피트의 개인정원 디자인 의뢰 횟수도 이 시기에 증가하기 시작했다. 한 곳은 사진작가인 발터르 헤르프스트Walter Herfst 가족 정원이었는데 그는 잡지에 실을 피트의 사진을 찍기 위해 후멜로로 갔을 때 처음으로 피트를 만났다. "눈이 번쩍 뜨이는 경험을 했어요. 사진기자로서 작업을 모두 마친 후에 아름다움을 사진에 담는 게 좋았어요"라고 그는 말했다. 그는 로테르담에 있는 자신의 정원도 다시 디자인해 줄 것을 피트에게 의뢰했다. 그곳은 길고 좁은 여느 도시 정원의 형태로 끝에는 목재로 만든 작은 서재가 있었다.

아주 크다고 할 수는 없지만 또 다른 좀 더 넓은 정원을 의뢰한 사람은 클라우스Klaus와 울리케 테브스Ulrike Thews 부부였다. 그들은 1981년에 주말 별장으로 이용하기 위해 독일의 최북부 지방 슐레스비히홀슈타인Schleswig-Holstein에 150년 된 전통적인 시골집과 땅을 조금 샀다. 클라우스는 "울리케는 함부르크의 발코니에서도 늘 정원을 가꾸었어요. 1994년에 피트 아우돌프에 관한 잡지 기사를 읽고 전화를 해서 정원 만들기를 도와줄 수 있는지 물었어요. 피트는 무슨 말인지 잘 알아들었고 우리는 곧장 그를 만나러 갔죠. 아주 빠른 결정이었어요"라고 당시를 회상했다. 피트에게 도면을 부탁했어요. 피트는 우리가 각자 원하는 걸 적어 희망 목록을 만들어 보라고 했어요. 울리케는 앉아서 꽃의 아름다움을 음미할 수 있는 곳을 원했어요. 저는 뚜렷한 정형적인 요소와 흐드러지는 여러해살이풀 사이의 긴장감을 원했죠." 나중에 부부는 은퇴 후 그곳에서 생활하기로 결정하고 기존 집에 현대식 건물을 증축했다. 2004년에 피트에게 정원 확장을 의뢰했고 좀 더 넓은 규모의 여러해살이풀 식재를 부탁했다. 클라우스는 "5월에 이틀간 피트가 1200개의 여러해살이풀을 심는 것"을 어떻게 도왔는지 기억했다.

이 무렵의 또 다른 중요한 프로젝트는 잉글랜드에 있는 존 코크의 저택인 베리 코트Bury Court였다. 존은 부모님이 소유했던 젠킨 플레이스 포도원이 부모님 사후에 팔리자 이전에 있던 농가와 부속 건물을 사들였다. 존은 "피트에게 디자인을 의뢰할 계획은 아니었어요. 단지 육묘장을 위한 시범 화단으로 간단하게 몇 개만 만들자는 정도의 생각이었죠"라고 강조했다. 우리가 수집한 식물들은 고산식물, 내한성이 약한 식물, 나무 등 온갖 종류가 뒤섞여 있어 엄청 어지러웠어요. 피트가 다루는 식물과는 거리가 있었죠. 옛 마당을 파내고 화단을 만들 준비가 되었을 때 피트가 왔어요. 도면을 그려 보아도 되겠느

냐고 묻더군요. 물론 그런 걸 의뢰할 생각은 조금도 없었죠. 하지만 안 될 것도 없다는 생각이 들었습니다. 결과적으로 전체 식물 목록이 다 변경되었고, 그렇게 해서 이 모든 그라스와 키 큰 여러해살이풀을 기르기 시작한 겁니다."

피트의 기억으로는 존이 오래된 콘크리트를 일부 잘라 내고 화단을 만들어 달라고 부탁했을 때 거절하면서 모두 다 없애야 한다고 말했다. 피트는 "오직 하나로 이어지는 정원을 만들고 싶지 않았어요. 뭔가 다른 장소도 연출하고 싶었죠. 자갈정원도 처음으로 시도하고, 로즈메리 비어리Rosemary Verey로부터 영감을 받은 자수정원도 만들고 싶었어요"라고 말했다. 존은 "피트는 일을 할 때 굉장히 엄격한 시각을 가지고 있었어요. 도면을 그려 주면 그대로 따르든지 아니면 의뢰를 포기하든지 거의 그런 식이었죠"라고 기억한다. 하지만 문제가 있었다. 존이 육묘장을 위해 키우던 그 가지각색의 식물들을 어떻게 화단에 끌어들이느냐 하는 것이었다. 존은 해결책으로 나온 타협안을 기억한다. "딱 한 가지 우리에게 양보한 건 '우리가 키우던 종류의' 식물을 가장자리 주변으로 심어도 된다는 것이었습니다." 이것은 피트가 스캠프스턴 홀Scampston Hall에서도 사용한 방법으로 '식물전문가의 산책로'라 이름 지어 외곽에 만든 구역도 비슷한 이유에서 생겨난 곳이다. 수집가의 식물이든 전문가의 식물이든 사람들이 키우고 싶어 하는 특정 식물이 있는데, 특수한 조건을 필요로 하거나 손길이 더 많이 가는 종류로 자신의 디자인 스타일에 맞지 않는 식물이 있다는 사실을 피트도 인정한다. 이런 식물들은 시각적으로 분리가 되는 특정 구역에서 따로 키운다. 이렇게 하면 그 식물의 가치를 제대로 즐길 수도 있고, 자신의 주 화단 디자인과도 충돌하지 않을 수 있기 때문에 피트가 선택한 해결책이다.

베리 코트는 피트에게는 두 가지 점에서 새로운 시도였다. 하나는 자갈정원이고 또 다른 하나는 좀새풀 초지Deschampsia meadow였다. 좀새풀 초지는 도면으로 보면 아주 성공적인 디자인 개념으로 보였지만 화단에 지정된 자리에는 문제가 있었는데, 이것은 뒤에서 다시 다루겠다. 당시 피트랑 자갈정원에 관해 이야기를 나눈 기억이 나는데, 비바람이 들지 않는 남향에 자갈정원을 만드는 것은 으레 당연한 선택이었다. 하지만 피트는 이를 매우 조심스럽게 생각했고, 비록 성공적으로 끝나긴 했지만 다시 반복하지는 않았다. 자갈정원에 필요한 식물 선택은 피트가 일반적으로 사용하는 식물 팔레트와 너무 많이 차

이름을 알리다 143

잉글랜드 햄프셔주Hampshire의 베리 코트 전경. 영국에서 온 첫 정원 의뢰였다.

이름을 알리다

가지치기로 모양내기

베리 코트와 스캠프스턴은 피트가 처음으로 영국 정원 디자인을 의뢰받은 두 곳이다. 이곳에서 모두가 즉각 눈치 채지 못한 한 가지 특기할 만한 사실은 초기작에서 볼 수 있는 가지치기로 모양낸 목본식물의 역할이었다. 하지만 그 이후로는 사용 빈도가 훨씬 더 줄었다. 뚜렷한 선을 살리는 가지치기가 강조되었던 젊은 시절의 모더니스트·민 라위스 정원 스타일이 시간이 흐르면서 점차 사라져 버린 것이다. 네덜란드의 관점에서 보면 목본식물을 다듬어 모양내는 방식을 그만둔다는 것은 명백한 발전으로 간주할 수 있었다. 네덜란드 스타일은 이미 너무 멀리 가서 더이상 변화를 주기도 어려웠을 것이다. 피트는 그러한 방식을 능숙하게 활용하기는 했지만 그리 독창적이지 않았다는 점을 시인했다. 하지만 네덜란드에 살지 않는 우리에게는 여전히 배울 점이 많다. 대부분의 나라에서 가지치기로 모양낸 목본식물은 몹시도 진부하게 느껴진다. 사용되는 식물의 범위도 좁고 오로지 직각의 프레임을 만들기 위해서만 사용하려는 따분한 고정관념을 어디서나 볼 수 있다. 따라서 1990년대에 피트가 회양목이나 주목을 가지치기로 모양내는 방식은 우리 눈에는 참신한 발견이었다. 베리 코트^{1996년}가 좋은 예다. 석재로 포장된 통행로에 크고 두툼한 단추 모양 회양목이 경첩 역할을 하며 길이 갈라지는 방향을 예고한다. 옛 헛간이 있던 곳의 외부에는 나선형을 그리며 돌아가는 회양목과 원형 회양목이 추상적인 조각품처럼 배치되었다. 1990년대 후반부터 피트의 작업에서 가지치기로 모양낸 주목이나 유럽너도밤나무, 회양목은 대개 소규모 정원에서만 활용되는 경향이 있었다. 1996년에 첫 시공한 테브스 가든^{Thews Garden}이나 2000년에 만든 본 가든^{Boon Garden}처럼 공간을 분리할 필요가 있을 때 가지치기로 모양낸 사용한 예를 들 수 있다.

독일 슐레스비히홀슈타인에서 1996년에 처음 디자인한 개인 정원 테브스 가든. 2006년에 확장되었다.

2000년에 디자인한 네덜란드의 본 가든

가지치기로 모양낸 목본식물을 볼 수 있는 마지막 정원 중 하나가 스캠프스턴 홀1999이다. 웹사이트에서 항공사진을 보면 땅 위의 방문객 시점에서는 볼 수 없는 장면이 드러난다. 여러해살이풀 중심의 식재 바깥쪽으로 띠 형태의 생울타리가 둘러져 있지만, 그 안쪽으로 가지치기로 모양낸 식물이 있는 여러 화단으로 이루어져 있다.

가뭄이든 고열이든 여름 기온이 여러해살이풀의 개화를 제한하는 곳에서 가지치기로 모양낸 목본식물은 여러모로 장점이 많다. 특히 상록성 관목이 풍성한 남미 지역이나 중국, 지중해 기후대에서 그렇다. 모더니즘에 반감을 드러내던 영국에서도 결국에는 관심을 갖게 되었다. 톰 스튜어트스미스Tom Stuart-Smith는 기둥 모양으로 가지치기한 유럽너도밤나무를 자신의 작업에서 광범위하게 사용했다. 가지치기로 모양내는 방식은 정원을 가진 많은 사람에게 여전히 인기가 많다. 다행스럽게도 그 한계를 뛰어넘어 새로운 시도를 하는 디자이너들이 있는데 네덜란드 북부 지방인 프리슬란트의 니코 클로펜보르흐Nico Kloppenborg 같은 사람이 대표적이다. 하지만 대부분의 사람에게는 가지치기로 모양낸 형태가 여러해살이풀의 배경이나 대비 효과를 주는 역할만 한다고 생각될지도 모른다.

이가 났기 때문이다. 아마도 여기서는 존에게 양보를 했거나 아니면 온화한 영국 기후에 잘 들어맞는 차별화된 식재 스타일에 양보한 것이었으리라.

이어서 디자인 비용에 관한 질문이 나왔다. 피트는 자신이 직접 디자인하겠다고 아이디어를 제안하기도 했고 고객이 친구라는 사실을 잘 알고 있었기 때문에 일한 시간에 대한 비용 청구를 거부했다. 단지 후멜로에서 실어 온 식물 비용만 받겠다고 했다. 존은 무언가 대가를 치르고 싶다고 우겼고 피트는 결국 존의 서재 바닥에 깔려 있던 기하학적 무늬가 돋보이는 앤틱 러그를 보고 "저걸로 하지"라고 말했다.

여러해살이풀 전망

'여러해살이풀 전망'이라는 제목의 일련의 연례 학회는 1990년대 상반기에 치러진 아주 독특한 행사였다. 처음에 그 아이디어는 1992년 스웨덴에서 개최된 어느 행사에서 시작되었다. 그때 로프 레오폴트가 제목을 제안하고 계속해 보자는 움직임이 비공식적으로 일어나기 시작했다. 1994년에는 젊은 독일 조경가이자 식재디자인을 가르치던 브리타 폰셰나이히가 런던의 큐 가든에서 학회를 준비하며 '식재디자인의 새로운 경향'이라는 제목을 붙였다. 독일에 초점을 맞춘 학회였지만 피트뿐만 아니라 열정적인 로프 레오폴트 같은 이들이 속한 네덜란드 대표단도 참석했다. 주제 발표자 중에는 로제마리 바이세Rosemarie Weisse도 있었는데, 그녀는 1983년에 뮌헨의 베스트파크Westpark에서 열린 국제정원박람회International Garden Show에서 장관을 이루었던 '스텝steppe' 건초지 경관을 만든 그룹의 일원이었다. 이 식재는 한번 본 사람이라면 누구에게나 큰 인상을 남겼고 나도 그것을 처음 본 순간을 결코 잊을 수 없다. 독일에서 일어나고 있는 생태학에 기반한 흥미로운 식재에 관한 소식을 들은 사람에게는 더 많은 것을 배우고 사람들을 만날 수 있는 최고의 기회였다. 영국 정원사들도 다른 나라, 심지어 독일인으로부터 배울 게 있다는 충격적이고 불편한 진실을 인정이라도 하듯 베스 채토가 주제 발표를 했다. 여러해살이풀에 초점을 맞춘 식재 스타일을 제시한 독일 디자이너들과는 아무런 연결고리가 없어도 영국에서는 베스 채토 역시 수년간 비슷한 아이디어를 전파시키고 있었다. 지금에 와서 보면 너무나 당연한 사실이지만 식재를 위한 식물 선택은 생장에 알맞은 서식처를 기반으로 삼아야 한다는 것이다. 베스는 독일어로 말할 수 있었기 때문에 친구인 헬렌 폰슈타인 체펠린과 독일 서남부 바덴뷔르템베르크Baden-Württemberg에 있는 체펠린의 육묘장을 오랜 기간 방문했다. 한번은 여러해살이풀 삽목을 돕고 있었는데 옆 벤치에 있었던 젊은이가 바로 나중에 여러해살이풀 식재 운동에서 커다란 역할을 맡게 될 카시안 슈미트Cassian Schmidt였다.

또 다른 주제 발표자는 제임스 히치모James Hitchmough였다. 그는 당시 스코틀랜드 남서해안부 오친크루브Auchincruive에 있는 스코틀랜드농업대학교의 강사였다. 이때 많은 사람이 그의 강연을 처음으로 들었는데, 제임스 히치모는 특히 공공공간에 여러해살이풀을 사용하되 유지관리는 덜 필요한, 매우 혁신적으로 사고하고 활발히 연구 활동을 하는 사람 중 한 명이 되었다. 나를 포함한 많은 사람이 그의 조르디 억양6과 아주 예리한 유머 감각을 기억한다. 제임스의 강연은 이후에 생겨난 비슷한 여러 행사들에서도 집중 조명되었고 이후에 셰필드대학교에서 동료 교수인 나이절 더닛과 함께 아주 성공적인 학회를 여러 차례 열었다.

나에게 큐 가든 학회는 대단히 시기적절했다. 몇 주 후면 브라티슬라바Bratislava에 있는 여자친구 조 엘리엇Jo Eliot을 만나러 차를 타고 가기로 되어 있었는데, 그녀는 막 독립한 슬로바키아 공화국의 한 대학에 일자리를 얻었다. 나의 여행길은 독일을 지나가는 길이었기 때문에 여행 도중에 여러 식재 프로젝트를 방문할 수 있었다. 1994년 5월 하순에 뮌헨의 베스트파크에 도착했을 때 익숙한 정원식물을 아주 낯선 방법으로, 마치 꿈속에서 보는 것처럼 식재한 모습이 내게는 하나의 계시처럼 느껴졌다. 나는 서둘러 학교에서 배웠던 독일어를 기억해 내려고 애썼다.

1995년의 '여러해살이풀 전망' 학회는 프라이징Freising에서 열렸다. 프라이징은 바이에른주의 소도시로 바이엔슈테판 실험정원Sichtungsgarten Weihenstephan과 바이엔슈테판-트리스도르프 응용과학대학교가 있는 곳으로 원예와 조경에 종사하는 수많은 우수 인재를 배출해 냈다. 매번 '여러해살이풀 전망' 학회마다 주제 발표자와 초대 손님을 위한 투어도 포함되었다. 피트는 그해 투어에 참가해서 스테판 맛손Stefan Mattson 뿐만 아니라 당시 독일을 대표하는 조경가이

위: 로프 레오폴트와 자클린 판데르클루트 Jacqueline van der Kloet
아래: 브리타 폰셰나이히, 안야 아우돌프, 영국 정원디자이너 줄리 톨 Julie Toll

자 대규모 식재디자인 분야의 혁신가였던 하이너 루츠Heiner Luz도 만났다. 프라이징에 거처를 두고 작업했던 조경가 아니타 피셔Anita Fischer 역시 자리를 함께했다. 아니타는 네덜란드의 빙헤르던과 프랑스의 쿠르송 두 가지 모델에서 착안하여 프라이징 정원의 날Freisinger Gartentage이라는 이름의 대단히 품격 있는 가든쇼를 시작하기에 이르렀다. 그해의 발표자에는 루네 벵트손Rune Bengtsson, 우르스 발저, 헤인 코닝언과 아울러 피트도 포함되었다. 피트는 '공공공간과 정원에서 여러해살이풀을 활용하는 새로운 개념'이라는 제목의 강연을 했다.

프라이징 학회를 생각해 보면 이제 막 싹트기 시작한 새로운 움직임 속에 내재된 긴장감이 잘 드러났던 것 같다. 독일 파더보른대학교의 젊은 연구원이었던 이본 보이슨Yvonne Boison은 도시 식생의 곤충 개체군에 관한 연구 발표를 했다. 발표 도중 한젠의 접근방법에 공공연하게 반감을 보여 온 독일 조경가 가브리엘라 파페Gabriella Pape가 야유를 퍼붓기도 했다. 파페는 대략 "곤충이 뭐라고요, 사람은 어떡하고요?"라는 요지의 말을 하며 소리쳤다. 자연에 열정을 지닌 사람들이나 생태학을 정치적으로 해석하는 사람들은 대개 관상적인 측면보다 자생종과 생물다양성을 중시하는 식재스타일을 지지한다고 주장했다. 한편으로 조경이 오로지 인간을 위해 존재해야 한다는 관점은 이제는 매우 시대착오적이라고 여겨진다. 많은 디자이너는 식재디자인이 인간과 자연 모두를 위한 것이 될 수 있다고 주장한다. 이어진 발표자는 제임스 히치모였다. 나중에 그는 나이절 더닛과 함께 인간의 요구와 생물다양성이 조화롭게 어우러지는 방식으로 '향상된 자연enhanced nature'이라는 개념을 제시했다.

로지 앳킨스는 "'여러해살이풀 전망'은 모든 사람이 새로운 철학과 작업방식을 탐구하던 모임이었어요. 늘 놀라울 정도로 참신했죠. 우리에게는 초현실주의나 바우하우스와 같은 운동이었어요"라고 말한다. 1996년 후멜로에서 차로 30분 정도 걸리는 곳에 있는 아른험에서 열린 학회에서는 진정한 하나의 운동으로서 자리잡아 가고 있음을 느낄 수 있었다. 학회는 이틀 동안 진행되었고 몇 달 후에 학회지가 발간되었다. 피트는 "구성요소로 사용되는 여러해살이풀"이라는 주제로 강연을 하면서 자신이 사용하는 주요 식물을 계절별 흥미 요소로 구분한 사진과 함께 보여 주었다.

1996년에는 내가 쓴 책 《새로운 여러해살이풀 정원The New Perennial Garden》도 출간되었다. 제목은 이 책을 출간한 런던 출판업자 프랜시스 링컨Frances Lincoln이 지었는데, 그녀는 5년 후 55세라는 아직 젊은 나이에 세상을 떠났다. 책은 독일의 식재 접근방식을 영어권 독자들에게 이해하기 쉽도록 설명하고자 했다. 수년간 몇 차례 증쇄되었고 대학 수업에서 교재로 자주 사용되었다. 이 책에서 피트의 작업을 다루지는 않았지만, 영어권 국가에서 그를 위해 기반을 다지는 역할은 했을 것이다. 찰스 퀘스트리츤Charles Quest-Ritson은 〈가든 디자인 저널Garden Design Journal〉에서 이렇게 언급했다. "가장 초기부터 피트 아우돌프를 대변했던 인물 중 한 사람이 독일 모델을 공부하고 영국에서 곧바로 그 가능성을 깨달은 노엘 킹스버리였다. 그가 쓴 책과 지금은 없지만 과거 카울리Cowley에 있었던 그의 정원이 촉매 역할을 했다. 얼마나 중요한 역할을 했는지 아무리 강조해도 부족하다." 그는 또 "그러한 가능성을 재빨리 깨달은" 다른 영국 디자이너로 댄 피어슨과 크리스토퍼 브래들리홀Christopher Bradley-Hole을 들었다7.

이러한 행사들이 전문가 사이에서는 성공을 거두었지만 적어도 유럽의 정원계에서 학술 토론회나 학술 대회가 특별히 인기 있는 방식은 아니었다. '여러해살이풀 전망'은 1997년 큐 가든에서 진행된 모임을 끝으로 중단되었다. 기본적으로 조직위원회의 회원들이 자신들의 직업 활동으로 너무 바빴기 때문이다. 이것이 마지막 학회가 될 줄 우리는 미처 몰랐다. 사실 당시 생각은 미국에서 '제2의 큐 여러해살이풀 전망' 학회를 열어 볼프강 외메나 위스콘신주에서 무척 열성적으로 흥미롭게 활동을 펼치고 있던 '프레리 복원주의자' 닐 디볼 같은 미국 강연자들을 최초로 소개할 계획이었다. 외메는 식물에 관한 지식으로는 존경 받지만 형편없는 강연자로 유명했는데, 청중을 보면서 말을 하지 않고 등을 돌리고 사진을 보며 이야기했기 때문에 이 행사에서도 큰 인상을 주지 못했다.

스웨덴: 새로운 전환점

피트는 경력 초기에 스웨덴과 교류했었다. 1980년대와 1990년대 초 스웨덴의 정원문화는 상당히 저조했지만 스웨덴 최남단의 주요 도시인 말뫼Malmö 외곽 알나르프에 있는 스웨덴농업과학대학교 원예조경학과에서는 소수의 학자들이 식재에 관심을 두고 있었다. 케너트 로렌트손Kenneth Lorentzon도 그중 한 사람이었다. 그는 영국 식물전문가들이 전형적으로 보이는 식물을 향한 열정을 가진 사람이었다. 그는 스테판 맛손과 함께 대학에서 일했는데, 스테판은 이후에 공공녹지 담당자로 일하게 되었고, 훗날 피트가 공공공간 디자이너로 경력을 시작하는 데 매우 중요한 역할을 했다. 루네 벤트손도 마찬가지였다. 맛손에 따르면 정말로 피트를 발견한 사람은 루네였다고 한다. "그는 알나르프에서 세미나를 열었는데 네덜란드인들도 왔죠. 엔셰핑Enköping의 직원들을 위해 두 개의 여러해살이풀 강의를 준비했어요. 제가 도와주었다고 답례로 홀란드에 데려가 흥미로운 걸 보여 주겠다고 하더군요."

에바 구스타브손도 스웨덴농업과학대학교의 교수 중 한 사람이었는데, 당시 스웨덴 식재가 수준이 낮긴 하지만 "우리는 독일의 서식처 식재와 깊은 관련이 있어요. 그 속에서 자랐으니까요. 그다음으로는 영국의 영향을 받았고, 이어서 영국과 독일을 결합한 네덜란드 방식을 경험을 하게 되었죠"라고 설명했다. 에바 구스타브손은 모비움MOVIUM이라는 조경전문가 집단의 이름으로 루네와 에보르 부크트Evor Bucht가 1992년 1월 알나르프에서 개최한 학회에서 피트를 만났다. 에바는 피트의 작업에 관심이 있었고 당시에 식재디자인을 연구하고 있었다.

알나르프에서 열린 학회의 주제는 네덜란드 식재디자인이었다. 루네와 다른 사람들은 주로 식재디자인에서 자생종 식물을 사용하는 프로젝트와 관련하여 1970년대 말부터 네덜란드의 동료들과 접촉을 해 왔다. 그들은 헤인 코닝언과 로프 레오폴트를 오랫동안 알고 지냈고 몇몇 영국인도 알고 있었다. 1984년에 발간되어 큰 영향력을 행사한 《야생정원 만들기How to Make a Wildlife Garden》라는 책을 쓰고 야생생물 정원 운동을 일으킨 크리스 베인스Chris Baines, 그리고 당시에 풍성한 식물로 도시조경을 발전시키자는 영향력 있는 목소리의 주인공 로버트 트레게이Robert Tregay였다. 한번은 네덜란드 여행 중 암스테르담에 있을 때 루네와 에보르는 '건축과 자연'이라는 이름의 디자인 전문 서점에 들어가서 어떤 새로운 흥미로운 것들이 있는지 둘러보았다. 그들은 《꿈의 식물》 책을 보고 피트와 헹크를 알게 되었고 자연주의 식재를 몽롱하고도 낭만적으로 포착한 마레이커 회프의 사진이 담긴 다른 책도 발견했다. 이 여행에서 그들은 쿤 얀선도 만날 수 있었다.

모비움 학회는 1995년에 한 출판사를 설득하여 《꿈의 식물》을 스웨덴어로 번역하여 《꿈의 식물: 새로운 시대의 여러해살이풀Drömplantor: den nya generationen perenner》이라는 제목으로 출간하도록 도왔다. 이 책이 첫 외국어 번역본이었는데, 당시 그 스웨덴 출판사는 외국 정원서적을 잘 취급하지 않고 정원 가꾸기 관련 책 출간을 꺼리기로 유명했기 때문에 참으로 큰 영예인 셈이었다. 에바 구스타브손이 설명하듯이 그 책은 "어마어마한 영향을 주었다."

피트의 디자인 인생에서 가장 중대했던 하나의 사건은 농담과 가벼운 오해에서 시작이 된 것인지도 모른다. 1995년에 프라이징 학회의 일정에 포함되었던 독일 남부의 공원과 정원 투어 중에 일어난 일이다. 피트는 차에서 스테판 맛손의 옆자리에 앉게 되었는데, 그는 당시에 스웨덴 중부의 소도시 엔셰핑에서 공원관리자로 일하고 있었다. 스테판은 이렇게 기억한다. "피트가 자신이 운영하는 육묘장 카탈로그를 보여 주었어요. 그래서 어떤 여러해살이풀이 공공장소에서 잘 자라는지 물었죠. 모든 식물이 다 잘 자란다고 하더군요. 그 말을 듣자 농담이 하고 싶어졌어요. 그렇다면 엔셰핑에 와서 공원 식재용 디자인을 해 보라고 했죠. 사실 디자인 의뢰를 할 생각은 없었습니다. 피트가 아주 진지해지더니 그 일을 하고 싶다고 했죠."

북위 59도의 스웨덴 중부에서 피트가 마음대로 정원을 디자인하게 허락한 맛손의 결정은 거의 모험에 가까울 정도로 대담한 것이었다. 돌이켜 보면 이 프로젝트가 피트의 경력에 전환점이 되었다. 네덜란드가 아닌 외국에서 공공공간 작업을 처음으로 의뢰한 것이었기 때문이다. 스웨덴에 미친 영향도 매우 컸다. 1920년대와 1940년대 사이에 자연적인 스타일의 식재와 여러해살이풀이 인기를 끌었던 시기가 있었지만 1950년대에 와서는 매우 기능적인 측면에만 초점을 맞춘 식재가 주를 이루며 다양한 식재로부터 등을 돌렸다. 도시 개발이 대거 진행되던 시기라 집단과 공동체를 강조하는 사고방식이 지배적이었다. 여러 공공주거 프로젝트, 공원이나 놀이터 같은 장소에서 작업하는 조경가들은 제한된 종류의 식물만 심었다. 개인을 위한 정원 가꾸기는 유행에 뒤떨어져서 디자이너들은 주택정원 작업에 관심을 잃어버렸다. 많은 육묘장은 침엽수 말고는 아예 식물 재고를 두지도 않았다.

하지만 엔셰핑은 1981년에 스테판 맛손이 책임자로 근무하면서 스웨덴에

울프 노르드피엘Ulf Nordfjell과 아우돌프 부부, 줄리 톨

서 보석 같은 정원도시가 되었다. 그가 맡은 첫 과제 중에는 매년 3만 개의 화단용 식물을 수급하고 심는 일이었다. "엄청난 비용을 들여 공원 식재를 해도 사람들이 반드시 좋아하는 건 아니라는 사실을 느꼈어요. 화단을 뺀 공원의 나머지 부분은 잔디밭이 되었죠. 화단 식재와 잔디 깎기에 드는 비용을 사람들이 즐길 수 있는 더 넓고 다채로운 장소를 만드는 데 쓰고 싶었어요. 접근방법을 달리 한 거죠."[8] 공공조경 관리에 드는 평균 비용만 가지고 스테판은 사람과 생물다양성 양쪽에 득이 되도록 도시 녹지공간을 개선하기 위한 여러 가지 혁신적인 계획을 추진하기 시작했다. '쌈지공원'이라 일컫는 소규모 근린공원은 특별한 혁신으로 부를 만한데, 여러해살이풀 위주로 식물을 심어 정해진 기준에 따라 관리했다. 1990년대 초기에는 엔셰핑에서 이룬 성과가 점점 더 많은 방문객을 끌어들이게 되자 조경이나 원예업 종사자들도 관심을 보이기 시작했다.

스테판은 피트에게 공원 안에 대규모 여러해살이풀 식재를 의뢰한 후에 사람들이 출근 시간에 볼 수 있도록 비교적 왕래가 잦은 장소를 선택하여 '미로 같은 효과'를 일으키도록 요구했다. '드림파크Drömparken'라는 공원 이름은 책 이름인《꿈의 식물》을 따서 지었다. 피트가 사용하고 싶었던 식물을 스웨덴에서는 구할 수 없어서 후멜로 육묘장에서 필요한 식물을 가져왔다. 스테판은 당시를 이렇게 회고한다. "모든 식물에 표시가 되어 있었고 화분을 담은 상자에는 식재할 때 배치해야 할 위치별로 일련번호가 적혀 있었죠. 식물들이 어디로 가야 할지 파악하기가 쉬웠어요. 직원들에게 식재를 도와줄 업체가 필요하다고 말하자 자신들이 직접 할 테니 초과근무 수당을 달라고 했지요. 1996년 4월에 제대로 작업이 시작되었고 한여름 즈음에 완공되었습니다."

아마도 가장 우려가 되는 요소는 기후였을 것이다. 겨울에 기온이 영하로 떨어지는 건 예삿일이고 영하 30도까지 내려갈 수도 있는 기후였다. 스테판은 루네 벵트손에게 조언을 구했다. 벵트손은 많은 식물이 월동 준비가 필요하다고 했지만 "뭔가를 덮어 줄 시간도 없었기 때문에 모든 식물을 추위에 그대로 노출된 상태로 두었죠"라고 기억한다. "우리에게 교훈이 될 거라고 결정했죠. 어떤 식물이 잘 견디는지 반복을 통해 배워야만 했으니까요." 다행히도 봄이 오자 아주 소수의 식물만 교체하면 된다는 사실을 알게 되었다. 그라스가 가장

문제가 컸는데 어린 식물들이 겨울을 넘기지 못했기 때문이다. 스테판은 이런 경험을 하면서 신뢰할 만한 여러해살이풀에 관해 배웠고 그들을 기본이 되는 여러해살이풀이라고 부르거나 '믿을 수 있는 식물'이라 불렀다. "다음에 식재를 한다면 실험해 보고 싶은 새로운 식물을 추가하는 겁니다. 이번에는 우리가 평소 실험할 수 있는 정도 이상으로 훨씬 더 많은 새로운 식물을 심었죠."

몇 가지 문제도 있었는데 피트도 인정했다. "수명이 짧은 몇몇 식물의 경우 실수를 했어요. 등골나물^{Eupatorium}과 터리풀^{Filipendula}은 생장기가 짧은 식물들이고 한여름 햇빛이 오래 지속되어 동시에 개화를 했는데, 그건 결과적으로 좋은 실수였어요. 함께 피어 아주 보기 좋고 신선한 느낌을 주었죠. 네덜란드라면 결코 있을 수 없는 일이었어요. 여뀌^{Persicaria}도 심으면 안 되었어요. 뿌리가 깊지 않아 겨울에 얼어 버릴 수 있기 때문이죠. 추위에 그다지 강하지 않은 대상화$^{Anemone \times hybrida}$ 품종도 문제가 되었습니다." 가장 성공적이었던 것은 '살비아 강$^{salvia river}$'이었는데 사람들이 특히나 좋아한 부분이었다. 피트는 "라벤더로 연출한 실내 쇼를 본 후였죠. 세 가지 색의 살비아를 심으면 깊이감을 줄 수 있겠다고 깨달았어요"라며 그 아이디어가 어떻게 나왔는지 설명했다.

결과적으로 스테판은 피트와 그의 식물 선택이 옳았다는 것을 확실히 입증했다. 2003년에는 지역 재개발과 더불어 시의회 정치인들의 효율적인 로비활동 덕분에 총 4000제곱미터 규모로 드림파크를 확장할 수 있게 되었다. 엔셰핑은 해마다 200개 투어 그룹이 다녀가고 많은 사람이 방문하는 곳이 되었다. 사람들은 이곳의 공원을 방문하면서 여러해살이풀 재배의 세계를 접할 수 있게 되었다. 에바 구스타브손은 "드림파크가 스웨덴에 끼친 영향은 정말 컸어요. 여기서 피트는 정원계의 스타예요. 스웨덴에서는 정원일을 하는 사람이라면 누구나 그의 이름을 알고 있지요"라고 말했다.

2007년에 스테판은 직장을 바꾸어 스톡홀름에 있는 스웨덴의 가장 큰 건설회사인 스벤스카 보스테데르$^{Svenska\ Bostäder}$에서 수석정원사로 일하기로 결심했다. 2010년 그는 피트에게 노동자 계급의 사람들이 모여 사는 교외인 셰르홀멘^{Skärholmen}에서 도시 재생 프로젝트의 일환으로 6000제곱미터에 달하는 공원을 디자인해 달라고 의뢰했다. 스웨덴의 다른 프로젝트로는 남부 해안 도시인 쇨

베스보리Sölvesborg에서 발트해가 보이는 해안의 곶에 작업한 1600제곱미터의 식재도 포함된다. 에바 구스타브손의 말에 따르면 공원 책임자 크리스티나 회이예르Kristina Höijer가 시의회에 기금 마련을 요청했을 때 아무도 정원사가 아니었고 피트가 누구인지도 모르는 현실에 부딪혔다고 한다. 피트를 세계적으로 유명한 축구선수 호나우두나 베컴에 비유하면서 시 건축가의 지원을 받아 필요한 비용을 마련할 수 있었다.

피트가 작업한 드림파크와 《꿈의 식물》 책이 진정 스웨덴의 식재디자인을 되살려 내기 위한 시동을 건 셈이었다. 특정 프로젝트로 널리 알려진 식물 팔레트는 보다 다양한 여러해살이풀을 사용하도록 강력한 자극제가 되어 주었다. 민주적인 분위기의 스웨덴 공공공간에서 다른 디자이너들도 여러해살이풀을 향한 열정이 일으킨 흐름을 탈 수 있었다. 상대적으로 온화한 기후를 보이는 해안도시 예테보리Göteborg에서 모나 홀름베리Mona Holmberg와 울프 스트린드베리Ulf Strindberg가 도시 주택 건설 프로젝트에서 다양한 여러해살이풀을 폭넓게 사용하여 넓은 띠 모양으로 식재를 한 것이 하나의 예다. 방수처리를 한 식재 도면과 상세한 설명까지 덧붙여 기후 조건이 더 험한 지역에서 겨우 살아만 있던 식물을 보았던 방문객들을 놀라게 하기도 했다. 루네 벵트손이 스웨덴어 《꿈의 식물》 2쇄 머리말에 적었듯이 "피트의 작업은 20세기 정원 트렌드에 가장 큰 변화를 가져 온 것들 중 하나였다." 피트의 작업은 스웨덴 육묘장에서 키우고 판매하는 식물 선택에 막대한 영향을 끼쳤고, 이제는 그 때문에 아주 다양한 여러해살이풀을 구할 수 있게 되었다.

원래 도예가였던 울프 노르드피엘은 스웨덴에서 가장 유명한 정원·조경 디자이너가 되었는데 그도 여러해살이풀을 풍부히 사용하는 자연주의 정신으로 대부분의 작업을 하고 있다. 전형적인 스웨덴의 공익 정신으로 무장하고 개인 작업과 병행하면서 공공조경을 담당하는 회사 두 군데로 나누어 시간을 할애한다. 그는 스웨덴에서 가장 성공적이었던 두 개의 가든쇼에서 핵심 조경가로 참여했다. 1998년에는 스톡홀름의 로센달 가든Rosendal Garden, 2008년에는 정원 만들기와 식재디자인의 질을 높이는 데 기여해 온 예테보리시의 정원협회를 위한 정원이었다. 두 번째 행사에서는 피트도 작은 구역의 식재를 담당했고 세미나도 열었다.

아우돌프가 좋아하는 두 종류의 그라스
왼쪽: 페니세툼 비리데센스 *Pennisetum viridescens*
오른쪽: 스키자키리움 스코파리움 *Schizachyrium scoparium*

그라스

칼 푀르스터는 1957년에 《그라스와 양치식물을 정원에 들이기Einzug der Gräser und Farne in die Gärten》라는 책에서 "어떻게 이 정원의 보물들이 그토록 오랫동안 무시되어 왔다는 말입니까?"라는 질문을 던졌다. 푀르스터는 그때까지만 해도 아름답다거나 정원식물로 적당하다고 여겨지지 않았던 이런 식물들을 대중화시키는 데 중요한 역할을 했다. 피트도 물론 그를 따랐다. 그라스가 알려지지 않은 건 분명 아니었지만 그 가치를 제대로 평가받지 못했다. 19세기 말에 영국 정원 잡지에 참억새에 관한 기사가 실렸고 몇몇 종이 가끔 사용되었지만 20세기 중에도 대개 자연주의 식재에만 한정되는 경향이 있었다. 1980년대에 푀르스터의 제자였던 에른스트 파겔스는 수많은 그라스를 키웠는데, 적어도 24종의 참억새 신품종과 몰리니아 한 품종이 있었다. 레어에 있는 파겔스의 육묘장은 후멜로에서 차로 두 시간 정도밖에 걸리지 않았다. 때문에 그의 그라스들이 피트의 디자인 팔레트를 발전시키는 데 기여한 것은 아주 당연한 일이었다. 피트가 처음으로 그라스의 가치를 깨달은 곳은 독일 오스나브뤼크Osnabrück에 있는 페터 추어린덴의 육묘장이었지만 대부분의 식물을 보유하고 공급한 사람은 에른스트 파겔스였다. 그도 후멜로에 와서 눈앞에서 펼쳐진 장면에 매우 흡족함을 드러냈다.

피트는 "전부터 그라스에 관심은 있었지만 화단에 사용하지는 않았죠. 단독으로 아니면 튼튼한 여러해살이풀과 함께 심거나 했어요"라고 말한다. 1980년대와 1990년대에 그의 디자인 스타일이 발전하면서 다양한 종류의 꽃이 피는 여러해살이풀과 함께 그라스를 식재에 포함하는 데 더욱 자신감을 갖게 되었다. "독일은 그라스를 구하기에 가장 좋은 곳이었어요. 많은 식물원과도 교류가 있었지요. 한스 지몬을 알고 있어서 그로부터 많이 구했고 우르스 발저에게서도, 그리고 영국에서 구하기도 했어요." 나중에 시카고의 루리 가든Lurie Garden에서 작업하게 되면서 피트는 북미 자생종 그라스를 접하게 되었고, 특히 큰개기장Panicum, 쇠풀Schizachyrium, 스포로볼루스Sporobolus 같은 식물속을 알게 되었다. 모두 북유럽에서도 잘 자라는 그라스다.

피트가 그라스에 대한 생각을 확고히 하게 된 결정적인 계기는 그라스를 주제

위: 페르시카리아 암플렉시카울리스 '파이어댄스' *Persicaria amplexicaulis* 'Firedance'
아래: 승마 '퀸 오브 시바' *Actaea* 'Queen of Sheba'
두 식물 모두 피트의 최근 디자인에서 볼 수 있다.

로 한 책을 공동 집필하면서였다. 큐 가든의 비서조금 명칭이 이상한데, 구체적으로 말하면 큐 왕립식물원에서 이사회 비서이자 재정·행정 담당 부서장로 근무했던 마이클 킹은 "마거릿 대처 총리로부터 벗어나려" 네덜란드로 이사한 후에 후멜로를 방문하기 시작했다. 마이클은 "피트가 그저 육묘장을 운영하는 사람인 줄 알았어요. 우린 친구가 되었습니다. 저는 제임스 밴스위든과 볼프강 외메가 미국에서 펼치는 작업에 매료되었기 때문에 그라스에 관한 책을 쓰고 싶었어요. 어떻게 그라스에 접근해야 할지를 알려 주는, 그라스에 관한 좋은 책이 하나도 없었거든요"라고 말했다. "피트와 함께 그라스에 관한 이야기를 나누기 시작하자 그는 직접 찍은 사진을 책에 실을 수 있도록 주겠다고 했어요. 제가 같이 쓰자고 제안을 했는데 사양하더군요. 그러다 한 해 정도가 지난 후에 마음을 바꾸었어요. 저는 그라스가 아주 좋았고 독일에서 어떤 작업을 하는지도 보았지만 직접 길러 보지는 않았는데 피트는 경험이 있었죠."

마이클은 또 이렇게 회상한다. "그라스 책을 쓰기 위해 피트는 처음으로 자신의 작업을 설명해야 했죠. 실루엣에 대한 개념은 있었지만 아직 생각의 갈피를 뚜렷이 잡지는 못했다고 느꼈어요. 겨울 풍경에서 그라스가 얼마나 중요한지 이야기하더군요. 우리가 유일하게 의견이 달랐던 부분은 색이 있는 그라스를 다루는 대목이었습니다. 피트는 "색을 다루는 장은 넣을 수 없어요. 그라스를 사용할 때 전혀 중요하지 않은 단 한 가지 요소가 있다면 바로 색이라고 생각하니까요"라고 말했어요." 실제로 책에서 색을 간과한 것은 아니었지만 피트의 더 큰 관심사는 가장 중요한 요소인 그라스의 구조에 있었기 때문이다.

흔히 있는 일이지만 마이클의 주된 장애물은 출판사를 설득하는 일이었다. 결국 네덜란드의 주요 출판사였던 테라에서 출간에 응했지만 외국어 번역판에 관해서는 냉담한 반응을 보였다. 나는 까맣게 잊고 있었는데 마이클에게 에리카 허닝어Erica Hunningher를 소개해 준 사람이 나였다고 했다. 그녀는 당시 영국의 정원 관련 출판에서 매우 영향력이 큰 편집자였다. "결국 제 그라스 책은 정원 가꾸기 아이디어 그 이상을 낳았어요. 홀란드의 출판사가 에리카와 개인적인 친분을 갖게 된 겁니다." 책은 절묘한 타이밍으로 시장에 선보이게 되어 1996년에 영어로는 《그라스 정원 가꾸기Gardening with Grasses》, 네덜란드어로는 《아름다운 그라스Prachtig Gras》라는 제목으로 동시에 출간되었다. 헹크 헤

아우돌프 식재 팔레트에서 즐겨 쓰이는 여러해살이풀. (위부터 왼쪽에서 오른쪽 방향으로): 페르시카리아 암플렉시카울리스 '파이어댄스' *Persicaria amplexicaulis* 'Firedance', 플록스 디바리카타 '메이 브리즈' *Phlox divaricata* 'May Breeze', 멘지스오이풀 '웨이크 업' *Sanguisorba menziesii* 'Wake Up', 살비아 실베스트리스 '디어 안야' *Salvia × sylvestris* 'Dear Anja', 살비아 '마들린' *Salvia* 'Madeline', 시달세아 '리틀 프린세스' *Sidalcea* 'Little Princess', 스타키스 *Stachys* 신품종, 에키나세아 '버진' *Echinacea* 'Virgin', 아스트란티아 '워시필드' *Astrantia* 'Washfield'

릿선이 마이클의 영문 텍스트를 네덜란드어로 번역했고 뒤이어 독일어판도 나왔다. 암스테르담에서 열린 출간 행사에는 에른스트 파겔스도 참여했고 마이클이 '파겔스의 측근들'이라 부르는 가족과 친구도 왔는데, 모두가 이를 보고 최고의 인정을 받았다고 여겼다.

특히 이 책은 어떤 그라스를 어디에 사용하면 좋은지 그라스의 실용적인 사용법을 집중 조명하고 있으며, 알파벳순으로 식물 설명도 덧붙였다. 그라스는 포인트 식물이나 초지와 화단에서 큰 잠재력을 보이는 식물로, 심지어 화분에 심어도 좋다. 나와 이야기를 나눈 독자들이 가장 좋았다고 말한 부분은 그라스를 여러해살이풀과 조합하는 내용이었다. 넓은 잎을 가진 여러해살이풀과 우산모양꽃차례 식물, 가을에 꽃이 피는 여러해살이풀 등을 포함한 다양한 종류의 식물과 함께 그라스를 조합하는 수많은 새로운 아이디어가 좋았다고 했다. 책은 한때는 산형과*Umbelliferae*로 부르다가 지금은 식물학자들이 미나리과*Apiaceae*라고 명명하는 과에 속하는, 예컨대 전호*Anthriscus sylvestris* 같은 우산모양꽃차례 식물을 모아서 다루는 한편, 식물 목록과 함께 조합하는 아이디어도 제시한다. 가을과 겨울의 흥미 요소는 구체적인 초점을 맞추어 다루고 있다. 달리 말하면 정원사와 디자이너를 위해 부단히 노력해서 만든 책이다. 게다가 결정적으로 피트에게는 이 책이 처음으로 자신의 식재디자인 철학에 관해 정리해 볼 수 있었던 기회를 제공했다. 이 책은 미국 위스콘신주의 재배가이자 디자이너인 로이 디블릭에게도 특별한 영향을 끼쳤다. 로이는 "1998년에 이 책을 받았죠. 또 다른 정원 가꾸기에 관한 책일 거라 생각하고 트럭 조수석에 던져 두었어요. 나중에 제대로 보게 되었는데 눈물이 날 정도로 감동적이었어요. 이전에는 아무도 이렇게 여러해살이풀과의 상호작용을 다루는 책을 쓰지 않았거든요"라고 말했다.

새로운 식물을 육종하다

육종업에 종사하는 사람이라면 누구나 자신의 식물에 이름을 붙이는데, 피트도 예외는 아니었다. 피트는 "한번은 씨앗으로 길러 낸 가우라 품종 하나를 선발했는데, 개화기는 무척 오래가지만 씨앗을 맺지는 못하더군요. '훨링 버터플라이스*Whirling Butterflies*'라고 이름 지어 아직도 유통이 되고 있어요"라고 내

활짝 만개한 에키나세아 '페이틀 어트랙션' *Echinacea purpurea* 'Fatal Attraction'과 한겨울의 모습

게 말했다. 특히 씨앗으로 키운 많은 식물이 자연 변이를 보이는데, 하나의 개체가 어떤 점에서 더 우수하거나 달라 보여 눈에 띄면 그것을 선발하여 이름을 붙이고 번식시킨다. 보다 뚜렷한 목적을 가지고 신품종을 개발할 때는 많은 양의 모종을 심어서 가장 질이 좋은 것만 가려내고 나머지는 모두 과감하게 도태시킨다.

　　초기에 성공한 식물이 살비아 베르티실라타 '퍼플 레인'*Salvia verticillata* 'Purple Rain'이었다. 동유럽에서 흔히 보는 여러해살이풀의 신비로울 만치 짙은 색감이 나는 식물이다. 피트는 이렇게 말했다. "씨앗을 파종하여 기른 실생묘로 작업을 하는 데 흥미를 느끼게 되었어요. 그 때문에 씨앗을 뿌리고 선발을 했지요. 남부 지역에서 종자를 대규모로 생산하는 사힌 컴퍼니Sahin company에서는 수천 개체의 식물을 기르고 있었습니다. 자신이 필요한 걸 선택하고 남는 것 중에 우리가 원하는 걸 가져가도록 해 주었어요. 그렇게 도와주기를 좋아했죠. 식물품종보호권Plant Breeders' Rights, PBR이 적용되기 전이었거든요." 식물품종보호권은 '식물 육종업자의 권리'를 의미하는데 일종의 특허에 해당하는 셈이다. 혁신적인 식물을 처음 개발해 낸 사람이 그 안목과 노력을 보상받을 수 있게 만들어 놓은 장치다. 하지만 이 식물품종보호권은 육종가들로 하여금 잠재적으로 가치 있는 종자를 더 보호하게 만드는 효과도 낳았다.

　　보다 체계적으로 식물 육종을 해 보기로 결심한 피트는 라머르트에게 마을에 있는 약 4000제곱미터 정도의 땅을 빌려서 수천 개의 모종을 키우기 시작했다. 판매용 식물 재고를 준비하는 데 활용하기도 했다. 가능성이 보이는 좋은 품종을 선별하고 어떤 경우에는 원치 않는 모종을 도매가에 판매해서 육종 작업에 필요한 비용을 충당했다. 1990년대와 2000년대 초기에는 이름을 붙일 만하다고 판단되는 약 80종의 품종을 선발하기에 이르렀다. 또한 대규모 선발작업에도 착수했다. 다시 말해 계속해서 한 묶음씩 씨앗을 뿌려 나가며 좋은 식물을 가려내고, 그 씨앗을 다시 뿌려 그 세대에서 가장 좋은 걸 골라내는 과정인데, 특별히 빼어난 특징이 안정될 때까지 그 과정을 반복하는 일이다. 피트는 "에키나세아와 아스트란티아 '클라레'*Astrantia* 'Claret'를 그렇게 작업했어요. 안정적인 씨앗 종자를 얻기까지 5~6년 정도 걸렸는데, 거의 99퍼센트가 순종으로 나왔죠"라고 기억한다. 짙은 색 줄기와 꽃으로 유명한 피트가 선발한 에키나세아는 시중에 유통되는 대부분의 품종보다 훨씬 더 장수하는 식물이라고 여긴다.

피트의 에키나세아 육종은 그 자체만으로도 흥미로울 뿐만 아니라 새로운 가능성 면에서도 중요하다. 북미에서 온 이 여러해살이풀은 많은 인기를 얻었다. 데이지를 닮은 커다란 꽃은 인기를 한 몸에 끌 만한 외모를 갖추었지만 아쉽게도 수명이 짧다는 기록이 있다. 유전적으로 수명이 짧을 뿐만 아니라 수명과 관계있는 개체의 유전적 특성이 거의 틀림없이 후손에게 이어진다. 2000년대에는 에키나세아를 다른 에키나세아 종과 교잡하여 수많은 육종이 이루어졌는데, 대부분은 미국 가든센터 판매를 겨냥한 것이었다. 몇몇 개체에서는 오렌지색이나 살구색 같은 놀라운 색 변화도 일어났지만 대부분의 경우 수명이 짧았다. 수명이 긴 식물을 원하는 사람들에게는 이런 육종은 아무런 도움이 되지 않는다. 누군가가 장수를 염두에 둔 피트의 작업을 이어 나가길 희망할 뿐이다.

모나르다 Monarda 역시 육종으로 색의 범위를 늘릴 뿐만 아니라 흰가루병에 잘 견디는 종을 선발하기를 원했다. 육종한 품종의 이름은 별자리나 미국 원주민 부족명을 사용했다. 하지만 결국에는 몇 년 후에 곰팡이균 역시도 진화하여 새로운 품종을 공격한다는 사실에 직면해야 했다. 다행히 그의 노력 덕분에 다양한 색상의 우수하고 튼튼한 품종을 구할 수 있다. 모나르다는 벌이 열광적으로 좋아하고, 늦여름 본격적인 여러해살이풀의 계절이 시작되기 전에 색을 더해 주는 역할도 담당한다.

질 좋은 새로운 품종을 육종할 때 맞닥뜨릴 수 있는 위험 요소가 있다. 업계의 다른 사람들이 해당 품종을 번식시켜 직접 판매해 버리게 되면 처음으로 육종한 사람이 가질 수 있는 이점이 없어진다는 점이다. 피트는 "우리가 육종한 식물을 판매하고 싶었죠. 처음에는 식물품종보호권 없이도 판매가 잘 되었어요"라고 말했다. 피트는 자신이 파트너로 있던 멀티그로 Multigrow라는 회사 이름으로 그의 식물을 등록했는데, 회사에서 첫 2년 동안 5퍼센트의 로열티를 지불했다. "2년이 지나자 그 식물은 어디서나 다 볼 수 있게 되었고 결국 육종자가 얻을 수 있는 이점이 사라져 버렸죠." 피트는 다른 두 명의 여러해살이

위: 모나르다 '아우 참' *Monarda* 'Ou Charm'
아래: 아스트란티아 마요르 '로마'.
두 식물 모두 아우돌프가 번식시키고 유행시켰다.

이름을 알리다

풀 재배·육종가와 함께 새 회사 퓨처 플랜츠Future Plants를 설립했다. 직접 육종한 품종을 시장에 소개하고 식물품종보호권과 그 밖의 새로운 법적 형태로 권리를 보호받기 위해서였다. 미국 시장으로 수출하는 회사들이 가장 큰 고객이어서 때로 피트는 "제가 만든 식물이 네덜란드 육묘장에서 재배되기도 전에 먼저 미국에서 생산되는 특이한 경험을 하게 되었습니다. 미드웨스트 그라운드커버스Midwest Groundcovers 종묘상이나 노스 크릭 너서리스의 데일 헨드릭스Dale Hendricks는 새로운 식물을 받자마자 아주 빠르게 생산에 들어갔어요. 제가 미국에서 정원 작업을 하게 되면서 그 혜택을 톡톡히 본 셈이죠"라고 말했다. 1990년대 초반까지는 미국으로 수출하는 네덜란드 회사들이 노루오줌, 원추리, 비비추 같은 제한된 식물속의 다양한 품종을 취급했다. "우리가 아주 다른 식물을 선택할 기회를 준 셈이죠. 그래서인지 다들 우리와 거래를 하고 싶어 했죠. 우리의 모나르다도 인기가 많았어요." 퓨처 플랜츠는 흙을 털어 낸 뿌리묘를 판매하려고 애쓰기보다 식물을 번식시킬 수 있는 라이센스 판매에 초점을 맞추었다. 때문에 뿌리묘의 전반적인 매출은 감소했고, 2000년대 중반에는 뿌리묘 사업이 번식용 재료무근 삽수 같은의 판매나 정해진 숫자의 식물만 번식할 권리를 판매하는 것으로 대체되었다.

아스트란티아 '클라레'와 '로마'는 적어도 유럽의 서늘한 기후대에 있는 사람들에게 몇몇 다른 품종과 함께 아스트란티아속을 중요한 정원식물로 탈바꿈시킨 대단히 성공적인 품종이 되었다. 오이풀 '타나'Sanguisorba 'Tanna'는 아마도 훨씬 더 큰 성공을 거둔 식물에 속할 것이다. 오이풀은 피트가 유행시키기 전에는 정원식물로 거의 알려지지 않았다. 피트는 "'타나'는 식물원 씨앗 목록을 보고 주문을 하던 시기에 일본의 어느 식물원에서 온 계통으로 1980년대 초기에 재배했죠"라고 설명했다. 피트는 오이풀도 여러 품종을 선발했다. 오이풀 품종은 여름 개화 식물로 아주 유용한 동시에 초여름의 잎도 여느 여러해살이풀보다 아름다운 식물이다. 버지니아냉초 '아폴로'Veronicastrum virginicum 'Apollo'는 이전에는 전문가용 식물에 지나지 않았던 버지니아냉초를 피트가 재배하여 육종한 것들 중에서 가장 널리 유통이 된 품종이다. 이제 버지니아냉초는 여러해살이풀을 취급하는 어느 육묘장에서나 반드시 구비해 놓는 식물에 속한다. 프레리 원산의 종으로 피트의 설명처럼 '훌륭한 구조 식물'의 많은 장점을 압축한 식물이다. 초여름에서 한여름에 개화하고 겨울에 잘라 낼 때까지 멋지게 수직으로 상승하며 뻗어 간다. 접등골나물 '퍼플 부시'*Eupatorium maculatum 'Purple Bush'*는 늦여름에 개화하는 훌륭한 여러해살이풀로 키가 작고 덤불 형태를 이루는 유용한 품종이지만 많은 사람이 자신의 정원에 들이기에는 너무 크다고 생각한다. 살비아 베르티실라타 '퍼플 레인'은 수년 동안 매우 인기가 많았는데, 아주 진하고 광택 없는 자주색이 꽤 독특함에도 불구하고 최근에는 잘 보이지 않는다. 어떤 정원에서는 제법 잘 살아남았지만 어디서나 다 장수하는 식물은 아니었다.

이제 후멜로에서 나오는 새로운 식물은 점점 줄어들고 있다. 피트는 "열심히 찾는 건 5년 전에 그만두었어요. 하지만 가끔 승마 '퀸 오브 시바'처럼 새로운 식물을 발견하죠"라고 말한다. 이 식물은 아마도 촛대승마 '아트로푸르푸레아'*Actaea simplex 'Atropurpurea'*와 눈빛승마*A. dahurica* 사이의 교잡에서 나왔을 텐데, 키가 크고 가지가 갈라지는 멋진 품종이다. 피트의 디자인만 보는 사람들은 육종가로서 피트가 이루어 낸 성과를 제대로 깨닫지 못하는 경우가 많다. 디자인을 업으로 삼으면서 식물 선발 작업까지 하는 사람은 정말 많지 않다. 어떻게 보면 식재디자인에 관여하는 사람들이 새로운 소재의 개발에 별로 관심을 갖지 않는다는 사실이 이상해 보이기도 한다.

공공부문의 의뢰

규모가 큰 디자인 의뢰는 첫 전화 연락부터 마지막에 식물을 땅에 심을 때까지 완성하는 데 몇 해가 걸릴 수도 있다. 피트는 베리 코트의 정원디자인에 이어 영국으로부터 다른 의뢰를 두 건 받았다. 성격이 아주 다르기는 했지만 사람들이 많이 방문하는 곳에 정원을 만드는 일이었다. 당시 영국에서는 전반적으로 정원 가꾸기가 유행하기 시작했고 관광업도 마찬가지였다. 점점 더 많은 사람, 특히 은퇴한 세대가 여가를 즐길 경제력을 갖게 되면서 찾아갈 수 있는 장소에 대한 요구도 늘어났다. 영국에는 일반인에게 공개되는 대저택과 고성, 그리고 정원 같은 장소가 있기는 했지만 방문할 만한 곳이 다양하지 못하고 제한적이었다. 하지만 1990년대에는 보다 광범위하고 다각적으로 변화가 일어났다. '유적'은 그 무렵 사람들 입에 오르내린 키워드였는데, 많은 사람이 질 높은 현대적 디자인을 향한 채워지지 않는 갈망을 느끼고 있었다. 어떤 장소에 방문객을 끌어들이기 위해서는 운영자 측에서 부부나 가족, 친구들의 관심사가 구세대와는 다르다는 점을 잘 고려해야 할 필요가 있었다. 기존의 '유적' 안에 새로운 정원을 만드는 일은 사람들을 불러들여 그곳에서 즐기면서 최대한 오래 머물 수 있게 만드는 하나의 방법이었다.

그런 장소 중 한 곳이 노퍽주Norfolk에 있는 펜스소프 워터파울 파크[9]다. 잉글랜드 동부의 드넓은 농경지가 있는 지역으로 역사적으로는 네덜란드와 깊은 관계가 있는 곳이다. 이 공원의 주된 목적은 숲, 늪, 초원 등 다양한 서식처를 간직한 자연보호구역에 사람들이 쉽게 올 수 있도록 장려하고 관리하는 것이다. 아울러 조경 작업을 한 큰 새장에는 많지는 않지만 새들이 살고 있기도 하다. 당시 공원의 주인이자 대표였던 빌 메이킨스Bill Makins는 "피트의 작업에 관해 읽었는데 아주 인상적이었어요. 이곳은 원래 물이 차는 자갈 구덩이가 많은 곳이라 전통 영국식 정원에는 맞지 않다는 걸 알고 있었죠"라고 이야기했다. 1997년 첫 만남 이후 공원은 2000년에 새천년을 맞이하는 밀레니엄 프로젝트로 작업을 진행했다. 베테랑 식물전문가인 로이 랭커스터가 개장 행사를 맡았다. 2008년에 피트는 부분적으로 추가 식재를 해 달라는 의뢰를 받았는데 보다 현대적인 느낌을 더할 수 있는 좋은 기회였다.

관광객 끌어들이기가 목적인 또 다른 정원을 만들 기회는 1998년에 왔다. 찰스 레거드Charles Legard 경과 아내 캐럴라인 레거드Caroline Legard가 노스요크셔North Yorkshire의 스캠프스턴 홀에 울타리로 둘러싸인 이전의 텃밭정원에 정원을 만들어 달라고 피트에게 의뢰했다. 부부는 1994년 그곳으로 이사하여 낡아빠진 저택을 수리했고 집 보수가 끝나자 정원으로 주의를 돌렸다. 캐럴라인은 당시를 이렇게 회상했다. "피트 기사를 읽었죠. 그가 사용하는 모든 식물은 여기서도 잘 자라는 종류였어요. 흙이 가볍고 건조한 편이라 피트의 식물 팔레트가 이상적으로 여겨졌습니다. 존 코크가 베리 코트에서 강연을 한다기에 그를 보러 갔고, 강연이 끝나고 피트에게 우리랑 함께 작업할 수 있는지 물었어요. 처음에는 꽤 조심스러워하더니 일반인에게 공개할 예정이라고 말하자 생각을 바꾼 것 같아요."

영국의 경우 사회적인 지위를 갖춘 사람이 소유한 시골 저택이라면 어김없이 벽으로 둘러싼 정원이 있다. 어떤 곳은 18세기로 거슬러 올라가기도 하지만 대개는 19세기에 만들어졌다. 오늘날 원래의 목적에 부합하는 곳은 거의 없기 때문에 이러한 공간을 어떻게 해야 할지 새로운 해결책이 다양하게 나왔다. 건물을 짓기 위한 택지로 팔아 버리는 것도 여러 해결책 중 하나였다. 1961년에 나의 어머니도 부지를 구입했는데, 그곳에서 성장한 게 내 생각에 영향을 준 건지도 모른다! 대단히 장식적인 정원으로 만들어 관광객 유치 사업을 벌이기도 하는데 여러 곳에서 성공을 거두었다. 스캠프스턴도 카페와 강의실을 갖추어 강사들뿐만 아니라 관광객을 위한 시장을 목적으로 삼았다.

사방이 벽으로 둘러싸인 곳에서 정원을 만드는 일은 피할 수 없는 틀 안에서 해야 하는 작업인데, 피트가 네덜란드 특유의 기하학적인 공간에 익숙하다는 사실이 장점으로 작용했다. 캐럴라인은 이렇게 말했다. "피트가 디자인을 시작하자 모든 게 한 번에 완성되었죠. 한 가지만 수정했는데 측량에 문제가 있었기 때문입니다. 어떤 디자이너들은 마치 그림에 덧칠을 하듯 하나의 아이디어를 계속해서 되짚어 봅니다. 그런 방식은 단 한 번의 강력한 창의적 순간에 이루어지는 것만큼 훌륭하지 못하죠. 하지만 그런 일이 일어날 경우 최고의 결과를 낳기 때문에 무척 흥분되었어요."

가장 큰 어려움은 재정적인 문제였다. 그래서 캐럴라인은 최대한 자신이 할 수 있는 만큼 식물 번식을 하기로 마음먹었다. "다행히도 수석정원사가 아주 유능했어요. 무슨 식물이든 번식시키는 데 열정을 보였죠. 함께 앉아 필요한 수량을 계산해 보았어요. 아스트란티아 '클라레' 10개를 500개로, 몰리니아 세룰레아 *Molinia caerulea* 50개를 6000개로. 목표를 이루기까지 4년이 걸렸습니다. 하지만 모든 초본식물의 번식은 우리가 직접 했죠." 비록 1999년에 대부분의 디자인이 확정되었지만 식물 번식 프로그램을 실시해 필요한 식물이 모두 갖추어지기까지 몇 년에 걸쳐 식재가 진행되었다. "피트가 1년에 두 번씩 규칙적으로 방문을 해서 늦게까지 일을 하고 자고 갔어요." 캐럴라인은 피트의 외골수적인 식재 방식에 깊은 인상을 받았다. "아무런 말 없이 일을 해서 놀라웠어요. 식물을 집어 들고 배치를 했죠. 제가 식물을 아끼려고 애쓰자 몇 번이나 귀찮아하며 쫓아내기도 했어요."

위: 까치숫잔대 '베드라리엔시스' *Lobelia × speciosa* 'Vedrariensis', 늦여름과 초가을에 개화하는 식물이다. 오른쪽과 다음 페이지에 이어지는 사진은 펜스소프 자연보호구역

노스요크셔의 스캠프스턴 홀, 생울타리로 둘러싸인 정원의 두 가지 전경

캐럴라인이 들려주는 또 다른 피트 이야기는 그가 어떤 식으로 작업하는지 잘 이해하게 해 준다. "피트는 가장 작은 디테일도 잡아내는 놀라운 눈을 가졌습니다. 하루는 정원으로 걸어오더니 수많은 그라스를 통과해 가는 널따란 통행로 제일 끝에 섰어요. 약 50미터 정도 길이의 거리인데 수천 개의 벽돌 바닥재로 덮여 있었습니다. 피트는 "캐럴라인, 여기가 똑바르지 않아요"라고 말했어요. 차분하게 마음을 가라앉힌 후 벽돌 포장을 담당한 사람에게 질문했죠. 중심에서 5센티미터 정도 벗어났다고 하더군요. 한쪽 끝에는 피나무 Tilia 한 쌍이 있고 반대쪽에는 주목 생울타리가 있었습니다. 그 둘의 중심에 오도록 배치했어야만 했다고 말했습니다. 저는 소스라치게 놀랐죠. 피트는 아무 말 없이 다른 곳으로 일하러 갔어요. 몇 시간 후에 다시 와서는 해결책을 찾았다고 했죠. 선을 깨고 벽돌 두 줄만 드러내서 방향을 돌려놓자고 제안했는데, 그렇게 하니까 정말 감쪽같이 해결되었어요."

담으로 둘러싸인 정원은 반듯한 정사각형이 되기가 매우 어렵다. 하지만 "피트는 대칭을 이루는 것처럼 보이게 만드는 데 성공했어요. 한쪽 끝의 여름 박스 화단에는 여섯 개의 정육면체 회양목 토피어리가 있어요. 봄 화단 박스에는 일곱 개가 있죠. 하지만 줄이 반듯하게 맞아요. 정말 기발한 발상이었습니다"라고 캐럴라인이 감탄했다. 피트는 구조나 정형적인 부분의 위치는 아주 치밀하게 계획을 세웠지만 '여러해살이풀 초지'라 부르는 여러해살이풀 식재 구역에서는 도면 없이 바로 현장에 식물을 배치했다.

스캠프스턴은 이제 영국의 정원 방문객들에게 잘 알려진 정원이 되었다. 서늘하고 건조한 북동부에 위치하며 비교적 양분이 적고 가벼운 토양이라는 사실 덕분에 특히 정원사 교육에 도움을 주는 중요한 장소가 되었다. 학교별로 그룹들이 수업을 위해 저택과 정원을 사용하고 있으며 유적 학습 센터를 시작할 계획도 가지고 있다. 시각적으로 돋보이고 동시대적인 정형성에 풍부한 질감을 느끼게 해 주는 여러해살이풀 조합을 볼 수 있는 이곳은 디자이너와 정원사들에게 좋은 교육의 장이 된다.

1999년에는 피트가 헹크와 함께 쓴 두 번째 책인 《더 많은 꿈의 식물》이 발간되었다. 첫 책에서 언급된 식물에 새로운 식물을 추가하여 변화를 주었다. 대체로 피트의 디자인에서 주를 이루는 식물 팔레트에 사용되는 식물들이 등장한다. 매력적인 정원을 디자인하고, 예술적으로 식물을 고려하는 동시에 정원을 아름답게 유지하기 위해 얼마나 노력을 들여야 하는지도 잘 생각하는 정원사와 디자이너를 겨냥한 책이다. 두 작가가 의논한 끝에 디자인과 장기적인 관리 측면 모두를 고려하여 식물을 찾는 사람들이 잘 이해할 수 있도록 몇 개의 범주로 식물을 분류했다. 헹크가 지닌 식물 생태학에 관한 엄청난 지식 덕분에 그런 방식의 접근이 성공을 거두었을 것이다.

책의 구성을 살펴보면 피트의 식물 사용에 관한 많은 사실을 알 수 있다. 머리말에서는 늘 젖어 있는 습한 토양이나 물빠짐이 아주 좋아야 하는 곳 등 특별한 서식처가 필요한 식물은 처음부터 제외했다고 밝히고 있다. 너무 섬세해서 이웃한 식물에 쉽사리 치여 버리는 '전문가용 식물'도 제외되었다. 살충제 같은 "인위적인 장치, 힘든 노동이나 추가 퇴비가 필요한" 식물에게도 등을 돌렸다. 회복력이 뛰어나고 오래 사는 특징을 가진 식물에 초점이 뚜렷이 맞추어졌다. 책은 "터프한", "장난기 많은", "골치 아픈", 이렇게 3장 세 개의 주제로 나누어졌다. "터프한"은 승마^{Actaea}나 쥐손이풀^{Geranium}, 해바라기^{Helianthus}처럼 수명이 길고 회복력이 강한 식물, 소분류는 겨울 실루엣, 거대한 식물, 그라스, 구근 등으로 나누고 있다. "장난기 많은" 장에서 다루는 식물은 자연 발아가 왕성하게 이루어지는 경향이 있으며 비교적 수명이 짧은 식물이나 두해살이풀이다. "골치 아픈"에서 다루는 식물은 에키나세아처럼 수명이 짧은 여러해살이풀이나 적갈색 도는 여러 톱풀 교잡종처럼 앞으로 어떻게 자라나갈지 예상하기 어려운 식물이다. 또 다른 짧은 분류로 "까다로운 식물"이 있고 "실험에 실패한" 식물도 있다. 정원 관련 책에서 이처럼 부정적인 측면을 다루는 책은 흔하지 않다.

생태학자들이 '일반종^{generalist}'이라 부를 수 있는 적응력이 높은 종에 초점을 맞추는 일은 참고서적 집필 방식에서 뚜렷한 혁신이라 말할 수 있다. 한젠학파의 영향을 받은 독일 서적은 특정 조건에 적합한 식물 선택에 초점을 맞추어 왔다. 영국인들도 좋아하는 식물을 적응시키기 위해 적합한 조건을 만들어 주는 일에 관심을 보였다. 여러해살이풀을 사용한 정원 가꾸기의 역사를 살펴보면 작약, 델피니움, 국화, 아스테르 등 '꽃의 힘'으로 압도하는 비교적 적은 수의 식물을 최고의 가치에 두며 키우는 경우가 대부분이었다. 각각의 속에는 매우 광범위한 품종들이 지배적으로 존재한다. 20세기 초 육묘장들의 카탈로그를 보면 언제나 다양한 '여러해살이풀'을 선보였다는 사실을 알 수 있다. 대부분은 교잡이 되지 않은 부수적인 종을 알파벳 순서로 나열했다. 하지만 그런 식물들은 육묘장 주력 식물이 아니었다. 독일에서는 칼 푀르스터의 사려 깊은 조언과 자연주의에 입각한 정원 가꾸기 덕분에 이런 식물들이 결코 잊히지 않았다. 네덜란드와 영국에서는 이런 식물들이 자리를 잡으려면 싸움이라도 벌여야 할 지경이었다. 피트와 헹크가 쓴 두 책이 마침내 이런 여러해살이풀이 세상에 나올 수 있게 해 주었고, 그 장점을 널리 알렸으며, 아울러 디자인 요소로서 커다란 잠재력을 지니고 있다는 점을 강조했다.

1999년에는 피트와 내가 함께 쓴 책 《식물로 디자인하기 Designing with Plants》가 런던의 콘란 옥토퍼스 Conran Octopus 출판사에서 출간되었다. 출간되기 2년 전에 나는 피트에게 그의 기본적인 디자인 철학을 탐구하기 위해 함께 책을 쓸 것을 제안했다. 나는 〈더 가든 The Garden〉영국왕립원예협회의 회원제 잡지과 〈파이낸셜타임스 Financial Times〉에 이미 피트 관련 글을 쓴 적이 있다. 따라서 책을 내는 것은 당연한 순서로 보였다.

책에서는 여러해살이풀의 특징, 정확히 말하자면 독특한 꽃차례와 부분적으로 잎의 형태도 고려하는 피트의 핵심적인 디자인 언어를 설명해 보려는 시도를 했다. 첨탑 모양, 단추 모양, 공 모양, 깃털 모양 등에 관해 설명했다. 16년이 지나 돌아보니 어떤 장에서는 색을 다루고 있어 약간 놀랍기도 했다. 하지만 당시 유행은 색으로 디자인하는 방식이 지배적이어서 포프 부부의 하스펜 하우스 정원과 색을 주제로 한 몇몇 책의 성공 덕분에 색에 관한 설명도 덧붙여야 한다고 생각했었다. 아울러 그라스와 산형과 식물을 사용하는 구조식물 structure plant과 채움식물 filler plant에 관해서도 다루고, 건축가지치기로 모양낸 목본식물을 가리킨다과 "규칙 깨기"라고 제목을 붙인 부분도 있다. 이 부분은 피트의 작업에 핵심이 되는 생각이었고 사실상 지금도 변함이 없다. 식재디자인에서 전통을 깨고 공식 같이 뻔한 조합에서 벗어나는 일은 처음부터 그의 디자인 작업의 근간을 이루는 것이었다. 또 다른 중요한 부분이 "분위기"라 이름 붙인 부분이었다. 빛의 변화, 움직임, 조화, 통제, "신비감" 같은 뚜렷이 드러나지 않고 꼭 집어서 말하기 어려운 식재디자인의 측면이 지닌 중요성을 다루었다. 사진에 안개가 가득한 느낌을 제외하고는 이 범주에서 정확하게 어떤 의미를 전달하려고 했는지는 아직도 100퍼센

"죽은 후에도 아름다운 식물만이 기를 가치가 있다." 아우돌프가 즐겨 쓰는 표현 중 하나다.

트 확신은 없다. 마지막으로 정원 책에 거의 필수적으로 들어가는 계절적 흥미라는 주제로 끝을 맺었다. 튤립이라고는 보이지 않는 봄에 관해 다루었고 다른 한 부분에서는 "죽음"을 다루기도 했다. 부정적이지 '않은' 의미에서 죽음이라는 단어를 정원 책의 소제목으로 사용한 첫 번째 사례가 아닐까 싶다.

　이 책을 쓰면서 내가 맡은 일은 주로 피트의 대변인 역할이었다. 내가 식물에 초점을 맞춘 정원사로서 가끔 디자인도 하고 이전에는 육묘업에도 종사했기 때문에 피트는 자신이 하는 일을 내게 설명해도 된다고 느꼈을 것이다. 1998년 2월에 거의 1주일 동안 후멜로에 머물렀던 기억이 난다. 날씨가 너무 추워서 정원으로 나갈 생각은 아예 하지도 못했다. 피트와 나는 앉아서 두세 시간씩 일을 했고, 안야가 피트의 서재에 들어와 빵과 치즈, 커피와 간식을 내오기도 했다. 물론 내가 피트에게 질문을 했고 우리는 도면과 사진을 보며 토론했다. 특히 다양한 사진을 이용했다. 피트는 시각적으로 생각하는 사람이어서 내가 할 일은 피트의 시선을 말로 설명하는 일이었다. 피트가 자신의 작업을 매우 철저하게 사진으로 남겨 왔기 때문에 사진은 그의 방법론을 설명하는 데 큰 도움을 주는 효과적인 매체였다.

사진가 피트 아우돌프

나는 아주 일찍부터 피트가 체계적으로 자신의 작업을 꾸준히 사진으로 남긴다는 사실에 주목했다. 피트는 이를 두고 "저의 작업을 기록하고 평가하는 한 방법이지요"라고 말한다. 내가 후멜로에 머무를 때면 동이 트자마자 피트가 카메라를 들고 정원에 나가 있는 장면을 보곤 했다. 처음 후멜로를 방문했던 때의 어느 날 아침, 우리는 근처 고객의 정원 사진을 찍기 위해 아침 안개를 헤치며 길을 떠났다. 사진은 사실상 디자이너로서 피트의 성공에 매우 중요한 부분이며 식물이나 자연의 아름다움에 대한 우리의 관점을 바꾸는 데 큰 역할을 해 왔다.

피트가 실제로 최신 기술에 꽤 관심이 많다는 사실을 깨닫는 데는 시간이 걸렸다. 비록 색연필을 사용하여 손으로 도면을 그리지만 그는 언제나 최신 카메라나 컴퓨터, 다른 장치를 갖추고 있다. 그는 수많은 전문적인 정원 사진작가보다 훨씬 전부터 디지털카메라를 사용하고 있었다.

피트는 우리가 함께 쓴 책에 실을 거의 대부분의 사진을 제공했다. 정원디자이너에게는 이례적인 일로 업계에서는 보통 자신의 홍보를 위해 전문 사진작가의 작업에 의존하는 경향이 있기 때문이다. 여러 사진작가가 꾸준히 후멜로를 다녀가기는 했지만 우리 책의 사진은 거의 대부분 피트가 직접 찍었다. 그는 사진에 자신의 개인적인 비전을 담고 있다. 이런 방식은 미세한 변화도 기록으로 남길 수 있게 해 주기 때문에 정원·조경디자인에서 사진은 빼놓을 수 없는 필수적인 부분이다.

피트 철학의 핵심적인 부분은 헹크 헤릿선의 사유로부터 물려받았다. 바로 이전에는 찾아볼 생각조차 못 했던 곳에서 아름다움을 찾는 일이다. 씨송이와 노랗게 물든 잎, 봄에 올라오는 새싹도 화려한 꽃사실 눈에 더 잘 띄긴 하지만 만큼이나 시선을 사로잡는다. 이러한 작업을 사진으로 찍고 책으로 출간하는 일은 우리 모두가 식물과 식재를 다른 방식으로 보고 교육하는 일에 도움을 주었고, 그로부터 훨씬 더 많은 것을 취하도록 해 주었다. 물론 전문적인 정원 사진작가들에게도 영향을 미쳤다. 1990년대 후반을 돌아보면 우리의 첫 책에 나온 서리에 뒤덮인 겨울철 여러해살이풀의 사진이 꽤 큰 충격을 준 것이 사실이다. 당시 많은 정원사가 늦가을이면 지상부를 지면까지 바짝 잘라 주었기 때문에 예술적인 가치를 지닌 소재들이 퇴비통으로 보내지곤 했었다. 몇 해 동안 많은 사진작가가 조금이라도 서리의 기미가 보일까 애타게 일기예보를 살피는 일이 일어났다. 그 후로 적어도 피트를 포함한 사람들이 그런 장면에 싫증을 느낄 때까지 서리로 덮인 정원을 찍은 사진이 물밀 듯이 잡지에 소개되기 시작했다.

    자연주의 식재 운동은 예술이나 디자인 분야의 여느 운동처럼 대중에게 새로운 아이디어를 제시했을 뿐만 아니라 사람들이 어떻게 작품을 바라보고 감상할 수 있는지 그 방법을 일깨워 주었다. 공공장소나 개인정원의 식재는 전통적으로 겉으로 드러난 자연의 혼돈보다는 인간 중심의 질서에 더 가치를 두었다. 과거에는 무시되거나 꺼렸던 생물다양성이라는 주제나 다양한 식물·곤충 종의 가치에 관한 개념은 자연주의 식재를 보다 긍정적인 관점에서 바라보도록 도움을 주었다. 하지만 아직도 대부분의 사람들은 디자인된 식재를 볼 때 디자이너의 손길이 의도하는 바가 드러나길 기대한다. 피트 작업의 가장 중요한 측면 가운데 하나가 수많은 사람들의 눈에 자연스러워 보이면서도(물론 대부분이 예술적인 장치로 이루어졌다고 하겠지만) '자연스러운 아름다움'이 무엇을 의미하는지 재해석하는 데 도움을 준 것이다.

식물 팔레트

헹크 헤릿선의 작업과 더불어 피트의 작업은 많은 사람이 여러해살이풀의 아름다움을 폭넓게 감상할 수 있게 해 주었고, 그 과정에서 식물 팔레트를 확대시켰다. 죽음을 맞이하는 여러해살이풀이라든가 특히 씨송이 같은 가을 모습에 주목한 점이 큰 변화를 가져왔다. 이러한 모습을 병적인 상태로 치부해서는 안 된다. 피트의 말처럼 "첫눈에 아름다워 보이지 않는 것에서도 아름다움을 발견할 수 있고, 삶은 진정한 아름다움이 무엇인지 찾아 나서는 여정이며 아름다움은 어디에나 존재한다는 사실을 깨닫는 일"이다.

피트는 항상 정원에서 잘 자랄 수 있는 자신만의 핵심 여러해살이풀을 사용해 작업하는데, 주로 대륙성 기후대에서 잘 자라며 초여름 이후부터 최고의 모습을 보여 주는 경향이 있는 식물이다. 피트가 왜 봄에 꽃이 피는 식물^{구근식물이나 관목}이나 나무를 더 많이 사용하지 않는지 의문을 품는 사람들이 있다. 정원디자이너라면 특정 기후대에서 키울 수 있는 모든 것을 사용해서 작업해야 한다는 기대감이 있는 듯하다. 하지만 예술가에게 그런 것을 기대해야 할까? 유명한 도자기 공예가 친구에게 "조각 작품은 어때? 그릇만 만들지 말고 흙으로 조각품을 만들어 봐"라고 말할 수 있을까? 나라면 그렇게 못할 것이다. 우리는 작업에 필요한 매체를 결정하는 예술가의 선택을 존중한다. 하지만 아마도 다른 디자인 계통의 직업군에게는 너무 많은 것을 기대하는지도 모른다. "열두 가지 재주가 있는 사람은 밥을 굶는다"라는 속담이 정원디자인 분야의 경우 특히 잘 들어맞는다. 여기저기 다방면에 손대는 것보다는 전문성과 집중을 발휘해야 고도의 경지에 이르게 된다.

피트도 교목과 관목을 쓰기는 하지만 전체 디자인의 일부분으로 고려하는 경우만 그렇지 주요 부분은 역시 여러해살이풀에 초점을 맞춘다. 하지만 그의 명성과 다양한 매체에서 소개되는 내용이 그를 여러해살이풀에 국한시키기 때문에 나무도 잘 활용하는 피트의 능력이 늘 간과될 우려가 있다. 피트는 적절한 기회라면 나무를 더 많이 심고 싶어 한다. 바로 그런 좋은 기회가 미국 낸터킷^{Nantucket} 섬에서 넓은 개인정원 주변으로 관목을 사용하여 울타리 식재를 할 때였다. 하이 라인 일부 구간에 숲정원을 조성했을 때도 나무를 적극 활용할 수 있는 좋은 기회였다. 여기서는 자연의 식물군락처럼 하부의 여

위: 버지니아갯지치, 애기금낭화*Dicentra formosa*, 헬레보루스 오리엔탈리스*Helleborus orientalis*, 우불라리아 플라바*Uvularia flava*
아래: 이른 봄 후멜로 정원에 핀 바람꽃

러해살이풀이 부수적인 역할을 맡았다.

피트에게 봄의 볼거리는 이제 막 자라나기 시작하는 식물의 형태와 질감이다. 화려하게 꽃피우는 구근식물이나 나무에 둘러싸여 잘 드러나지 않고 쉽게 간과되기 쉬운 종류의 아름다움이다. 대부분의 사람들은 그 계절에 다른 무엇도 관찰하지 못하는 잘못을 범하곤 한다. 솔직히 말하자면 대부분의 사람들이 어느 정도는 봄의 활력을 즐기고 싶은 게 사실이다. 다행히도 봄에 꽃이피는 구근식물과 여름철 휴면에 들어가는 여러해살이풀로 이루어진 봄 정원을 여름부터 흥미로워지기 시작하는 식물과 중첩시켜 만들 수 있다. 피트는 구근식물 식재를 프로젝트에 점점 더 많이 추가하고 있는데, 그의 초점은 크로커스Crocus, 은방울수선Leucojum, 바람꽃Anemone 같은 작은 구근식물과 봄에 꽃이 피고 여름철 휴면에 들어가는 버지니아갯지치Mertensia virginica 또는 연영초Trillium 같은 식물이다. 실제로 피트는 하이 라인 작업 이후로 구근식물 식재를 여러해살이풀 식재와 함께 디자인에 적용하고 있다.

예를 들어 시카고의 루리 가든이나 뉴욕의 배터리 같이 몇몇 프로젝트에서는 구근식물 디자이너인 자클린 판데르클루트와 협업하기도 했다. 그녀는 국제구근센터International Bulb Center로부터 펀딩을 받기도 했다. 자클린의 작업은 주로 튤립과 수선화를 포함한 대담하고 강렬한 색의 구근식물 팔레트를 사용하는 경향이 있다. 두 사람의 작업을 가까이서 관찰해 본 사람이라면 누구나 삼지구엽초Epimedium, 비비추, 보송보송한 떨기를 이루는 그라스의 잎이 파릇한 새 생명으로 올라오는 모습을 발견할 수 있다. 이 두 프로젝트에서는 봄과 여름 식재의 상호보완적인 시간차 덕분에 두 예술가가 동일한 공간을 이용할 수 있음을 잘 보여 준다.

유럽 서부 가장자리 지역이나 지중해 부근처럼 겨울이 온화한 곳에서 사는 사람들은 북유럽 기후에 적합한 아우돌프 식물 팔레트에 속하지 않는 온갖 식물을 사용할 수 있다. 상록성 아관목이나 남반구가 원산지로 겨울에도 푸르게 남아 있는 여러해살이풀이 이에 속한다. 피트는 필요할 때면 1999년 바르셀로나 근교에서 작업한 작은 규모의 개인정원 디자인이나 베리 코트의 자갈정원처럼 그런 식물을 사용하겠지만 아직까지는 그런 경우가 많지 않다. 기후 조건이 맞는 경우 가끔 아가판투스Agapanthus, 애기범부채Crocosmia, 리베르티아Libertia 같은 식물을 사용한다.

그늘식물은 언제나 피트의 팔레트에 포함된다. 하지만 대다수의 작업 의뢰는 탁 트인 공간을 위한 식재다. 그런 양지 식재가 '기본'이 되다 보니 사람들은 안타깝게도 그의 음지 식재에 주목하지 않는 경향이 있다. 마찬가지로 특별히 습기가 많거나, 매우 건조한 조건으로 식물 팔레트를 모색해 볼 수도 있는데 사실상 이것은 피트가 좋아하는 식물을 사용해 볼 기회를 제공한다 그중에 많은 식물이 다른 상황에서는 사용하기가 어렵다. 그런 식물로는 잎이 커다란 다르메라Darmera와 도깨비부채Rodgersia를 들 수 있다.

식물 팔레트에 관해 말하자면, 일단 디자이너가 성공적인 팔레트를 만들어 내면 이미 작업의 대부분을 마친 셈이라 할 수 있다. 혼합식재 체계를 개발한 독일과 스위스의 연구자들이 발견했던 것처럼 시각적으로 잘 어우러지는 식물 조합그들의 경우는 15-20종을 무작위로 배치해도 아주 보기 좋은 결과가 나온다[10]. 식물 팔레트를 제한하면 작업이 쉬울 뿐만 아니라 소수의 식물종만으로도 원하는 시각적 효과를 얻을 수 있다. 하지만 시간이 지나면 그런 반복이 지루해질 수 있다. 반면 주어진 공간의 식물 팔레트가 너무 다양한 경우에는 전체를 제대로 인식하지 못하게 할 수도 있다. 이 문제에 관해 디자이너들은 각자 할 말이 많을 것이다. 나는 제임스 밴스위든을 포함한 어떤 그룹과 함께 미국 오리건주 포틀랜드에 있는 어느 '식물전문가의 정원'을 방문한 적이 있었다. 도중에 제임스가 자리를 벗어났다. 나중에 길 반대쪽에서 빗속에 홀로 서 있던 그를 발견했는데 "저렇게 혼란스러운 곳은 참을 수가 없어요"라고 투덜거렸다.

피트가 성공하는 주된 이유는 아마도 통일성과 복잡성의 균형을 맞추는 능력 덕분일 것이다. 보자마자 눈길을 끄는 동일한 종류의 식물은 충분히 많지만 피트의 식재는 워낙 다양한 품종을 포함하기 때문에 그 복잡성으로도 사람을 끌어들인다. 복잡성이란 비교적 이루기 쉬운 특성이다. 서로 다른 수많은 식물을 심으면 되기 때문이다. 하지만 통일성은 이루어 내기도 설명하기도 쉽지 않은 특성이다. 때문에 피트는 해를 거듭할수록 통일성을 갖추기 위한 다양한 방식의 실험을 계속하고 있다고만 말할 수 있을 것이다.

  세월을 거치며 무르익은 피트의 식물 팔레트는 아주 넓은 범위의 식물을 포함하고 있음에도 불구하고 그가 사용하는 수많은 식물이 대체로 비슷하다는 점 때문에 기본적인 시각적 통일감을 이끌어 낸다. 색이라는 요소가 그에게는 가장 중요한 측면이 아니었기 때문에 디자인 공식에서 배제되었고 이는 역설적으로 더 좋은 효과를 가져왔다. 색을 중시하는 정원사나 디자이너라면 어쩔 수 없이 식물 부위 중에서 꽃이 가장 큰 비중을 차지하는 고도로 육종된 식물에 끌릴 것이다. 색 덩어리가 클수록 작은 덩어리보다 조화롭지 않을 가능성이 더 크다. 아우돌프 식물 팔레트의 품종 상당수가 원예종이거나 교잡종이기는 하지만 야생의 조상들이 지닌 꽃과 잎의 자연스러운 비율을 고스란히 간직하고 있다. 모든 식물이 상당히 유사한 기후대에서 왔다는 사실 역시 통일감을 주는 데 도움이 된다. 해양성 기후에 사는 사람들은 아무런 제재 없이 식물을 섞어 조합하다 보면 무절제함은 차치하더라도, 시각적으로 불분명한 식재를 만들어 낼 위험이 있다.

피트의 식물 팔레트는 시간이 지나도 거의 변하지 않았다. 특정 시기에 어떤 종들이 두드러지는 듯하지만 그런 식물들이 사라지는 일은 거의 없다. 초기 사진을 예로 보면 키 크고 풍채가 당당하며 두툼한 분홍 꽃이 돋보이는 점등골나물*Eupatorium maculatum*이나 붉은색으로 무리 지어 피는 페르시카리아 암플렉시카울리스*Persicaria amplexicaulis*가 상당수 포함되었다. 30년이 흐른 지금도 여전히 그 식물들이 보이기는 하지만 지배적이지는 않다. 피트의 전반적인 식물 선택의 주요 변화를 살펴보자.

1. 수명이 짧은 종이나 관리상 문제를 일으키는 식물의 사용이 줄어들었다.

초기에는 상당수의 두해살이풀이 피트의 정원에 등장했다. 예를 들어 피트는 우산모양꽃차례 식물의 구조적인 역할을 매우 강조했었다. 이들 식물과 씨앗을 퍼트리며 생을 이어 가는 수명이 짧은 여러해살이풀들은 예측을 할 수가 없다. 때로는 자연발아가 되지 않고 사라져 버리지만 어떤 경우는 너무 많이 발아되어 잡초처럼 자라기도 한다. 또한 수많은 여러해살이풀이 진정한 여러해살이가 아니라 3년 이상 정도의 수명을 지닌 것들이기 때문에 이러한 식물도 이제는 훨씬 적게 사용한다. 경우에 따라 사라지기도 하는 식물을 대체할 수 있는 능력을 갖춘 관리자가 있는 곳이라면 피트는 그런 식물도 쓰지만 그렇지 않을 경우는 포기한다. 수명이 짧고 자연발아 하는 식물들은 식재가 무르익어 진정한 여러해살이풀이 지배적으로 자리를 잡은 곳에 들일 수 있다고 피트는 말한다. 베르바스쿰*Verbascum*과 디기탈리스*Digitalis* 이 두 가지 멋진 식물이 그러한 예다. 한때 자주 사용했지만 이제는 잘 쓰지 않는 수명이 짧은 두해살이풀이다.

아쉬운 점은 수명이 짧은 식물 다수가 구조적인 면에서 아주 훌륭하다는 것이다. 배초향*Agastache*이 대표적이고 에키나세아가 또 다른 예인데, 이들 식물은 실제로 유럽보다 북미에서 더 오래 사는 편이다. 두 가지 속 모두 위에서 설명한 이유로 유지관리 문제가 생길 수 있는 대규모 프로젝트의 식재에서는 식물 팔레트에 더이상 포함되지 않는다. 당귀*Angelica*, 회향*Foeniculum*, 기름나물*Peucedanum*, 참나물*Pimpinella* 같은 산형과 식물 역시 피트가 선호하는 식물에서 밀려났다. 하지만 이런 식물의 경우 개인정원에서는 많이 사용하도록 권장한다. 셀리눔*Selinum*이 좀 더 안정적으로 오래 유지되는 듯해서 아직도 사용하고 있다. 버들마편초*Verbena bonariensis*와 베르베나 하스타타*V. hastata*는 규칙적으로 등장하고 있지만 이런 식물은 특히나 종잡을 수가 없다. "모든 사람이 버들마편초를 쓰기 때문에 저는 이제 그만 써야겠어요"라고 1990년대 말기에 피트와 했던 대화가 선명하게 기억에 남아 있다.

전반적으로 믿음직하지 않은 몇몇 다른 식물도 사용을 중단했다. 붉은색이 눈길을 끄는 그라스인 홍띠*Imperata cylindrica* 'Rubra'는 생육을 위한 토양 조건이 매우 까다로운 편이고, 가느다란 잎에 특유의 높다란 줄기를 지닌 애기해바라기*Helianthus salicifolius*는 너무 힘이 없어서 제대로 서지를 못한다.

늦여름 후멜로 정원에서 꽃을 피우고 있는 여러해살이풀들

2. 1990년대 후반부터 그라스 사용이 증가한다. 피트가 지닌 그라스에 대한 경험과 지식 덕분에 1990년대 후반 이후로 얼마나 광범위하게 그라스를 사용해 오고 있는지 이미 살펴보았다. 북미 프레리 원산의 그라스들도 여전히 커다란 상업적인 잠재력을 갖고 있으며, 새로운 품종이 계속 소개되면서 다양한 형태의 디자인에서 등장하기 시작했다. 스포로볼루스 헤테롤레피스_Sporobolus heterolepis_는 피트가 '원종 그대로' 사용할 수 있다고 여기는 그라스 종류 중 하나다. 다른 경우에는 피트가 편하게 사용할 수 있는 품종을 만들기 위해 육묘장의 선발 작업을 거치기도 했는데, 하나의 예가 스키자키리움 스코파리움_Schizachyrium scoparium_이다. 이 그라스는 수명이 짧고 잘 쓰러질 수 있지만 하이 라인에서는 씨앗으로 개량된 품종인 '더 블루스_The Blues_'를 사용했다. 독일 종자회사 젤리토 퍼레니얼 시즈_Jelitto Perennial Seeds_에서 육종한 이 그라스는 잎의 색이 멋지다. "여전히 쓰러지는 경향이지만 그렇지 않은 신품종도 이제는 나오고 있지요"라고 피트는 강조한다.

3. 2000년대 초반 루리 가든 프로젝트 작업을 한 이후로는 돼지풀아재비_Parthenium_, 피크난테뭄_Pycnanthemum_, 루엘리아_Ruellia_, 지지아_Zizia_ 같은 북미 원산 식물속을 점점 더 많이 사용한다. 북미 원산 식물들이 잘 자라기 위해서는 높은 여름 기온이 필요하기 때문에 유럽에서 반드시 잘 자란다고 할 수는 없지만 피크난테뭄 무티쿰_Pycnanthemum muticum_, 루엘리아, 지지아 종들은 아무런 문제가 없다. 익숙한 속 식물 중에서도 흥미를 더하기 위해 낯선 종을 자주 선택하기도 하는데, 유포르비아 코롤라타_Euphorbia corollata_와 유파토리움 히소피폴리움_Eupatorium hyssopifolium_ 같은 식물이 대표적이다. 모나르다 브라드부리아나_Monarda bradburiana_는 최근에 소개된 종으로 종종 모나르다 피스툴로사_M. fistulosa_와 혼동되기도 한다. 한자리에서 굳건히 자라는 정착력이 더 뛰어나고 단정하게 자라는 습성 때문에 피트나 다른 디자이너들도 점점 더 많이 대체 식물로 사용하고 있다.

피트 아우돌프가 자주 사용하는 두 가지 식물
위: 풀협죽도 '딕스터' *Phlox paniculata* 'Dixter'
옆: 큰개기장 '셰넌도어' *Panicum virgatum* 'Shenandoah'

점점 더 야생적으로

피트의 작업에 일정한 방향성이 있을까? 피트의 디자인 혁신에서 일관된 패턴을 읽을 수 있게 하는 뚜렷하고 최우선적인 경향성이 있을까? 스테판 맛손은 "그의 스타일이 점점 더 야생적으로 변하고 있어요"라고 말하는데, 나 역시 동의한다. 피트의 디자인 변화에는 뚜렷한 방향성이 있다. 그는 거장 민 라위스의 큰 그늘 아래 성장했고 거기서 벗어났다. 당시 민 라위스는 바우하우스에서 영향을 받아 새롭게 재해석한 자연이라 설명할 수 있는 식재 기법들을 선보였다. 20세기에서 21세기로 접어들면서 피트의 새로운 프로젝트들은 식물 조합 측면에서 점점 더 세련미를 보여 주기 시작했다. 특히 블록식재 스타일에서 '혼합식재'로 변화를 나타내기 시작했다.

정원 역사에 관한 열정으로 장기적인 안목을 갖추게 된 레오 덴띨크는 이렇게 말한다. "피트는 네덜란드 전통을 따르고 있어요. 자연주의자들이 정원사가 된 나라니까요. 테이서와 그를 따르는 그룹도 정원사이자 자연주의자였어요. 정원계의 큰 인물들도 모두 자연에 무척 관심이 많았죠. 민 라위스 역시 비록 야생화를 디자인에 사용하지는 않았지만 야생화에 관심을 가졌습니다. 많은 정원사가 자연주의자들의 사고에서 영향을 받았지요."

건축적이고 질서정연한 방식에서 야생에 가깝게 변화하는 이 과정은 크게 몇 단계로 요약해 볼 수 있다.

- 다듬어 모양낸 관목들이 점점 없어짐
- 블록식재에서 혼합식재로 변화함
- 하나의 방법으로 여러해살이풀을 배치하는 것에서 다양한 방법을 활용하는 배치로 변화함. 즉, 복잡성이 부분적으로 증가함
- '자연주의'의 성격이 증가함. 즉, 자연스러운 식물군락의 '외형', 또는 적어도 사람들에게 아름답게 느껴질 수 있는 자연스러운 식물군락
- 대부분의 식재에서 수명이 긴 식물 종류가 차지하는 비율을 최대화하는 데 초점을 맞춤

피트의 정원을 살펴보면 시간이 흐를수록 복잡성이 증가한다는 사실을 알 수 있다. 피트에게 네 번이나 정원을 의뢰한 독보적인 기록을 세운 스테판 맛손이 피트의 디자인 변천 과정을 가장 잘 목격한 사람일 것이다. 그는 엔셰핑의 드림파크에 관해 이렇게 말한다. "피트가 디자인한 블록식재에서 각 식물 그룹은 이웃하는 식물들과 훌륭하게 잘 어울립니다. 처음 보았을 때는 이상했어요. 모든 구역이 약 3미터 정도로 동일한 크기였지만 아주 효과적인 식재였죠. 피트의 요즘 작업 방식은 식물 지식이 더 필요합니다. 셰르홀멘에서는 다른 식재 혼합체를 사용했죠. 유지관리 직원이 그 사이로 지나다닐 수 있는 좁은 길도 냈어

스웨덴 엔셰핑의 드림파크

요. 이 작업로가 혼합 구역을 분리시켜 주기 때문에 화단의 경계가 확실했고 관리 직원이 어느 자리에 무슨 식물이 있는지 파악하기도 쉬웠습니다."

드림파크의 블록식재 스타일을 되돌아보면서 스테판은 이렇게 말한다. "2013년 어느 학회 때 이곳을 새로 디자인한다면 다르게 할 것이냐는 질문에 피트는 답변을 회피했죠. 사실 저는 피트가 만든 드림파크가 좋았고 아무것도 바꾸고 싶지 않아요. 블록식재는 성공적이었고 그 멋진 스타일을 포기할 수는 없다는 생각입니다."

보다 복잡한 식재를 유지관리하려면 '반드시' 더 많은 식물 지식이 필요하다. 디자인 역시 더 많은 기술을 필요로 한다. 디자인하는 사람이나 의뢰를 하는 사람이나 관리 인력과 예산이 한정된 곳이라면 이 점을 꼭 염두에 두어야 한다. 사용하는 종의 숫자를 줄이거나 좀 더 단순한 디자인을 선택하기만 해도 유지관리는 더 쉬워진다. 기술을 필요로 하는 높은 수준의 유지관리를 보장할 수 없는 곳이라면 피트 작업의 초기 방식을 고려하는 것이 적절하다.

잉글랜드의 찬사

첼시 플라워 쇼는 정원 관련 행사 중 전 세계적으로 가장 선도적인 이벤트라 여겨져 왔다. 이 행사에서는 전통적으로 육묘장이나 관련 업체들이 대표작을 선보이고 그들의 제품을 홍보하는데, 대부분은 중앙의 대형 천막 안에 진열된다'사정을 잘 아는' 사람이라면 누구라도 그것을 텐트라 부르지는 않을 것이다. 행사는 단지 사흘간 치러질 뿐이지만 첼시 플라워 쇼는 오랫동안 아주 핵심적인 원예 행사인 동시에 영국 상류층의 사교 일정에서 중요한 자리를 차지하는 날이었다.

행사가 열리는 현장 주변으로는 동종의 서비스를 제공하는 정원디자인 시공업체나 육묘장들이 해마다 조성하는 쇼가든이 들어섰다. 1990년대에는 행사에서 역점을 두는 방향성에 변화가 일어나기 시작하면서 육묘장들은 점차적으로 대형 천막 안에서 전시하는 일을 꺼리게 되었다. 이러한 변화는 정원디자인의 엄청난 인기와 더불어 생겼다. 수입 증가로 전문가가 디자인한 개인정원을 소유하고 싶은 사람이 훨씬 더 많이 늘어나 그들을 시장에 끌어들였다. 유명인 진행자들이 출연하여 엄청난 광고를 하며 주말 동안 정원을 극적으로 변신시켜 주는 텔레비전 프로그램에 관한 선풍적인 관심이 디자인 혁명에 큰 자극을 주었다비록 어떤 이들은 인위적으로 부풀렸다고 하겠지만. 주요 디자이너들이 경쟁하듯 홍보에 앞장서면서 첼시 플라워 쇼는 점차적으로 쇼가든에 초점을 맞추었고, 텔레비전 보도나 신문 기사는 가든쇼를 주요 미디어 공연장으로 만들기에 이르렀다.

1997년에 〈가든스 일러스트레이티드〉가 크리스토퍼 브래들리홀이 디자인한 첼시 쇼가든을 후원했는데 런던에서 활약하는 디자이너들이 이 행사를 위해 만든 최초의 정원이었다. 로지 앳킨스는 "그 쇼가든 덕분에 크리스토퍼는 완전히 새로운 경력을 시작하게 되었죠. 그는 피트 아우돌프에 푹 빠졌고 로프 레오폴트에 매료되었어요"라고 말했다. 크리스토퍼는 여러해살이풀 운동의 경계에 있던 흥미로운 디자이너의 한 예다. 오랫동안 식재에 관심을 보였고, 매우 독창적인 디자이너지만 분명한 시각적 연출 또는 건축적 스타일도 고집하는 사람이다. 그는 존 코크의 친구이기도 해서 2003년에 베리 코트의 새로운 앞뜰 디자인 의뢰를 받기도 했다.

잉글랜드 서리주Surrey에 있는 영국왕립원예협회 대표 정원 위슬리 가든Wisely Garden의
아우돌프 화단에서 자연발아한 큰에린지움*Eryngium giganteum*

이름을 알리다

로지는 이런 이야기를 했다. "피트와 연락을 해 보고 싶어 마음을 졸이던 아니 메이너드Arne Maynard가 1997년에 〈가든스 일러스트레이티드〉 잡지사 사무실로 들어왔어요. 아니는 초롱초롱한 눈망울을 지닌 신참 디자이너였는데 피트와 협업하고 싶다고 이야기하더군요." 로지는 그에게 2000년의 잡지 기사를 위해 피트와 함께 첼시 가든 작업을 해 보라고 제안했다. "재미있는 조합이었죠. 두 디자이너가 협업하는 건 이전 첼시 플라워 쇼에서는 없던 일이었거든요. 두 사람 다 그런 경험은 처음이라 쉽지는 않았기 때문에 결국에는 제가 프로젝트 매니저 역할을 하기에 이르렀어요." 이런 시도가 자칫 엉망진창이 될 수도 있었겠지만 다행히 결과는 좋았다. 피트와 아니는 최고의 쇼가든상과 금상을 수상했다. 피트는 "아니와 협업해 보라고 로지가 요청했어요. 혼자서는 할 수 없는 일이었죠. 구름 모양의 생울타리는 아니의 아이디어였지만 벽이며 그림, 분수 등 모든 건 협업에서 비롯되었습니다. 첼시 작업은 한 번으로 족해요. 런던 가까이 살아야 하고 함께 일할 동료 없이는 작업이 무척 까다로운 게 첼시 쇼라고 생각합니다"라고 기억한다.

'진화Evolution'라는 작품명의 정원은 그림 작품이 붉은 벽을 배경으로 설치되었고, 그 양쪽에 구름 모양으로 다듬은 나무를 심었다. 벽 앞쪽으로는 사각형으로 가지치기한 회양목 안에 원형 콘크리트 수경시설이 설치되었다. 그 양쪽 편에는 피트의 식재가 들어섰다. 빨간색 아스트란티아 마요르Astrantia major 품종과 시르시움 리불라레 '아트로푸르푸레움'Cirsium rivulare 'Atropurpureum', 짙은 구릿빛 자주색 잎이 돋보이는 촛대승마 '아트로푸르푸레아'Actaea simplex 'Atropurpurea' 등 모든 식물이 붉은 벽체와 색을 맞추었다.

서리주 위슬리에 있는 영국왕립원예협회 정원에 화단을 디자인한 일은 피트가 영국에 '안착'했다는 또 다른 신호였다. 2000년대 초 적어도 몇 년간 영국에서는 맹목적으로 애국주의를 고수하는 경향이 여전했다. 영국 출신이 아닌 건축가나 그 밖의 디자이너들이 주요 공공 프로젝트를 디자인하는 것은 환영받지 못할 일이었다. 때문에 영국왕립원예협회에서 혁신을 도모하기 위해 피트에게 손을 내민 것은 커다란 도약이었다.

당시 정원디자이너로서 최고의 명성을 누리던 퍼넬러피 홉하우스는 새롭게 조성될 이중 화단을 피트가 디자인할 수 있도록 배후에서 적극적으로 로비를 펼쳤다. 그 구역은 영국왕립원예협회가 대대적으로 정원을 확장하려는 계획의 첫 단계 작업이었다. 기본 개념은 정원 입구에서 배틀스턴 힐Battleston Hill에 이르는 통행로 양쪽으로 하나씩 배치된 옛 이중 화단과 유사한 화단을 만들자는 것이었다. 20세기 초반에 조성된 이중 화단은 1990년대 후반에는 더 이상 시대에 어울리지 않는다는 사실이 분명해졌다. 비록 이후에 현대화되기는 했지만 옛 방식의 여러해살이풀 화단이 얼마나 경직된 모습이었는지 보여주는 좋은 예로서만 가치가 있을 정도였다. 영국왕립원예협회에서는 새로운 온실이 들어설 부지까지 이어지는 통행로에 만들어질 시대에 걸맞은 현대적인 화단을 원했다. 화단은 잔디 보행로를 걷는 사람들에게 뿐만 아니라 '언덕'에서도 잘 보이도록 설계되었다. 화단 상부 끝에 위치한 이 전망 언덕은 자생 야생화와 키 작은 사과나무를 심어 놓은 곳이다.

완성된 화단은 특히 늦가을에 그라스가 절정에 달했을 때 무척 아름다웠지만 유지관리를 담당하던 직원들이 바뀌면서 초기의 디자인 안에서 멀어지며 표류하기 시작했다. 피트는 "그곳에는 더 이상 원래의 디자인이 남아 있지 않습니다"라고 말한다.

혼합하기

2000년대에 피트가 작업했던 대규모 프로젝트에서는 블록식재와 식물을 분산시켜 심는 방식이 주로 사용되었다. 하지만 이 시기 초입 무렵에 피트는 근본적으로 다른 접근법을 실험하기 시작했다. 여러 종의 식물들이 함께 혼합된 식재조합을 만드는 방식이었다. 이런 방식을 적용해 자연에 가깝고 복잡한 모습이지만 주어진 공간에서 계절별 흥미 요소를 훨씬 더 풍성하게 만든다. 혼합 방식을 적용한 사람이 피트 혼자는 아니었다. 생태학에 바탕을 둔 식재디자인의 뿌리 깊은 전통을 지닌 독일의 디자이너들은 이미 상당 기간 혼합식재를 적용해 오고 있었다. 미국이나 영국의 다른 디자이너들 역시 혼합식재를 하고 있었지만 규모는 크지 않았다. '혼합식재'라고 알려진 이 방식은 우리의 책 《식재디자인: 새로운 정원을 꿈꾸며》에서 깊이 다루고 있는데 상당히 복합적이라서 연구의 초기 단계임을 밝혔다. 이 분야에 관해서는 여전히 배워야 할 게 아주 많다는 사실을 공공연하게 인정한다.

피트가 식물을 혼합하는 방식으로 나아간 이유는 매력적이면서도 실로 기능적인 조합을 만들어 낼 수 있는 가능성을 대폭 넓혀 줄 뿐만 아니라, 보다 자연스러운 느낌도 자아내기 때문이다. 초기의 혼합은 단지 두 가지 식물을 섞어 매우 단순한 경향을 보였다. 아주 적절한 예로 몰리니아 세룰레아*Molinia caerulea*와 칼라민타 네페타 네페타*Calamintha nepeta ssp. nepeta*의 조합을 들 수 있다. 그라스는 위로 곧게 서는 습성을 보이고 떨기 사이에 틈새를 남기는 경향이 있는 반면, 칼라민타는 중심부에 뚜렷한 생장점이 있고 잎만 바깥쪽으로 퍼져 나가지 식물 자체가 번져 나가지는 않는다. 따라서 두 식물을 함께 심으면 서로를

시카고 루리 가든에서 '띠무리'로 심은 식물들

런던 템스 강변을 따라 있는 포터스 필즈 파크

보완해 주며 공간을 효과적으로 채울 수 있다. 또 다른 조합으로는 좀 어색하게 위로 올라가며 자라는 페로브스키아^{Perovskia} 품종들의 형태를 보완하기 위해 사이사이에 오리가눔 Origanum이나 쥐손이풀Geranium 종들을 함께 심는 것이다.

처음에는 이렇게 매우 단순한 조합으로 시작했지만 피트의 혼합식재는 더욱더 복잡해져 갔다. 수학자의 표현을 빌자면 변수가 많아질수록 가능성의 폭은 기하급수적으로 늘어날 것이었다. 식재디자이너에게는 흥미진진한 영역이다. 2010년경부터 피트의 작업에는 혼합식재가 늘어나기 시작했고, 주로 블록식재나 바탕식재와 나란히 배치되었다.

위슬리 가든에서 작업한 이중 화단2001은 피트가 대규모로 혼합식재를 적용한 첫 사례에 속한다. 화단은 여러 겹의 식재 띠들로 구성된다고 할 수 있는데, 각각의 식재 띠는 대여섯 종류의 식물들을 혼합해서 디자인했다. 런던 템스강 강변에 위치한 포터스 필즈 파크Potters Fields Park, 2007에도 비슷한 방법을 적용했지만 가장자리가 직선이고 도중에 각이 지게 굽은 부분들이 있는 긴 띠무리drift 형태로 디자인했다. 거트루드 지킬의 띠무리처럼 이러한 긴 형태는 정면에서 볼 때와 측면에서 볼 때가 매우 다르게 느껴진다. 베르네 파크 Berne Park, 2010에서는 원형의 미로 같은 부지의 특성을 살려 방문객이 정원의 중심을 향해 보행로를 따라 걸어가는 동안 여러 종류의 혼합식재를 감상할 수 있게 만들었다. 셰르홀멘 퍼블릭 파크2010는 보다 전통적인 도시공원 공간이기는 했지만 동심원을 사용해 대략 비슷한 접근법을 적용했다. 두 경우 모두 식재에 점점이 흩어지게 심는 분산식물들을 사용해 서로 다른 혼합체와 구역을 연결했다.

해외 정원 작업

시카고 루리 가든: 북미 첫 프로젝트

1990년대 미국 동부 해안 지방의 식재디자인은 워싱턴디시에 위치한 외메 밴 스위든 조경회사가 주도하고 있었다. 하지만 중서부 지방의 정원·조경디자인은 교목, 관목, 잔디로 이루어진 식상한 모습 일색이었다. 시카고도 과거의 공업지대 '러스트 벨트' 주요 도시들이 수십 년간 겪었던 쇠퇴에서 서서히 깨어나면서 도심 여러 구역에서 낡은 건물들이 재개발의 손길을 기다리는 상황에 직면하게 되었다.

시내 한복판에 특히 눈에 거슬리는 곳이 있었다. 시장인 리처드 마이클 데일리Richard M. Daley는 어느 날 미시간 애비뉴의 치과에서 창밖을 내다보다가 지저분하기 짝이 없는 방치된 옛 철도부지를 발견했다. 그는 미시간 호숫가에서 멀지 않은 이곳을 대대적으로 개선하자는 캠페인을 벌이기 시작했다. 그의 설득으로 시카고 지역 통근철도인 메트라/일리노이 지하철로 위에 지하주차장을 만들고 주차장 윗면에 새로운 공원을 조성하자는 제안이 나왔다. 공원은 밀레니엄 파크Millennium Park라 부르기로 하고 '앤 앤드 로버트 루리 재단Ann and Robert Lurie Foundation'에서 정원 조성에 필요한 기금을 제공했으며, 정원디자인은 현상공모에 붙이기로 결정했다.

그리하여 2000년에 피트는 워싱턴주 시애틀에 소재한 조경회사 구스타프슨 거스리 니컬Gustafson Guthrie Nichol, GGN 팀에 합류하여 새로운 공공정원 작업에 참여하게 되었다. 회사 대표 중 한 명인 캐스린 구스타프슨Kathryn Gustafson은 이미 세계 유수의 조경가로 명성을 떨치고 있었다. 피트에게 팀 합류를 제안한 이유를 이렇게 말했다. "피트의 작업은 놀라웠습니다. 우리의 방식과는 너무나 달라서 상호보완적이라고 생각했어요."

2000년 구스타프슨 거스리 니컬이 현상공모에서 당선되었다는 소식을 들었을 때 피트는 막중한 프로젝트를 맡았다고 느꼈다. 북미에서 하는 첫 프로젝트일 뿐만 아니라 고집 있기로 유명한 동료와 협업해야 한다는 의미였기 때문이다. 하지만 결과는 대성공이었다. 이러한 성과는 조경가와 식물전문가 사이의 상호 존중에서 비롯되었다. 구스타프슨은 이렇게 말한다. "피트는 조경가가 정원사나 원예 전문가를 바라보는 시선을 뒤바꾸었어요. 그들이 조경 프로젝트에 기여할 수 있는 바가 무엇인지 잘 알게 되었죠. 우리는 여러해살이풀 식재 방식을 제대로 이해하지 못했기 때문에 전문가 영입이 필요했습니다."

매일같이 수많은 사람이 루리 가든을 산책한다. 봄이면 구근식물이나 꽃이 피는 나무, 여름이면 만개하는 여러해살이풀, 가을이면 그라스의 물결과 야생화의 씨송이 등 다양한 식물을 감상하기 위해 발길을 멈춘다. 겨울에도 볼거리는 남아 있다. 미국 중서부에 내리는 미세한 입자의 건조한 눈은 마른 식물을 짓누르는 대신 씨송이 위에 소복이 쌓여 적어도 식물들이 완전히 묻히기 전까지는 새하얀 실루엣을 돋보이게 한다. 해마다 겨울이 끝나면 유지관리 담당자가 남아 있던 마른 식물체를 모두 잘라 낸다.

 루리 가든은 많은 시카고 시민에게 놀라운 경험을 하게 했고, 온대 기후로 알려지지 않은 장소에서 다양한 여러해살이풀이 자랄 수 있음을 보여 주었다. 지역의 수많은 자생종 식물이 정원식물로 쓰일 수 있다는 잠재성도 보여 주었다. 시카고의 라틴어 모토인 '우르브스 인 호르토Urbs in horto'는 '정원도시'로 해석할 수 있는데, 잘 관리된 공원이 많다 하더라도 도심 한복판에 여러해살이풀 중심의 공공정원이 가능하다는 사실은 정말 혁신적인 것이었다. 20세기 말 미국 중서부 지방의 문화에서 정원 만들기는 그다지 높은 비중을 차지하는 취미가 아니었다. 그러나 정원디자인의 역사는 있었다. 20세기 초반에 디자이너 빌헬름 밀러Wilhelm Miller가 프레리 식물을 정원이나 조경에 사용하도록 권장했고, 비슷한 시기에 프랭크 로이드 라이트는 프레리 학파Prairie School의 건축 양식을 주도하고 있었다. 20세기 중반 미국 조경디자인의 주요 인물로 알려진 젠스

젠슨Jens Jensen은 프레리 경관을 환기시키는 자연주의 조경을 강조했다.

　　프레리 복원과 프레리 식물을 조경에 사용하려는 움직임은 한동안 조용하지만 서서히 성장해 나갔다. 특히 시카고 서쪽 일리노이주 라일Lisle에 있는 모턴수목원Morton Arboretum에서 지금은 슐렌버그 프레리Schulenberg Prairie로 알려진 프레리 지대가 복원되기 시작한 1962년을 기점으로 자리잡아 갔다. 그런 노력은 대개 생태학자나 식재에 관해 극단적인 순수주의자 접근방식을 취하는 사람들로 한정되었다. 사실 잔디 또는 깎아 주어야 하는 그라스 대용으로 프레리 원산의 야생화를 사용하자는 사람들에게는 '정원 가꾸기'라는 개념 자체가 상당히 생소한 것이었다. 하지만 로이 디블릭은 가정정원·이용자 친화적인 경관과 자생식물 운동을 연계했고, 루리 가든 조성 과정에서 핵심 역할을 맡았다.

로이는 야외활동교사로 시작하여 공원관리직으로 옮겨 갔다. 또한 자생식물 육묘장을 운영하며 1979년에 자생종들을 처음으로 용기에 담아 판매하기 시작했다. 하지만 초기에는 관심을 보이는 이들이 거의 없었다. 그는 "길가에서 흔히 보는 식물들이었죠"라고 기억한다. "여러해살이풀이 인기를 얻기 전까지는" 대부분의 고객이 서식처 복원 일을 하는 사람들이었다. "외메 밴스위든의 동부 해안 지방 작업이 판도를 바꾸어 놓았지요. 점점 더 많은 에키나세아와 루드베키아를 팔기 시작했고, 1980년대 초반에는 수십만 개가 팔렸습니다." 1991년에 로이는 두 명의 동료와 함께 위스콘신주 제네바호수 부근에서 노스윈드 퍼레니얼 팜Northwind Perennial Farm을 시작했는데 도매 육묘장과 소매점, 정원시공·유지관리 회사로 이루어졌다. 로이의 식재디자인 방식은 유지관리의 중요성에 초점이 맞추어졌고, 그가 작업한 식재조합 공식도 유럽에서 발전하고 있는 방식과 유사했다.

피트를 만났을 때 캐스린 구스타프슨은 이미 정원의 기본 디자인 개념을 마무리한 단계였고 로버트 이즈리얼Robert Israel이 디자인한 무대 조명 계획도 포함되어 있었다. 피트는 양지바르고 탁 트인 공간인 라이트 플레이트Light Plate와 나무를 심어 그늘진 공간인 다크 플레이트Dark Plate로 구분한 정원의 개념에 들어맞게 식재디자인을 해야 했다. 다크 플레이트에는 시간이 지날수록 그늘이 더 많이 드리워질 것이므로 음지에서 잘 자랄 수 있는 종들이 필요했고, 라이트 플레이트는 햇빛이 훨씬 더 잘 드는 곳이라 양지에서 잘 자라는 종들이 필요했다. 남쪽으로는 건축가 렌초 피아노Renzo Piano가 시카고미술관의 신관인 모던 윙 Modern Wing을 디자인하는 중이었다. 캐스린은 "정원의 방향을 미술관 쪽으로 기울어지게 해서 정원 뒤쪽의 '어깨 생울타리Shoulder Hedge'라 부르는 거대한 생울타리가 무대의 배경처럼 보이게 했어요. 우리는 피트가 작업할 무대를 마련해 준 셈이죠"라고 설명했다.

구스타프슨은 피트의 디자인을 이렇게 말했다. "처음에는 뭔가 경직된 형태였는데 점차 느슨해졌어요. 시카고를 알아 가면서 점점 더 현지 사정과 맥락을 같이 하게 되었습니다. 이 모든 과정에서 로이 디블릭의 역할이 아주 컸다고 생각해요." 디블릭은 이렇게 회상한다. "2001년 7월에 팩스를 받았는데 피트가 방문할 거라고 했어요. 존 코크와 함께 왔는데 9·11 테러가 터진 무렵이었죠. 피트가 루리 가든 도면을 작업대 위에 펼치던 순간이 아직도 생생합니다. 지금까지 그런 건 미국 중서부 지방 어디서도 본 적이 없다는 사실을 즉각 깨달았죠. 식물 리스트를 훑어 보며 잘될 식물과 잘 안될 식물을 확인했어요. 대체할 식물 없이 2만8000개 식물이 필요했는데 제게 그 일을 부탁했죠. 재배가 쉬운 식물은 다른 사람에게 맡기고 키우기 힘든 식물은 제가 직접 준비했습니다."

루리 가든의 주 공간인 라이트 플레이트는 탁 트이고 햇빛이 잘 드는 곳이다. 금속과 유리 재질의 시카고 중심의 건물들로부터 충분히 떨어져 있어서 이러한 건물들이 위압적으로 느껴지기보다 정원의 배경 역할을 해 준다. 지반은 마치 중서부의 경관처럼 완만하게 경사지는데, 이런 지형이 피트의 식재를 더욱 돋보이게 한다. 생태학자의 입장에서 피트의 정원은 자연의 프레리를 양식화해서 표현하는 것이겠지만 시카고 시민들에게는 왠지 낯설지 않은, 더 넓은 자연으로 도피하는 것 같은 느낌을 선사했다. 사용된 식물종 가운데 많은 부분이 프레리 자생종이라는 점, 그리고 꿀을 먹으러 오는 나비나 여러해살이 풀의 씨송이를 찾는 새들도 그런 느낌을 더욱 강하게 해 주었다.

루리 가든은 다른 여러 가지 이유로 식재디자인에서 중요한 의의를 지닌다. 사실 루리 가든은 인공지반 위에 조성된 옥상정원으로 식재지반의 깊이가 작게

는 45센티미터 크게는 120센티미터다. 하부 지하주차장의 지붕 역할을 하는 콘크리트 슬라브층 윗면에 이러한 지반층이 조성된 것이다. 전적으로 인공지반 위에 조성되는 대규모 도시 정원이 점점 더 늘어나고 있는데, 루리 가든이 그런 하나의 예다. 루리 가든의 복잡한 식재 계획을 보면 조경디자인이 얼마나 많이 변화했는지를 알 수 있다. 그에 비하면 1965년에 저명한 조경가 댄 카일리Dan Kiley가 디자인한 몇백 미터 떨어진 곳에 있는 시카고미술관의 정원은 꽤 경직된 느낌에 평범해 보인다.

스웨덴 엔셰핑의 드림파크에 만든 살비아 강이 큰 인기를 얻자 피트는 여기에도 비슷한 시도를 해 보고 싶었다. 대부분의 꽃이 아직 피기 전인 초여름에 보라색 꽃과 파란색 꽃이 어우러져 물결치는 모습은 라이트 플레이트에 극적인 효과를 준다. 피트는 "보통은 한 번 했던 디자인을 반복하기 싫어하는데 여기서는 그렇게 했어요"라고 말했다. 대중의 관심을 끈다는 측면에서 분명히 올바른 선택이었다.

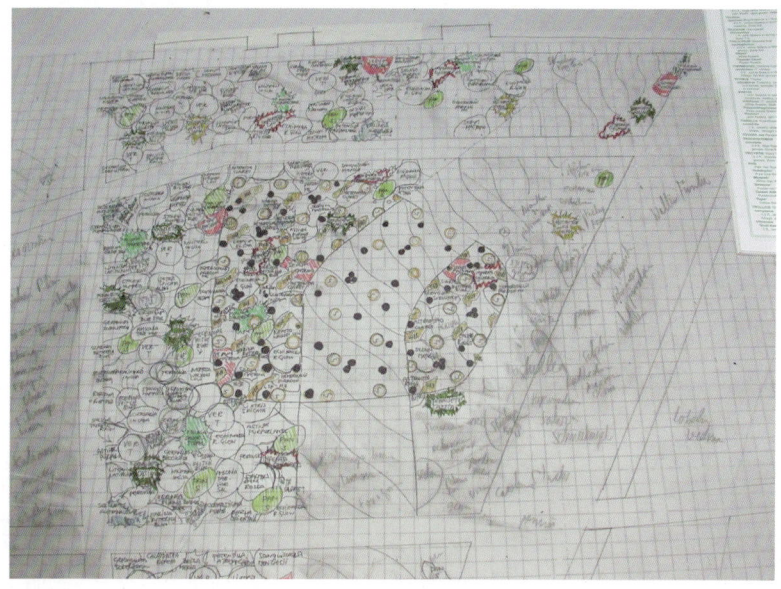

루리 가든의 공사 현장과 식재 도면
다음 페이지에 이어지는 사진들은 정원의 계절 변화를 보여 준다.

해외 정원 작업

해외 정원 작업

분산식물

피트는 1990년대 말부터 분산식물을 활용하는 접근법을 발전시키기 시작했고 대부분의 프로젝트에 포함시켰다. 피트가 분산식물을 쓰기 전에 디자인했던 프로젝트인 펜스소프 정원을 재정비하기 위해 2008년에 그곳에 다시 들렀을 때 헬레니움 '루빈츠베르크'*Helenium* 'Rubinzwerg', 미역취 '골든 레인'*Solidago* 'Golden Rain', 대왕금불초 '조넨슈트랄'*Inula* 'Sonnenstrahl', 그리고 몰리니아 세룰레아 아룬디나세아 '트랜스패어런트'*Molinia caerulea* ssp. *arundinacea* 'Transparent' 등의 식물을 분산식물로 자신 있게 추가했다. 기본적으로 분산식물은 블록식재에서 식물 블록들 사이사이나 바탕식재 전반에 식물을 하나씩 또는 아주 작은 그룹으로 배치한다. 이렇게 하면 패턴의 규칙성을 깰 수 있다. 보통 식물들의 분포는 무작위에 가까운데, 분산식물은 다음과 같은 여러 기능을 담당한다.

- 식재의 어떤 한 부분을 다른 부분과 이어 주며 때로는 화단 전체에 강한 통일감을 주는 역할을 할 수 있다. 예를 들어 베니스의 지아르디노 델레 베르지니*Giardino delle Vergini*에서 작업한 식재는 여러 종의 식물이 화단 전체에 걸쳐 비교적 균일하게 분포하며 분산식물의 역할을 맡았다.
- 한 구역을 정원의 나머지 구역과 분리시키며 시각적으로 경계를 뚜렷이 할 수 있다.
- 식물 블록의 덩어리진 느낌을 풀어 줄 수 있다. 트렌텀에서는 밥티시아 아우스트랄리스 *Baptisia australis*와 몇몇 다른 식물들을 작은 규모로 심어서 뜻밖의 즐거움을 더했다.
- 바탕식물이 주를 이루는 구역에서 예기치 않게 시선을 사로잡는 관심의 초점이 될 수 있다. 분산식물은 하이 라인에서 중요한 역할을 하는데, 특히 초원지대 구간의 그라스 바탕식재에서 흥미 요소를 제공한다.
- 분산식물은 보통 개화 전후로는 볼 수 없었던 화사한 색이나 도드라지는 구조로 대비 효과를 주기도 한다. 헬레니움 '루빈츠베르크'가 이런 역할을 잘하는데, 60~80센티미터 높이에 다홍색 단추 같은 꽃이 눈을 사로잡기 때문이다.
- 분산식물은 식재된 식물들의 주요 개화기를 봄이나 가을로 잡아 디자인한 경우 나머지 계절에 흥미를 제공하기 위해 사용될 수도 있다.
- 버지니아냉초*Veronicastrum virginicum*처럼 오랫동안 구조적인 흥미를 제공할 수도 있다.
- 분산식물은 짧은 기간 동안 매력적인 색이나 형태를 더하기 위해 사용된 후에 곧바로 휴면기에 들어가는 식물일 수도 있다. 오리엔탈양귀비*Papaver orientale* 품종들이 이런 효과를 주기 위해 바트 드리부르크*Bad Driburg*, 2008나 루리 가든에서 사용되었다. 구근식물도 같은 방식으로 사용할 수 있다.

뉴욕 하이 라인에서 분산식물로 사용된 에키나세아

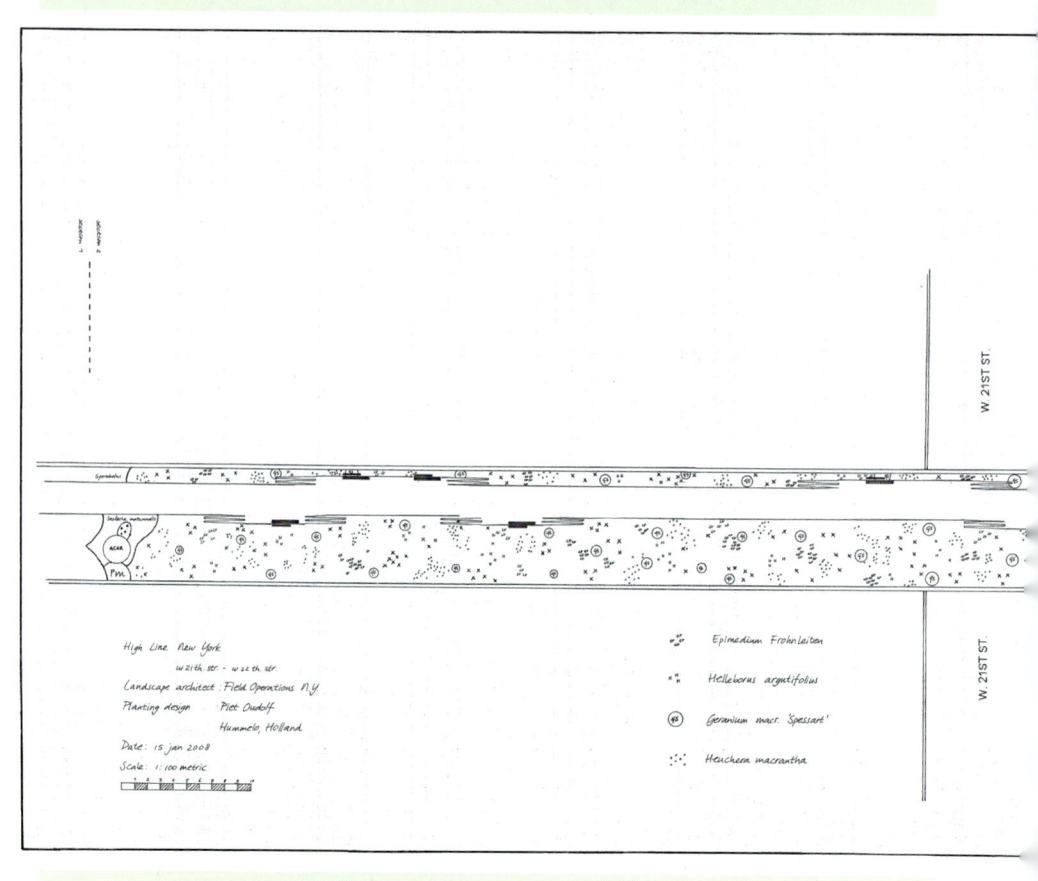

분산식물의 분포를 보여 주는 하이 라인의 일부 구역 도면

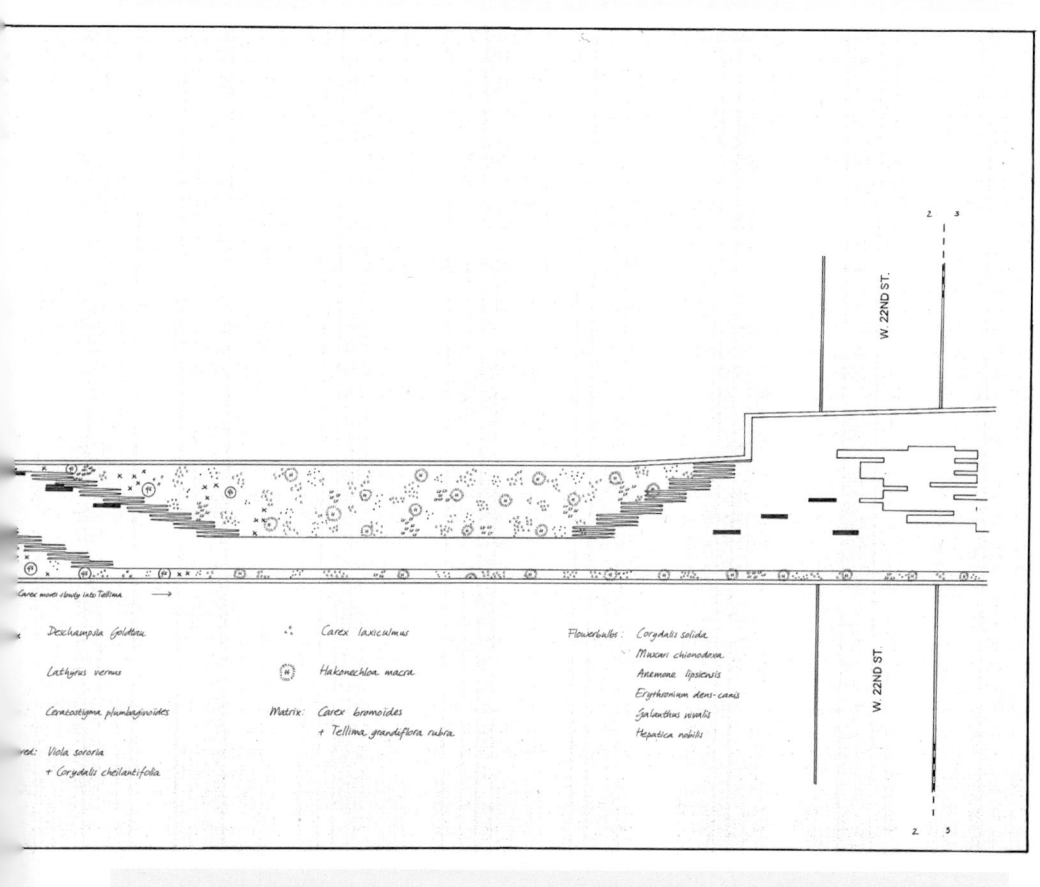

북미 식물로 작업하기

루리 가든을 준비하면서 피트는 북미 프레리 식물상을 접하게 되었다. 피트뿐만 아니라 여러해살이풀을 사용하는 사람이라면 누구나 유럽에서 사용하는 수많은 식물이 북미 원산이라는 사실을 알고 있다. 하지만 아스테르, 에키나세아, 해바라기, 미역취 등의 식물들이 한 세기 전에 유럽에 도착한 이래로 줄곧 정원에 심어 온 정원사들조차 이런 식물들이 야생에서는 어디서 자라는지, 다른 곳에서 자라는 다양한 형태에 비해 실제로 재배 중인 식물의 수는 얼마나 소수에 불과한지 거의 깨닫지 못하고 있었다. 로이 디블릭은 피트를 프레리 서식처로 데려갔던 때를 회상하며 이렇게 이야기한다. "2002년에 피트를 슐렌버그 프레리로 데려갔어요. 피트는 거기에 푹 빠져 버렸죠. 아주 감격적인 순간이었습니다. 밥티시아 류칸타 $^{Baptisia\ leucantha}$의 꽃이 지천으로 핀 모습에 강렬한 인상을 받았습니다. 그 후로 루리 가든 디자인에 밥티시아나 에링기움처럼 더 많은 자생종을 추가하며 디자인을 수정했어요. 피트가 가을에 다시 안야와 함께 왔는데 그때는 시카고 남쪽에 있는 마컴 프레리 $^{Markham\ Prairie}$를 방문했습니다. 리아트리스 ^{Liatris}의 꽃이 무리 지어 핀 모습을 보았죠."

그때부터 점점 더 많은 북미 식물이 피트의 디자인에 등장하기 시작했다. 유럽의 다른 디자이너나 정원사 들도 거의 유사한 시기에 비슷한 발견을 하기 시작했다. 이는 아마도 재발견이라고 표현하는 게 더 적합할 것이다. 20세기 초반에도 이러한 식물들에 관해 비슷한 관심이 있었기 때문이다. 밥티시아나 베르노니아 ^{Vernonia} 같은 속의 식물들이 판매되었지만 결코 인기를 끌지 못했고, 제2차 세계대전 이후에는 육묘장에서 사라져 버렸다가 이제 다시 재배되며 적극적으로 홍보되고 있기 때문이다. 이 무렵 특히 영국과 독일에서는 도시 지역에서 관리 요구도가 낮고 야생생물에 친화적인 식재 방식으로 프레리 식재가 관심을 받기 시작했다. 결정적으로 미국인 역시 자국 식물상의 아름다움과 가치를 재발견하기 시작했다. 루리 가든은 이러한 움직임을 불러일으킨 동시에 그 현상을 잘 반영해 주는 곳이었다. 로이는 "시카고를 뒤흔들어 놓았죠"라고 말한다. "처음 조성되었을 때는 특히 많은 조경가가 그다지 마음에 들어 하지 않았습니다. 어떻게 받아들여야 할지 몰랐던 거죠. 하지만 이제는 모든 사람이 좋아하고 루리 가든을 시카고에서 가장 아름다운 곳이라고 말합니다."

피트 아우돌프의 디자인에 사용된 두 종류의 북미 식물
위: 소르가스트룸 누탄스 *Sorghastrum nutans*
아래: 아스테르 '헤르프스트베일더' *Aster* 'Herfstweelde'

원거리 유지관리

루리 가든의 첫 번째 원예 책임자는 콜린 로코비치Colleen Lockovitch였다. 그는 "피트를 2005년에 처음 보았습니다. 이 일을 시작한 지 몇 달 후였죠. 피트가 시카고로 첫 점검을 하러 온 때였습니다. 이메일로 미리 연락을 주고받기는 했지만 무척 긴장했어요. 루리 가든에서는 2년마다 피트가 점검을 하러 오도록 예산을 잡았지요"라고 말했다. 물론 이것은 공공정원의 입장에서는 매우 드문 일이다. 2010년 3월부터 콜린의 뒤를 이은 제니퍼 대빗Jennifer Davit은 피트와 긴밀하게 연락하며 일을 해 나갔다. 공공정원이나 개인정원 할 것 없이 대부분의 정원에서 일반적으로 진행되는 것에 비해 훨씬 자주 연락을 이어 갔다. 결과적으로 루리 가든은 디자이너의 감독 아래 지속적인 변화가 가능했다.

제니퍼는 이렇게 말한다. "매달 이메일로 연락합니다. 영상통화도 규칙적으로 하고요." 정원 도면 위에다 '이 식물은 잘 안되니 바꾸고 싶다', '이 식물은 2주가 지나면 볼품없다' 같은 메모를 적어 보냅니다. 피트는 자신의 의견을 적어 답을 주지요. 때로는 사진을 보내기도 합니다. 피트가 방문할 때는 의논할 구역을 함께 돌아봅니다. 디자인 의도가 조금씩 흐려지는 구역이나 식물이 자리를 이탈해서 움직이는 경우가 그런 구역에 속합니다. 계절별 사진을 미리 보냅니다. 어느 구역을 이야기하는지 알기 쉽도록 정원을 화단별로 나누어 구분해 줍니다. 피트가 제안을 해 주면 저는 열심히 받아 적어요."

제니퍼도 잘 적응하지 못하는 식물을 대체할 새로운 식물을 적극적으로 제안했다. 육묘장들이 대단히 풍부한 자생종으로부터 우수하고 튼튼한 새 품종을 찾아내면서 미국의 식물 팔레트는 급속도로 변화하고 있었다. 예를 들어 베르노니아 '아이언 버터플라이'Vernonia 'Iron Butterfly' 같은 품종은 직원인 로라 영Laura Young의 제안으로 발견했다고 기억한다. "아주 좋았어요. 그래서 자연발아가 지나치게 심한 등골나물 '초콜릿'Eupatorium 'Chocolate'을 대체할 식물로 제안을 했죠. 키도 비슷하고 개화기도 같았어요. 피트도 동의했지요. 하지만 어떤 경우에는 너무 평범한 식물이라며 받아들이지 않기도 합니다. 로이 디블릭도 시도해 볼 만한 식물을 추천해 줍니다. 미역취 '위치토 마운틴스'Solidago 'Wichita Mountains'는 곧게 자라며 개화가 늦은 편이고 건조에도 아주 강합니다."

시간이 지나면서 정원의 조건도 변화하는데, 피트와 함께하는 작업의 의미는 그러한 변화의 기회를 활용하는 것이라는 사실을 제니퍼는 잘 알고 있다. 제니퍼는 또 이렇게 설명한다. "최초 디자인 의도는 잘 유지하지만 처음 도면에 비해 정원은 조금씩 발전하고 변화합니다. 지금 성공적으로 잘 자라는 많은 식물이 처음에는 그렇지 않았을 수도 있거든요. 처음에는 모든 식물에 물을 주었는데 과습에 민감해 보이는 아가스타케 루페스트리

루리 가든의 원예팀장이자 디렉터인 제니퍼 대빗과 팀원들

스*Agastache rupestris*나 다북떡쑥*Anaphalis* 종들처럼 어떤 식물은 살아남지 못했어요. 만약 처음부터 그런 식물들의 특성을 파악해서 물을 주었다면 아마 잘 자랐을지도 모른다는 사실을 이제야 깨달았죠. 이런 사실을 발견하면 새롭게 시도할 수 있는 식물 범위를 넓혀 주기 때문에 아주 재미있습니다."

정원이 성장하면서 식물도 씨앗을 흩뿌리며 자연발아가 일어나기 때문에 때로는 문제가 될 수 있다. 어떤 종은 제거해야만 하고 다른 종은 꽃이 시들면 바로 잘라 주어야 한다. 하지만 이런 점 역시 정원이 더 좋아질 수 있는 기회를 제공한다. 앤드루스용담*Gentiana andrewsii*이 그런 식물에 해당한다. 제니퍼는 이렇게 설명한다. "앤드루스용담은 멋진 식물이지만 툭하면 쓰러지기 쉬워 다른 식물의 지지가 필요해요. 처음에는 단일종을 무리 지어 심었는데 잘 자라긴 했지만 시각적으로 좋아 보이지 않았죠. 다행히 자연발아가 일어나기 시작하면서 이웃 식물의 지지를 받는 곳으로 옮겨 심을 수 있었어요."

위: 본 가든
아래: 2002년 네덜란드 플로리아드에 설치된 피트 아우돌프 전시 정원

제약이 창의적 해법을 제시하다

디자이너들은 경력이 쌓이면서 더 큰 규모의 프로젝트를 맡을 기회가 주어진다. 공공 프로젝트의 경우라면 점점 더 많은 사람의 사랑을 받을 수 있다. 문제는 규모가 큰 프로젝트일수록 개인정원에서 잘 되었거나 더 작은 식물 팔레트만으로도 성공적이었을 아이디어를 똑같이 적용해 볼 기회가 주어지지는 않는다는 점이다. 피트가 루리 가든 작업을 하던 시기에 네덜란드에서 디자인한 중간 규모의 정원 하나는 제한된 장소에서 어떤 일이 가능한지를 실험해 볼 기회를 그에게 제공했다. 건축가 피트 본Piet Boon의 주택정원이었다. 피트는 이렇게 회상했다. "그는 저에게 모든 자유를 허용했지만 저는 아주 강하고 개성 있는 그의 건축 스타일에 어울리게 디자인하고 싶었습니다. 대담하고 모던했지만 네덜란드의 전통은 분명히 드러나게 했어요." 정원 부지는 탁 트인 전원 지대의 변두리에 위치한 곳이었다. 장방형 풀장 양옆으로 대규모의 스포로볼루스 그라스 블록을 정형적으로 배치하고 그 가장자리에 여러해살이풀을 심어 정원이 주변 환경과 잘 어우러지도록 디자인했다. 본은 자신이 디자인한 다른 주택들의 정원디자인도 계속 피트에게 의뢰했다.

규모는 작지만 보석 같은 또 다른 식재가 비슷한 시기인 2002년에 로테르담의 류머티스 환자 요양원에 만든 치유정원에서 드러났다. 피트는 앉아서 쉴 수 있는 자리를 넉넉히 마련해서 편히 휴식할 수 있는 환경을 디자인했다. 디자인은 강렬하지만 관리하기 쉽게 만드는 게 핵심 개념이었다. 10년마다 열리는 플로리아드가 같은 해에 하를레메르메이르Haarlemmermeer에서 열렸다. 피트는 조경가 닉 로젠Niek Roozen의 총괄 지휘 아래 입구, 호숫가, 숲지대의 지피층 등을 포괄하는 전시장 주변 핵심 공간에 헤인 코닝언, 자클린 판데르클루트와 함께 화단을 만들었다. 디자인 설명에 따르면 다른 식물과 어우러진 여러해살이풀들이 어떻게 최소한의 관리만으로도 긴 시즌 동안 보기 좋게 유지될 수 있는지를 보여 주고자 했다. 피트는 두 개의 화단을 만들었는데, 하나는 해가 잘 드는 곳이고 다른 하나는 가볍게 그늘지는 곳이었다. 이 화단들 덕분에 피트는 배터리 디자인 의뢰를 받게 되었다.

훨씬 규모가 큰 곳으로는 2002년 어느 룩셈부르크 은행 콘퍼런스 센터에 만든 정원이다. 과거 농장에 있던 오래된 농가에 조성한 정원으로 싱그럽고 목가적인 풍경이 넓게 펼쳐지는 것이 특징이다. 기존의 정원이 제대로 성숙해질 무렵 피트가 디자인 의뢰를 받았다. 그 정원은 1998년부터 영국인 정원사 폴Paul과 폴린 맥브라이드Pauline McBride 부부를 고용해서 관리했다. 그들은 화단들과 장막처럼 줄지어 선 생울타리 식재에 초점을 맞추었다. 피트가 할 일은 기존의 정원과 그 너머의 전원 풍경이 자연스럽게 이어지도록 전이 식재를 하는 것이었다. 대규모의 화단이 그 답이었다. 마지막 완성 단계에 이르자 그 규모는 길이 150미터, 평균 폭 10미터, 전체 면적 약 5000제곱미터에 달했다. 엄청난 규모를 감안하면, 특히 잡초 제거 같은 유지관리를 생각하면 놀라움을 금치 못할 것이다. "이런 식재는 전통적인 정원에서 필요한 노동력의 35퍼센트 정도밖에 들지 않아요. 소나무 껍질로 바닥을 덮어 준다면 더 줄어들 겁니다." 피트의 세심한 디자인 덕분에 유지관리가 쉬워졌다는 사실이 입증되었다. 맥브라이드 부부의 의견도 일치했고, 그들은 7년 후 영국으로 돌아가 훨씬 더 큰 규모의 여러 화단으로 구성된 정원을 만들었다. 현재 맥브라이드 부부는 이 정원에서 서식스 프레리스Sussex Prairies라는 이름의 회사를 운영하고 있다.

스무 해 동안 이루어진 발전

2002년에 후멜로 육묘장은 20주년을 맞았다. 마을 이웃이라고 해봤자 이런 시골이라면 고작 여섯 가족 정도에 그치지만 모두 함께 혼인이나 다른 특별 행사 때마다 하는 지역 전통에 따라 전날 밤 입구의 길목을 장식했다. 피트는 이제 디자이너로서 뿐만 아니라 후멜로 주민으로서도 안정적으로 자리를 잡았다. 비슷하게 성공한 다른 사람들이었다면 아마 사무실을 차리거나 가까운 도시에 스튜디오를 열었을 것이다.

하지만 피트는 결코 정식 직원을 채용할 생각이 없었다. 대신 특정한 프로젝트가 있을 때마다 일정 기간 일을 도와줄 수 있는 사람들을 고용했다. 피트는 이렇게 말했다. "가끔 직원을 두고 싶은 마음이 생길 때가 있었지요. 하지만 장기간 일할 유능한 인재는 도시에서 구하기가 훨씬 쉽습니다. 많은 젊은이가 바쁘게 사회생활을 하는데 시골 후멜로에서는 그런 여건을 제공할 수가 없어요. 사람을 잘못 선택할지도 모른다는 두려움도 있었어요. 저는 일단 직원을 고용했다가 해고해 버리는 그런 류의 사람은 아니거든요."

피트를 분석한 로지 앳킨스에 따르면 사무실이 없다는 점도 피트가 디자이너 이전에 예술가라는 사실을 보여 준다고 한다. 페테르 파울 루벤스Peter Paul Rubens에게 그림을 대신 그려 준 조수 화가가 있었다는 사실은 유명하고, 수많은 현대 조각가가 세우고 깎고 용접하기 위해 사람을 쓰고 있다. 하지만 실제로 대부분의 예술가는 그렇게 하지 않으며, 할 수도 할 계획도 없다. 창의적인 작업은 개인의 일로 결코 남에게 맡길 수 없다. 피트는 프로젝트에 참여한 다른 방면의 책임자들과 함께 일하는 것을 아주 만족스러워 한다. 필요한 식물 개수 계산, 식물 수급, 또는 프로젝트가 진행될 현장 조건 평가, 그리고 현장 식재 등의 작업에 필요할 경우 사람을 고용한다. 하지만 작곡가가 다른 이에게 작곡 일을 떠넘길 수 없듯이 디자인 과정은 결코 남에게 맡길 수 없다. 로지는 "피트는 함께 일하는 직원이 없어요. 독특한 작업 방식이죠. 나름의 독창적인 방식으로 협업하는 걸 좋아하지만 직원을 두는 것은 원치 않습니다. 그들을 책임지고 싶지 않은 거죠. 디자인 스튜디오를 운영하지 않는 것도 그런 맥락에서입니다"라고 설명한다. 피트가 다른 디자이너들과 대화를 나눌 때 로지가 함께한 적이 있었다. 피트가 회사 운영의 부담에서 자유롭다는 사실을 알게 되었을 때 그들이 "다소 부러워하는 듯한" 표정을 보였다고 했다.

식재디자인은 아주 전문적인 기술이며 생명이 없는 소재로 디자인하는 일과는 매우 다르다. 대규모 공공정원에서 피트가 성공을 거두는 이유는 그가 기꺼이 한 팀의 일원으로 작업하기 때문일 것이다. 2000년 이후로 디자인 의뢰가 점점 더 복잡해지기 시작하자 피트는 다른 사람들에게 의지하는 것을 배워야 했다. 실제로 디자인 전문가들과 창의적 프로젝트의 기술적인 부분을 담당하는 사람들 사이의 협업이 점점 더 중요해지고 있다. 피트는 "협력이 잘 되니까 건축가들과 일하는 걸 좋아해요. 제 작업은 여전히 제 작업이죠. 하지만 다른 사람들의 작업과 병행하는 경우가 점점 늘고 있어요. 예를 들어, 조경가들이 기반시설과 시설물·포장을 디자인하지요. 그들의 작업이 제 작업의 일부가 되기도 하고 반대로 제 작업이 그들 작업의 일부가 되기도 합니다"라고 말한다.

"네덜란드에서는 함께 작업하는 조경가가 몇 있어요. 제가 같이 일을 하자고 제안해서 전체적인 계획을 구상하면 그들은 기술적인 측면을 맡아요. 처음 구상이 현실화되는 과정에서 달라지는 경우가 많기 때문에 변경된 사항을 감안하여 저는 최대한 늦게 식재디자인을 합니다. 하지만 하이 라인의 필드 오퍼레이션스와 했던 협업의 경우처럼 하나의 팀으로 작업할 때에는 디자인을 끝내기도 전에 정원 도면을 먼저 달라는 요청을 받는 경우가 있어요. 그럴 경우 서너 번씩 다시 디자인해야 합니다. 물론 초기 아이디어를 바탕으로 작업하기는 하지만 수많은 부분을 다시 손보아야 하지요."

보통 피트는 진행 과정이 각기 다른 스무 개의 프로젝트를 동시에 작업하는데, 그중 절반 정도는 보류 상태일 것이다. 대부분의 공공 프로젝트를 포함하여 어떤 작업은 초기 개념 단계부터 완성까지 몇 년이 걸리기도 하고 경우에 따라 5년에서 10년이 걸리기도 한다. 요즘은 한 해에 여덟 개 정도의 프로젝트를 완성한다고 한다. 성공적인 디자인 사업을 일구어 낸 여느 사람들처럼 피트는 프로젝트를 거절하는 방법도 터득했다. 의뢰를 받아들일 때면 언제나 조심하는 편이다. 로지 앳킨스는 한 여성이 피트에게 말했던 일화를 기억한다. 그가 "저희 집에 와서 정원을 좀 만들어 주세요. 식구들이랑 주말에 한번 들르시죠"라며 계속 성가시게 굴자 피트는 "친구는 많으니 됐어요"라고 응수했다고 한다.

아일랜드 웨스트 코크에 있는 개인정원의 여러 풍경

해외 정원 작업

배터리

2002년 피트는 비영리단체 배터리 컨서번시Battery Conservancy로부터 의뢰를 받았다. 배터리는 뉴욕시에서 가장 역사적인 장소 중 하나이며, 시민들이 지속적으로 이용하는 가장 오래된 공공공간 중 하나다. 이곳을 보존하고 개선하는 일에 관여하는 단체가 바로 배터리 컨서번시다. 네덜란드 정착자들은 니우 암스테르담Nieuw Amsterdam 군구를 보호하기 위해 1623년 맨해튼 가장 남쪽 끝에 있는 이곳에 기관포를 설치했었다. 하지만 20세기 말, 특히 1970년대에 경기침체가 일어나자 약 10만제곱미터 규모의 배터리는 활력을 잃게 된다. 배터리 컨서번시는 뉴욕시 공원 여가 부서와 협력하여 배터리를 복원하고 재생하기 위한 계획을 수립한다.

배터리는 이미 전통적인 조경 방식으로 조성된 공원 부지에 작업을 하게 되었다는 점에서 피트에게는 꽤 이례적인 프로젝트였다. 이는 공익을 위한 단체를 조직하고, 모금 활동을 펼치며, 목표 달성을 위해 시간과 비용을 기부하는 열정적인 아마추어 집단과 긴밀하게 협력해야 한다는 것을 의미했다. 배터리 컨서번시는 뉴욕에서 공동체 중심의 도시계획을 주도하는 워리 프라이스가 이끌고 있다. 워리 프라이스는 "열여덟 살부터 레이디 버드 존슨Lady Bird Johnson을 멘토로 두고 영감을 받았다"고 한다. 존슨 여사는 1960년대와 1970년대에 자생식물을 장려하는 가장 영향력이 있던 사람 중 한 명이다[1]. 자원봉사자들도 공원의 유지관리를 보조했고 실제로 계획 과정에서 피트와 도시 근로자들을 도왔다. 조경회사 사라토가 어소시에이츠Saratoga Associates에서 식재를 제외한 조경을 담당했다. 프로젝트의 첫 단계였던 추모의 정원Gardens of Remembrance은 2003년에 완공되었는데, 2001년 9·11테러 희생자와 그 가족들을 기리기 위한 정원이었다. 프로젝트의 다른 단계는 교목으로 구획된 배터리 보스케Battery Bosque라는 이름의 나무숲 하부식재로 2005년에 완공되었다. 흔히 그렇듯 하나의 일은 더 많은 일과 이어지는 접점이 된다. 배터리 프로젝트에 참여한 피트는 이를 계기로 뉴욕에서 더 많은 작업을 펼치게 된다.

워리 프라이스는 피트가 조경회사 구스타프슨 거스리 니컬과 함께 루리 가든 작업 의뢰를 받았을 때 그를 처음으로 만났다. 프라이스는 이렇게 말했다. "피

위, 뒤: 맨해튼 남쪽 끝에 있는 배터리 전경

트를 만나기 위해 비행기를 타고 네덜란드로 갔죠. 후멜로 정원에 가서 피트와 안야를 만났어요. 피트와 악수를 했는데 손이 무척 컸습니다. 피트는 숫기가 없다기보다 과묵한 사람이었어요. 하지만 손이 땅에 닿는 순간에는 아무런 거리낌이 없었죠. 저에게 많은 식물을 소개했고 직접 육종한 여러 품종들도 보여 주었어요." 피트는 워리와 상당히 오랜 시간을 보냈다. 수년간 계속될 프로젝트를 위한 토대로 개인적 관계를 형성하는 데 필수적인 단계이면서, 동시에 프라이스와 배터리 컨서번시가 원하는 게 무엇인지 이해하기 위해 필요한 단계였다. 워리는 어떻게 "크뢸러뮐러미술관Kröller-Müller Museum12을 가게 되었는지" 이야기했다. "피트가 어떤 것을 '하지 않는지', 또한 제가 주변 상황에 어떻게 미적으로 반응하는지 알아내기 위해서였죠. 우리는 엔셰핑도 여행했어요. 피트가 디자인한 다른 공공정원을 보는 것도 중요한 일이었거든요." 또 워리는 2002년 플로리아드에도 다녀왔는데, 그곳에 전시된 정원들 중 하나였던 피트의 디자인이 뉴욕 배터리 보스케 작업에 영감을 주었다고 여긴다.

세계무역센터와 인접한 부지 조건과 프로젝트의 기념적 성격을 고려했을 때, 공원 안내·설명 자료에는 식물들의 상징적 가치가 크게 강조되었다. 방문객들이 살아 있는 식물들을 부활과 회복의 상징으로 볼 수 있도록 말이다. 공원과 배터리 컨서번시는 2012년 10월 29일 허리케인 샌디가 강타하여 4미터에 달하는 파도가 공원을 덮쳤을 때도 일련의 복원 작업을 해야만 했다. 공원은 완전히 잠겼고 그다음 주에 또 다른 폭풍이 불어 닥쳐 공원의 조경이 훼손되었다. 홍수에도 불구하고 대부분의 식물은 살아남았지만, 배터리 컨서번시 사무실이 물에 잠겼을 때 많은 기록이 소실되었다.

    뉴욕 시민들뿐만 아니라 스태튼Staten섬으로 가는 여객선을 타거나 자유의 여신상을 보러 가는 많은 여행객이 배터리를 방문한다. 식물의 이름을 알고 싶어 하는 사람들이 많았기 때문에 배터리 컨서번시는 식물의 위치와 핵심 정보를 담은 안내 책자도 준비했다. 이 안내 책자는 세계 최초로 잘 찢어지지 않고 내후성이 뛰어난 합성지로 제작되었다.

    피트의 아들 피터르는 뉴욕시가 피트에게 디자인을 의뢰했다는 사실로 아버지가 직업적으로 성공가도를 걷게 되었을 뿐만 아니라 실제로 영향력이 큰 사람이 되었음을 확신할 수 있었다. 피터르는 내게 "이제야 모든 게 한눈

2002년 뉴욕 배터리
위: (왼쪽부터) 추모의 정원 책임 정원사인 시그리드 그레이Sigrid Gray, 워리 프라이스, 피트 아우돌프
아래: 2002년 뉴욕 배터리 전경

아이디어를 나누다

정원사들은 대체로 인심이 좋은 편이다. 정원을 가꾸는 친구나 동료를 방문하면 흔히 땅에 있는 식물을 캐내어 포기를 나누어 주거나 씨앗통에 담아 둔 마른 씨송이를 흔들어 씨앗 한 줌을 봉투에 담아 준다. 진정한 정원사는 식물과 아이디어를 기꺼이 나눈다. 피트는 이러한 태도에 딱 부합하는 사람이다. 요이스 하위스만은 "영국의 많은 육묘인이 후멜로에 들른다면 피트가 기른 여러 식물을 공짜로 들고 떠나게 된다. 피트와 안야는 너그러운 성격이다"라고 했다.

하지만 피트는 한 단계 더 나아가 자신의 도면에 관해서도 관대한 태도를 보여 주었다. 정원·조경전문가들은 피트가 자신의 도면을 자유롭게 나누어 주는 모습에 몹시 놀라곤 한다. 나 역시 피트를 만난 아주 초기에 그의 도면으로 가득 찬 서류철을 들고 떠났다. 물론 이렇게 할 수 있는 이유는 피트가 각각의 도면을 한순간에 찍은 스냅샷처럼 여겨서 다음 도면은 결코 똑같지 않기 때문이다. 그는 그 도면들은 다시 사용하지 않을 것이다. 배터리의 워리 프라이스는 이렇게 기록하고 있다. "우리는 정원 안내 책자를 만들었는데 피트가 책자에 수록할 도면을 주었어요. 저는 피트에게 도면을 복사해도 괜찮은지 물었죠. 사람들이 마구 복사할지도 모른다고 지적하자 피트는 나누어 주는 게 좋고, 자신에게는 늘 새로운 아이디어가 있다고 대답하더군요."

정원 분야에 활동하는 여느 전문가처럼 피트는 자주 강의를 하면서 자신의 아이디어를 전파한다. 사진을 잘 찍기 때문에 그가 참여하는 행사는 강연만큼이나 눈을 즐겁게 해 준다. 하버드대학교 디자인대학원 Harvard's Graduate School of Design에서도 조경 강의를 했고, 미국·영국·오스트리아·모스크바 등 여러 곳에서 워크숍을 이끌었다. 나도 피트와 함께 후멜로에서 여러 워크숍을 진행했다. 피트는 2012년 셰필드대학교 조경학과에 객원교수로 초빙되어 그곳에서 정기적으로 강의를 하고 있다.

스태퍼드셔주Staffordshire에 있는 트렌텀 가든 조성 초기의 모습

에 보이네요. 되돌아 보면 지난 세월 아버지가 육묘장에서 했던 모든 일이 기억납니다. 아버지는 다른 디자이너에게는 없는 지식이 있었어요. 식물을 길러본 경험과 좋은 디자인 감각이 있으면 뛰어난 능력을 갖출 수 있는 법이죠. 아버지가 그랬던 것처럼요. 1990년대까지 아버지는 여름 시즌에는 돈을 벌었지만 겨울이면 바닥이 났죠. 때로는 큰 스트레스를 받기도 했어요. 정원 옆 도로에 주차된 그 많은 차를 보면 분명히 식물 판매가 잘 되고 있다고 생각할 수 있죠. 하지만 운영을 계속하려면 결국 많은 투자가 필요했어요. 마지막 10년이 큰 도움이 되었죠"라고 말했다.

2000년대 초반에 피트가 제대로 자리 잡았다는 사실은 분명했다. 하지만 어쩔 수 없이 '개척시대'의 특별한 느낌은 사라졌다. 피터르는 "당시 후멜로에는 특별한 느낌이 있었죠. 다른 어느 곳에서도 구할 수 없는 식물들을 후멜로에서는 구할 수 있었거든요. 유별난 관심을 가진 사람들이 몰려왔습니다. 2000년에 다들 똑같은 식물을 팔기 시작하면서 상황이 완전히 바뀌었어요. 그 후로는 그 특별한 느낌은 더 이상 되살아나지 않았죠. 그냥 당연한 일이 되어버렸으니까요"라고 말했다.

트렌텀 이스테이트: 영국 미로

피트는 2000년 첼시 플라워 쇼에서 프랑스 와인 회사의 후원을 받아 정원을 만들고 있던 영국 조경디자이너 톰 스튜어트스미스를 만났다. 피트는 이렇게 기억한다. "우리는 친구로 여러 번 만났는데, 어느 날 톰이 저에게 잉글랜드 트렌텀에서 작업을 하는데 도와달라고 부탁했어요." 특히 성공적이었던 협업의 시작이었다. 이러한 협업은 피트의 전형적인 작업 방식이기도 하다. 피트는 협업 과정에서 서로 양립할 수 있는 비전과 일관된 디자인을 위해 충분한 토론을 거치지만 그 외에는 스스로 작업을 진행해 나간다. 톰은 이렇게 회상한다. "저는 피트가 디자인하는 공간 사이에 샌드위치처럼 끼어 있는 공간을 담당했죠. 제가 맡은 공간 양쪽으로 피트가 작업을 했으니까요." 트렌텀 이스테이트Trentham Estate는 18세기 란슬롯 '케이퍼빌러티' 브라운Lancelot 'Capability' Brown이 디자인했던 대규모 정원이다. 정원 중심에는 지형이 더 자연스럽게 느껴지도록 길이 1.6킬로미터의 호수를 만들었다. 하지만 빅토리아 시대에는 아주 정형적인 이탈리아식 정원이 이곳에 조성되었다.

 오늘날의 트렌텀 이스테이트는 쇼핑 시설, 레스토랑, 어린이를 위한 다양한 활동 공간을 포함하는 고급 관광 명소로 운영된다. 이러한 사업으로 그 유적과 환경을 지속시켜 나가는 데에 정원이 지대한 역할을 해 왔다. 톰은 피트와 유사한 방식으로 기존의 화려한 이탈리아식 정원 틀에 다시 다양한 여러해살이풀을 심었고 오래된 디자인에 새로운 생명력을 불어넣었다. 피트는 "시행사를 만났을 때는 경기가 좋았던 시기라 그는 온갖 종류의 볼거리를 계획했었죠"라고 기억한다. 이곳에서 작업한 피트의 주요 프로젝트는 꽃 미로 Floral Labyrinth라는 이름으로 2004년에 조성된 5500제곱미터 면적의 여러해살이풀 식재였다. 피트의 작품에서 아주 비정형적이고 몰입감이 뛰어난 식재 중 하나로 손꼽힌다. 전체적인 모습은 몰리니아 세룰레아 *Molinia caerulea* 품종들을 바탕으로 한 독특하고 양식화된 초원의 모습이며, 가끔 침수가 일어나는 점을 고려하여 물에 잠겨도 잘 견디는 식물들도 심었다. 피트가 설명한 것처럼 이러한 식재는 "환경에 대응하는" 방식이었다.

해외 정원 작업

고유한 특성

피트의 작업은 왜 호평을 받을까? 그의 디자인을 특별하게 만드는 요인을 분석하면 아래의 세 가지로 구분할 수 있다.
- 피트의 식물 팔레트를 구성하는 종·품종의 신뢰성과 수명
- 여름뿐만 아니라 가을과 겨울에도 흥미로운 식물 구조에 주목하여 전통적으로 쓰던 상록성 식물을 넘어서 식물 레퍼토리, 목록, 선택의 폭 확장
- 조화로움과 통일감이 느껴지고 한눈에 이해가 되는 식재이면서도 사람들의 관심을 끌 만한 복잡성을 지닌 식물 배치

식물의 긴 수명과 신뢰성

공공식재는 주어진 공간에 심을 식물들이 얼마나 오래 유지될 수 있을지를 고려해야만 한다. 물론 개인 고객 역시도 오래 지속될 수 있는 디자인을 높이 평가한다. 피트는 다양한 조건에서 작업한 경험을 토대로, 그리고 어느 정도는 직관적으로 식물이 얼마나 오래 사는지에 관한 정보를 축적해 왔다. 제법 예측 가능한 장기 활동성long-term performance, 식물이 장기적으로 어떻게 살아가는지 알 수 있는 수명이나 번식력 같은 여러 특성들을 지닌 식물로 구성된 그의 팔레트가 여러 차례 성공적으로 쓰이면서 디자이너로서 피트의 신뢰도가 크게 올라갔다. 이러한 기술적이고 객관적인 고려 사항에 숙달하게 되자 피트의 창의적 비전이 더욱 꽃피게 되었다.

원예가와 정원사는 종종 식물이 죽는 것은 이상에 못 미치는 조건이나 포식자 때문이라고 단정 짓는다. 물론 이러한 요인도 영향을 주기는 하지만, 정원에 심는 '여러해살이풀'의 상당수가 이미 유전적으로 짧은 수명이 정해져 있다는 사실에는 의심의 여지가 없다. 그래서 적합한 환경에 맞는 식물 선정이 중요하고, 스트레스와 병해뿐만 아니라 땅이 비옥할수록 식물의 수명을 단축시킬 수 있다는 점을 기억해야 한다.

식물 구조

어떤 사진가는 피트의 식재는 흑백으로 찍어도 여전히 식재의 많은 특성이 드러날 것이라고 말했다. 이는 피트가 늘 꽃 색깔이 아니라 식물의 구조적 측면에 우선적으로 초점을 맞추기 때문이다. 피트가 이러한 접근법을 처음으로 사용한 사람은 아닐지라도, 여러해살이풀을 이처럼 체계적으로 활용한 사람으로는 아마도 최초일 것이다. 구조에 관한 기본 어휘는 기후대에 따라 차이가 나기 때문에 일반적 논의가 모든 상황에 적용될 수는 없

노랑배초향*Agastache nepetoides*은 특유의 구조 덕분에 아우돌프가 좋아하는 식물이다.

다. 피트는 정원사와 디자이너에게 해당 지역에 자라는 믿을 만한 식물들을 전부 살펴보고 그 지역에 맞는 구조 유형을 만들어 내라고 조언한다. 식물 구조의 언어가 결정되면 주어진 상황에서 무엇을 심을지 결정하기 위한 일련의 객관적 기준으로 활용할 수 있다.

피트가 식물을 구분할 때 늘 활용하는 한 가지 핵심적이고 고유한 방식은 구조식물과 채움식물로 구분하는 것이다. 이때 채움식물은 짧은 시즌 동안 색을 제공하는 역할을 한다. 구조식물은 보통 그의 식재디자인에서 약 70퍼센트를 차지한다.

피트가 늘 강조해 온 구조의 또 다른 측면은 식물의 '좋은' 구조가 얼마나 지속될 수 있는지에 관한 것이다. 피트는 2013년 〈가든스 일러스트레이티드〉 잡지 2월호에 자신의 '100가지 필수 식물100 Must Have Plants' 목록을 실었다. 목록에서 피트는 몇 가지 유형으로 식물을 구분했다.

먼저 단기형 채움식물: 이러한 식물은 3개월 미만의 기간 동안 흥미롭게 느껴지거나, 또는 잎은 아름답지만 구조적인 면이 부족하다. 일부는 꽃이 진 뒤에 어수선해 보이기도 한다. 주로 시즌 초반에 틈새를 메우는 데 쓰임새가 좋다.

다음으로 중기형 식물: 이러한 종은 꽃뿐만 아니라 잎의 구조와 씨송이 덕분에 적어도 3개월 동안은 흥미롭게 연출된다.

끝으로 장기형 식물: 이러한 종에는 여러해살이풀과 그라스, 양치식물이 있다. 꽃뿐만 아니라 매력적인 잎 구조와 씨송이 덕분에 최소 9개월 동안 흥미가 지속된다.

공간 배치

이는 피트의 작업에서 가장 설명하기 어려운 부분인데, 예술가의 눈에는 어떠한 규칙이나 공식도 필요하지 않기 때문이다. 피트 스스로도 이렇게 언급했다. "다른 이들도 내가 쓰는 식물과 동일한 식물을 쓰지만 그들의 정원은 내 것과는 다릅니다." 식물을 선정하고 함께 조합하며 공간 전반에 배치하는 직관적 기준들은 도식화하여 설명하거나 표현할 수 없다.

피트의 도면과 식재에 감추어진 방법론을 공부하고자 할 때 아래의 사항을 연구한다면 도움이 될 것이다.

- 종·품종의 총 개수
- 식물속의 총 개수몇몇 속의 여러 종·품종일 수 있음
- 전체 식재에서 종의 분포
- 소단위 식재에서 종의 분포
- 종의 나란히 배치된 방식
- 식재에서 특정 종의 위치예를 들어, 앞쪽인지 중앙인지 뒤쪽인지
- 반복되는 조합
- 단독으로 무리를 이루는 특정 식물들의 연결 방식
- 구조적 우세함에 따른 위계, 그리고 시각적 효과가 낮은 식물의 역할예를 들어, 구역들을 연결해 주는 하층 식재

구조 이외에 피트의 작업에서 두 번째로 중요한 '고유의 특징'은 아마 반복일 것이다. 반복은 통일감을 주고, 식재를 더 쉽게 읽을 수 있게 해 주며, 리듬감을 자아내는 데 활용

게라니움 옥소니아눔 투르스토니아눔 Geranium × oxonianum f. thurstonianum의 섬세한 꽃

비비추 '무디 블루스' Hosta 'Moody Blues'의 넓은 잎

될 수 있다. 이 세 가지 요소가 함께 결합되어 시각적 조화를 이끌어 낸다. 서로 다른 구조를 지닌 식물들(예를 들어, 식물 분류군이 충분히 확보되고 같은 구조 안에서도 차이를 드러내는 식물들이 선택된다면 정원은 대비와 흥미, 복잡성을 지니게 될 것이다. 조화와 복잡성이 균형을 이룰 때 피트가 의도한 디자인을 성취한 셈이다.

후멜로 정원의 변화

2000년대 중반에 후멜로 앞뜰 정원은 변화하기 시작했다. 2005년 즈음에 램스이어가 식재된 타원형 화단과 잔디가 모두 없어졌고, 전체 공간에 여러해살이풀을 심었다. 정원은 계속해서 이따금 물에 잠기곤 했는데 이 때문에 주목으로 모양낸 식물 기둥들의 상태가 나빠졌다. 주목은 배수 불량에 아주 민감하기 때문이다. 주목 기둥은 하나씩 차례로 제거되었다. 원래 방문객들은 잔디밭을 가로지르는 사선 길의 끝에 다다르면, 장막처럼 서 있는 주목 생울타리 배경에 여러해살이풀과 그라스가 50미터 길이로 식재된 풍경과 마주할 수 있었다. 이 여러해살이풀 식재는 대체로 비슷하게 유지되었다. 얼핏 보면 통행할 수 없는 대규모의 식재처럼 보이지만, 자세히 들여다보면 세 개의 원형 벽돌 보행로가 서로 연결되어 있다는 사실을 알 수 있다. 방문객들은 신중하게 계획된 길을 거닐며 다양한 시점에서 정원을 즐길 수 있는데, 그들이 왔던 곳에서 다른 각도로 식물을 보고 다른 전경과 배경을 두고 동일한 식물을 감상하게 된다. 후멜로 정원은 어찌 보면 사람들이 서로 어울리게 하는 공간이었다. 보행로는 사람들을 세 개의 원형 길 사이에 있는 두 개의 교차점으로 유도했을 뿐만 아니라 다른 사람이 지나가려면 비켜 주어야 할 만큼 좁았다. 따라서 정원을 방문한 다른 이들과 자연스럽게 대화를 할 수 있게 된다. 그룹 방문객들에게는 더욱 좋았는데, 서로 만나 기록과 경험, 식물 이름 등을 공유할 수 있었기 때문이다.

뒤뜰에 있는 육묘장에도 변화가 생겼다. 육묘장은 방문객들에게 여전히 인기가 많았지만 점점 더 많은 도매상에서 피트의 팔레트에 필요한 식물을 공급하기 시작하면서 자신의 디자인 작업을 위한 식물들을 직접 길러야 할 부담이 줄어들었기 때문이다. 피트의 디자인 작업도 더 많은 시간이 필요하게 되면서 식물 선발과 육종을 위한 기회가 줄어들었다. 쿤 얀선과 한스 크라머르 같은 육묘업계의 다른 이들이 더 새롭고 폭넓은 식물들을 제공하기 시작했다. 번식용 모체를 위한 화단이 별로 필요가 없어진 동시에 피트에게 더 넓은 사무실 공간이 필요하게 되면서 피트와 안야는 뒤뜰 일부 부지에 새 건물을 짓기로 결정했다.

후멜로 정원의 가을

건축가 헤인 토메선Hein Tomesen은 피트가 작업할 넓은 스튜디오 공간과 손님들을 위한 숙소가 포함된 2층 건물 디자인을 맡았다. 건물은 2008년 4월에 지어졌는데, 그 꾸밈없는 사각 형태와 연한 색감의 벽돌 재질이 전통적 농가주택과 대비를 이룬다. 피트는 건물 주변에 '오피스 가든'이라 부르는 정원을 만들었다. 정원의 형태는 후멜로 정원 전체 부지의 다른 어떤 곳보다도 훨씬 간결했다. 큰기름새Spodiopogon sibiricus가 주를 이루고 바늘새풀 '칼 푀르스터'Calamagrostis × acutiflora 'Karl Foerster'와 미국붉나무Rhus typhina가 자란다. 미국붉나무의 주홍색 가을 단풍이 연한 색감의 그라스와 어우러져 장관을 이룬다. 동쪽에는 다른 그라스들과 대비되는 잎을 지닌 몰리니아 '트랜스패어런트'Molinia 'Transparent'와 그가 오래도록 즐겨 심어 온 점등골나물이 조금 있고 다른 식물은 많지 않다. 정원과 새로운 작업실 사이 포장 틈새에는 스티파 오프네리Stipa offneri가 자란다.

진화하는 아이디어

2006년에 피트와 나는 우리의 두 번째 책 《식재디자인: 시간과 공간의 정원Planting Design: Gardens in Time and Space》을 테라출판사와 팀버 프레스Timber Press, 영문판에서 출간했다. 이 책은 피트와 내가 함께 작업했고 피트의 아이디어뿐만 아니라 내 아이디어도 많이 반영되었다. 우리는 '시간과 공간'이라는 아주 일반적인 주제를 잡았다. 우리가 생각했을 때 매우 정적인 토피어리 정원을 제외한 모든 정원에서 시간이라는 요인이 큰 영향을 미치기 때문이다. 정원의 초기 배치도나 디자인도 정원과 함께 변화하기에 우리는 해가 지나면서 발생하는 것들을 맥락 속에 두고 정원디자인을 탐구하고 싶었다.

책은 자연을 향한 인간의 다양한 반응을 살펴보면서 시작한다. 특히 정원사들이 영감과 지식의 원천이자 점점 더 영향력이 커지고 있는 생태학적 인식에 어떻게 대응하는지를 살펴본다. 우리는 이러한 탐구의 일환으로 정원사에게 커다란 통찰력을 제공한다고 입증된 CSR이론경쟁식물(Competitor), 스트레스내성식물(Stress-tolerant), 교란지식물(Ruderal)을 다루었다. 자연에서 식물의 생존전략을 관찰하는 일은 1980년대에 셰필드대학교 존 필립 그라임J. Philip Grime이 이끈 팀이 발전시켰다. 나는 이 이론이 독일의 많은 전문가가 그랬던 것처럼 대단히 통찰

블록식재

피트에게 엔셰핑 드림파크를 의뢰했던 스테판 맛손에 따르면 드림파크는 식물들을 거의 동일한 크기의 블록으로 심었고, 각각의 블록에는 다수의 동일 품종을 심었다고 한다. 각 블록의 식재 밀도는 종마다 달랐다. 피트가 계산한 제곱미터당 식물 개수에 관한 내용은 후멜로 육묘장 카탈로그에 적혀 있었는데, 이런 유용한 정보가 담겼기 때문에 늘 활용도가 높았다. 블록식재 방식은 규모가 큰 여느 정원 화단과 같다고 볼 수 있는데, 화단에서 각각의 식물은 크게 무리 지어 여러 개가 심긴다. 드림파크는 방문객들이 여러해살이풀로 이루어진 큰 화단들 사이로 거닐며 꽃과 잎이 가득한 미로 같은 세계에 빠져들 수 있는 기회를 선사했다. 스테판 맛손은 특히 드림파크의 "야생과 원예의 뒤섞임"을 높게 평가했다. "야생은 아니지만 그렇다고 여느 식재와 같지도 않다는 점이 인상적이었죠. 두 가지 측면이 공생하고 있으니까요"라고 그는 설명했다.

오늘날의 시대정신은 '혼합'에 관한 것이지만, 스테판이 동의하듯 블록식재의 접근법을 버려서는 안 된다. 블록식재의 가장 큰 장점은 관리가 용이하다는 점이다. 또한 보는 즉시 강한 인상을 남기며 쉽게 이해할 수 있게 만든다는 점인데, 이는 자연이 경시되는 지역에 사는 사람들에게 중요한 부분이다. 디자인하기도 꽤 쉽다. 피트는 다른 식재 계획과 긴밀히 연계하거나 더 복잡한 화단과 나란히 배치하는 등 블록식재 방식을 계속 활용하고 있다.

오랜 기간 동안 피트의 식재에서 사람들에게 가장 사랑받는 부분을 들자면 스테판이 묘사하듯 "미로에 푹 빠져 버리게 하는" 감정을 활용하는 것이다. 그런 정원에서는 식물들이 방문객을 감싸듯이 이끌어 마치 별천지에 온 듯한 느낌을 자아낸다. 이 기분 좋은 격리감은 부분적으로 정원의 전통적 장치뚜렷한 화단 경계나 넓은 잔디밭가 없다는 점에서 비롯된다. 펜스소프와 트렌텀은 몰입도 측면에서 많은 부분이 비슷하다. 구불구불한 산책로는 식재 사이로 방문객을 이끌고 식물의 높이는 바깥의 방해 요소들로부터 방문객들을 보호해 주는 역할을 한다. 예를 들어, 펜스소프 정원의 입구에는 키가 큰 여러해살이풀을 심어 문 안으로 들어가는 듯한 느낌을 강조했다. 루리 가든에서는 작거나 중간키 식물을 심었지만, 완만하게 경사지는 지형을 만들어 풍성하고 친근한 풍경으로 연출했다.

이러한 정원에 있는 식물 블록의 분포 양상을 분석해 보면, 반복으로 통일감을 자아내는 것이 분명하다. 하지만 반복은 매우 가볍고 미묘한 방식으로 이루어진다. 이전에 근처 어딘가에서 특정 식물을 본 것 같다는 느낌이 계속 들 정도로만 반복해서 심을 뿐이다. 피트는 대부분의 디자이너가 동일한 규모의 정원에서 하는 방식보다 훨씬 더 많은 식

독일 함Hamm 막시밀리안파크Maximilianpark의 블록식재

물종을 활용하여 이를 관리한다. 트렌텀에서는 70속 120종의 식물이 쓰였고, 바트 드리부르크에서는 44속 74종이 쓰였다. 규모가 더 큰 대부분의 식재는 이 두 비율 사이 어딘가에서 식물 종류가 결정된다. 사실 식물 블록의 빈도를 계산해 보면 그 빈도가 꽤 낮다는 사실을 알 수 있다. 예를 들어, 루리 가든의 라이트 플레이트를 이루는 약 1500제곱미터 면적에서 스타키스 오피시날리스 '후멜로'*Stachys officinalis* 'Hummelo'와 '로세아*Rosea*'는 총 여덟 개의 무더기가 있고 밥티시아 '퍼플 스모크'*Baptisia* 'Purple Smoke'는 총 아홉 번 반복된다. 펜스소프 정원의 약 4500제곱미터 면적에서 꽃피는 여러해살이풀로 이루어진 블록의 빈도도 비슷하다. 거의 모든 종이 열 번 미만, 대부분의 경우 다섯 번 미만으로 반복된다. 순전히 종·품종의 범위만으로 실로 풍부한 시각적 경험을 제공하지만, 우리가 보았듯이 너무 차이가 나는 시각적 자극 때문에 압도된다는 느낌은 들지 않는다.

력이 있다고 여겼다. 하지만 온화하고 습한 북서유럽네덜란드를 포함해에서 정원을 가꾸는 이들에게는 그 유용함이 덜할지도 모른다. 북서유럽은 기후가 온화하기 때문에 중유럽이나 대부분의 북미 지역에서는 생각조차 할 수 없는 제멋대로의 방식으로 식물들을 조합해도 무방하기 때문이다.

시간이 정원을 어떻게 변화시키는지에 관한 조사는 흥미로웠다. 이는 생태학자들이 '천이'라 일컫는 변화 과정의 한 측면으로, 책에서 식물 수명에 관한 논의가 필요했다. 물론 끝으로 식재의 실질적인 측면과 유지관리에 관한 일부 정보들도 제공해야 했다.

유지관리에 관한 문제는 골치 아플 수 있다. 피트와 협업하는 젊은 나이의 톰 더비터Tom de Witte는 피트와 함께 몇 년 전에 만들었던 일부 정원에 갔었다. 더비터는 나에게 "정원 상태가 항상 좋지만은 않았죠"라고 이야기했다. "때로는 유지관리가 조금은 극적이기도 해요. 너무 왕성하게 번지는 식물 때문에 늘 몇 가지 문제가 생기곤 하는데, 피트는 항상 앞날을 생각합니다." 자기가 만든 정원이 무시되거나 잘못 관리되고 있다는 사실을 발견하는 일은 식재디자인 작업의 단점 중 하나다. 창작 활동을 하는 다른 모든 작업과는 질적으로 다른 상황이다. 우리가 하는 작업은 일시적인 것일 수밖에 없다. 그러한 상황에서도 피트는 침착한 태도를 보인다. 관리가 적절히 이루어지지 않은 몇몇 곳에 피트와 함께 갔던 적이 있다. 피트는 분명 실망했겠지만 동시에 그러한 일 때문에 낙담하는 것 같지는 않았다. 피트는 식재디자인 분야의 본질에 맞서 싸우는 대신, 자신이 원하는 대로 작업이 이루어지지 않았다는 사실에 감정적으로 반응하지 않도록 자제하는 법을 배웠다. 식물은 늘 우리가 바라는 대로 자라지 않고 고객들은 변화를 원한다. 아울러 폭풍우가 불기도 하고, 침수도 일어나며, 서리 피해를 입기도 하고, 잡초도 자란다. 아마추어뿐만 아니라 전문가까지 모든 정원사는 원하지 않는 변화들을 받아들이고 대처해야 한다. 물론 질이 낮거나 부적절한 유지관리가 짜증나고 실망스럽겠지만, 그 역시 결국에는 날씨처럼 우리가 통제할 수 없는 거의 불가피한 또 하나의 요소라는 생각이 든다.

하이 라인

가끔은 전체적인 도시 경관을 영구적으로 변화시키는 조경 프로젝트가 실현

되기도 한다. 이런 혁신적인 프로젝트가 마땅히 받아야 할 관심을 받지 못하거나 또는 일부 전문가들에게 좋은 평가를 받더라도 대중적인 관심으로 이어지지 못하는 일이 너무 자주 일어난다. 독일 뒤스부르크 교외 마이데리히Meiderich에 위치한 뒤스부르크-노르트 경관공원Landschaftspark Duisburg-Nord이 그러한 예다. 이 공원은 독일 산업화 시대의 유산인 대규모 제철소를 기념하는 곳으로, 방문하는 조경전문가들에게는 거의 성지처럼 여겨진다. 덩굴식물로 뒤덮인 초대형 철제 퍼걸러덩굴식물을 올리기 위해 설치한, 기둥과 보로 이루어지는 구조물가 있는 취리히 엠에프오파크MFO-Park 역시 그에 견줄 만큼 인상적이지만 상대적으로 잘 알려지지 않았다.

뉴욕의 하이 라인은 일반 대중과 전문가 모두를 대상으로 엄청난 성공을 거두었다. 또한 전 세계적으로 그와 비슷한 프로젝트가 실현될 수 있도록 관심을 불러일으켰다. 하이 라인은 아주 시기적절하게 조성되었다. 당시 뉴욕시는 맨해튼 파 웨스트 사이드Far West Side 지역이 새롭게 개발되면서 부동산 투자가 증가하기 시작했다. 이전에 산업 부지였던 곳을 관통하는 녹지공간을 조성하자는 아이디어가 주거지 개발 관점에서 매력적으로 느껴졌기 때문이다. 아울러 새천년이 도래하자 도시의 정원 가꾸기와 녹지에 관한 관심도 더 높아진 상태였다.

하이 라인은 디자인 측면에서 두 개의 모델이 있다고 생각해 보면 이해가 쉽다. 하나는 파리의 오래된 철길을 따라 펼쳐진 길이 4.7킬로미터의 라 프롬나드 플랑테La Promenade Plantée다. 조경가 자크 베르즐리Jacques Vergely가 디자인하여 1993년에 조성되었다. 다른 하나는 베를린에 있는 18만 제곱미터 규모의 쥐트겔렌데 자연공원Natur-Park Südgelände으로 1999년에 개장한 기념비적인 곳이다. 과거 철도 조차장이었던 이곳은 1993년에 사용이 중단되자 곧 빠르게 자라는 자작나무와 그 밖의 자생 개척종으로 뒤덮였다. 이러한 환경은 사람들이 아주 매력적이라 여기는 산업 폐허와 자연의 조합을 빚어낸다. 실제로 이곳은 독일에서 탈산업화 이후에 만들어진 모든 경관공원 중에서 가장 많이 언급되었다. 많은 나라가 영국에서 해 온 것처럼 너저분하고 해체된 산업 유산을 불도저로 밀고 잔디 씨앗을 파종하는 반면, 독일에서는 대체로 다른 접근법을 시도한다. 생태학자들은 이런 환경에 들어선 식생과 야생생물이 대단히 가치 있다

수집품 II

피트의 사무실 선반은 책과 CD, 육묘장 카탈로그뿐만 아니라 피규어 장난감으로 가득 차 있다. 피규어들은 대개 20센티미터 정도의 크기인데, 만화책이나 일본풍 만화 이야기의 한 장면, 또는 그라피티로 가득한 도심지의 어느 벽에서 그대로 걸어 나온 듯한 모습이다. 그가 수집한 '디자이너 토이designer toy', 때때로 '어번 비닐urban vinyl'이라 부르기도 하는 피규어 컬렉션은 거리예술의 풍부한 상상력에서 막 탄생한 듯한 기묘한 특성을 지닌 수집가 품목이다.

처음으로 만든 사람은 홍콩의 피규어 아티스트 마이클 라우Michael Lau로, 1990년대 후반에 제작되었다. 선보이자마자 곧바로 인기를 끌었고 현재 수백여 가지를 구할 수 있다. 피트는 이렇게 말한다. "하를럼에서는 장난감 병정을 수집하곤 했는데, 후멜로 이사했을 때 육묘장 운영에 돈이 필요해서 수집품의 대부분을 처분해야 했죠. 이후 미국 여행 중에 만화책을 파는 작은 상점에 들렀는데 캐릭터를 묘사한 장난감들이 나오기 시작했어요. 로스앤젤레스에서 로버트 이즈리얼을 만나 함께 루리 가든을 갔을 때, 이즈리얼은 아티스트들이 장난감과 그들의 작품을 판매하는 몇몇 상점으로 저를 데려갔죠." 이제 피트는 여행할 때마다 자기 컬렉션에 추가할 피규어가 있는지 찾아본다. "피규어 장난감의 장식적이고 현대적인 면이 좋아요. 마치 거리예술처럼 도시문화의 일부라고 생각되거든요"라고 피트는 말한다.

피트는 마이클 라우의 작품뿐만 아니라 뉴욕에서 활동하는 아티스트 겸 디자이너인 커스KAWS의 피규어도 수집한다. 또한 일러스트레이터 겸 애니메이터인 개리 베이스맨Gary Baseman과 청년문화와 패션의 중심지 도쿄 하라주쿠에 있는 바운티 헌터Bounty Hunter 브랜드의 작품도 수집한다.

해외 정원 작업

위: 하이 라인 최남단 지점의 가을철 풍경
아래: 후멜로를 찾은 '하이 라인 친구들' 대표단

는 사실을 일찍부터 인식했다. 많은 조경디자이너와 학자도 주목하게 되었고 그 결과 이제는 과거 산업부지로 쓰이던 곳들을 공원화시키거나 보전을 위한 환경으로 조성하는 경우가 꽤 많아졌다. 이러한 곳들은 버려진 공간의 상처를 치유하는 자연의 놀라운 능력을 방문객들이 인식하게 해 준다.

미국은 개발을 위한 빈 공간이 많고 그런 공간들이 끝없이 펼쳐져 있다고들 한다. 대도시, 특히 북부 '러스트 벨트'에 속한 여러 도시에는 방치된 탈산업 공간이 아직도 많이 있다. 하이 라인의 경우 대도시 중심에 위치하고 마지막 남은 고가 철도가 아직도 건재하다는 점이 이례적이었다. 미트패킹 지구Meatpacking District로 드나드는 화물을 운송하기 위해 1930년대에 만들어진 하이 라인은 1960년대에 마침내 운영이 중단되었다. 최남단에 있는 구간은 철거되었지만, 북쪽에 있는 구간은 주목할 만한 '비밀' 공간으로 거듭났다. 자생종과 정원에서 빠져나온 식물들은 그곳에서 독특한 자생 식물상을 이루었다. 일반 대중에게는 개방되지 않았지만 오직 그라피티 아티스트, 자연주의자, 예술영화 제작자들만이 그곳을 자주 찾았다. 1990년대 뉴욕 시장 루돌프 줄리아니Rudolph Giuliani가 이끄는 시정부에서는 하이 라인의 철거를 주장했었다.

놀랍게도 지역 주민들은 하이 라인의 철거를 강하게 반대했고, 1999년에는 조슈아 데이비드Joshua David와 로버트 해먼드Robert Hammond가 시민운동 단체를 설립했다. 이 단체는 녹지대가 거의 없고 당시 주거단지 개발이 급증하기 시작한 도심의 한 구역에서 공공의 녹지공간을 제공할 수 있는 하이 라인의 잠재력에 주목했다. 2001년에 뉴욕 시장으로 선출된 마이클 블룸버그Michael Bloomberg는 여러 친환경 사업과 정책을 주도하며 시정을 펼쳤다. 로버트는 "시정부와 협력하면서 모든 것이 바뀌었죠"라고 말했다. 공원 조성을 결정하기 위한 타당성 조사가 실시되었고 설계 공모가 진행되었다. 2004년 제임스 코너 필드 오퍼레이션스가 공모에 당선되어 작업에 착수했다. 이어서 딜러 스코피디오 렌프로와 피트가 디자인 팀에 합류했다. 제임스 코너는 예술가나 사진가와 협업하고 야생 느낌을 도시 경관에 대담하게 도입하는 방식으로 이름을 알린 혁신적인 조경가이며, 조경이론가 겸 작가로도 유명하다.

제임스 코너를 비롯한 미국 현대 조경가들의 배후에는 스코틀랜드 출신 이안

위: 공원으로 만들어지기 이전의 하이 라인
왼쪽: 2014년 늦겨울의 모습

해외 정원 작업

가장자리화단

'가장자리화단border'이라는 단어는 정원사들에게 구체적이고 뚜렷한 의미를 지닌다. 특히 영국 정원사들에게는 특정한 공간 체계를 뜻하는데, 한쪽 뒤편에 모서리나 벽, 울타리 같은 배경을 둔 좁고 기다란 방형의 여러해살이풀 화단을 가리킨다. 가장자리화단은 어떤 의미에서건 피트의 개인정원에서 중요한 역할을 한다. 하지만 중간 규모의 개인정원이 아니라 대규모 공간을 다루는 프로젝트, 또는 비교적 한정된 공간을 위한 옛 가장자리화단 방식이 어울리지 않는다고 여겨지는 프로젝트에서는 그 역할이 훨씬 줄어든다. 피트가 디자인한 가장자리화단에는 늘 뚜렷한 반복 요소가 있다. 이러한 반복 요소는 선형의 화단 구성에서 리듬감과 통일감을 형성하는 데 아주 중요하다. 하지만 피트는 가장자리화단 방식에서 늘 벗어나고 싶어 한다. 이는 특히 후멜로 정원에서 뚜렷이 드러나는데, 후멜로 정원은 수년 동안 그저 정원의 외곽선을 따라 여러해살이풀을 줄지어 심었던 방식으로부터 이리저리 자유롭게 정원을 채우는 방식으로 변화했다.

영국식 가장자리화단은 식물을 활용하는 방식이 점점 더 진부하고 형식적이라 여겨지고 있다. 페터 키어마이어Peter Kiermeier 교수가 바이엔슈테판 실험정원의 책임자였던 시절에 내게 했던 말이 생각난다. 키어마이어 교수는 영국식 가장자리화단을 바라보면 "줄지어 행진하는 군인들을 보는 것" 같다고 말했다. 아울러 좁고 긴 화단 모양 때문에 식물

후멜로 정원

을 제대로 감상하기 어려워진다. 또 다른 독일인 가브리엘라 파페도 영국식 가장자리화단이 그라스의 온전한 아름다움을 즐기지 못하게 한다고 내게 말했다. 영국식 가장자리화단에서는 그라스의 매력을 극대화하기 위해 필요한 역광이 방해받기 때문이다. 그래서 적어도 영국에서는 아우돌프 식재 양식이 탁 트인 공간에서 여러해살이풀 식재를 보는 것과 맥락을 같이 하게 되었다.

어쩔 수 없이 피트 역시도 경력 초기에는 중간 규모의 개인정원에서 전통적인 식재 공간을 만들었다. 이러한 식재 공간은 좁고 긴 형태의 마을 정원처럼 구식 용기에 새로운 내용물을 채워 넣은 것처럼 보이기도 한다. 헤스메르흐Hesmerg, 1993나 보다 현대적인 느낌의 본 가든이 그런 예다. 테브스 가든1996, 2006은 더욱 혁신적이어서 흥미로웠지만 여러해살이풀로 채워진 식재 공간은 여전히 협소했다. 이 모든 정원에서 다듬어 모양낸 관목과 어우러지는 모습은 잔디밭이나 테라스 옆에 전통적 가장자리화단을 기대했던 이들에게 충격을 안겨 주었다. 헤스메르흐 가든 잔디밭은 대각선으로 배치된 사각 형태의 회양목 반복 패턴으로 경계를 구분했다. 개인정원은 아우돌프가 아직도 전통적인 형태의 가장자리화단 디자인을 선보이는 유일한 곳이다. 예를 들어 하를럼에 있는 어느 개인정원2006에서 수영장은 정원의 나머지 공간에 강한 선형성을 부여하지만 피트는 그곳을 지나 집까지 길게 이어지는 매우 다채로운 화단을 조성해 직선의 느낌을 완화시켰다.

네덜란드 피트 본의 개인정원

2010년 베니스 비엔날레에서 만난 피트 아우돌프와 '하이 라인 친구들'의 공동 설립자 로버트 해먼드

맥하그Ian McHarg, 1920-2001라는 엄청난 인물이 있다. 이안 맥하그는 1960년대와 1970년대에 펜실베이니아대학교에서 학생들을 가르치며 생태적 조경디자인을 널리 알렸다. 아울러 산업 문명을 예리하게 비평했으며 그가 '지배와 파괴'로 여긴 인간중심적 근대정신을 맹렬히 비판한 논객이었다. 맥하그가 특히 그의 학생들에게 끼친 영향은 엄청났으며 1969년에 출간된 책 《자연과 함께하는 디자인Design with Nature》도 여전히 큰 영향을 미치고 있다.

이제는 환경문제를 실천적으로 해결하는 데 앞장서고 있다고 알려진 북미 조경전문가들은 맥하그에게 큰 빚을 지고 있는 셈이다. 그가 없었다면 아마 지금의 하이 라인도 없었을 것이다. 맥하그의 제자인 조경가 테리 구엔Terry Guen은 맥하그의 아이디어가 피트의 작업을 위한 토대를 마련해 주었다고 믿는다. "피트가 등장했을 때 우리에게는 이미 생태학적 개념들이 낯설지 않았어요. 이곳에는 정원 전통이 없기 때문에 정책과 문화를 바꿔야 했지요."

피트는 하이 라인의 풍부한 자생 식생으로부터 깊은 인상을 받았다. 하지만 안타깝게도 그중 어떤 식물도 공원이 조성되었을 때 그대로 남아 있을 수 없었다. 철로의 바닥면이 심각하게 부패되었기 때문에 일반 시민들이 이용하기 위해서는 완전한 재건이 필요했다. 하이 라인의 식재 계획안을 만들 때 시각적으로 고려해야 할 과제는 어떻게 이전의 모습을 환기시켜 그 역사성을 유지하느냐는 점이었다. 이는 피트가 그의 경력에서 경험했던 여느 도전 과제와는 성격이 달랐다. 하지만 그는 놀랍게도 꽤 자신감을 보였다. 루리 가든을 작업하며 북미 자생식물을 집중적으로 연구했고 후멜로에서 많은 종을 길러 보았기 때문에 사용하고자 하는 식물들이 편하게 느껴졌다.

하이 라인의 길게 뻗은 통행로는 공원 형태치고는 아주 독특했다. 분명한 끝점이 있을 뿐만 아니라 종종 막다른 '돌출부'가 있어서 도시의 경치를 내려다보는 전망대 역할을 한다. 아울러 두 개의 터널이 있다. 하나는 과거 정육가공공장이었다가 지금은 주거용으로 전환된 곳을 통과하고, 다른 하나는 새롭게 만들어진 호텔 아래를 지나간다. 제임스 코너는 공원이 선형으로 생겼기 때문에 사람들이 거닐면서 다른 특성을 지닌 식재가 연속적으로 이어진다는 느낌을 주어야 한다고 제안했다. 그래서 각각의 식재를 점진적으로 드러내고 다른 식재와 어우러지게 연출하여 산책로 각 구간에 고유한 개성을 부여했다. 또한 자연스럽고 자생적인 식생이라는 느낌도 들어야 했다. 하이 라인 개발 첫 번째 단계에서 이러한 시도는 초원지대와 어린 나무들로 이루어진 숲지대, 이렇게 두 가지 식재 유형으로 진행되었다. 피트는 하이 라인이 통과하는 지명을 따서 지금은 첼시 초원Chelsea Grasslands이라 불리는 이 초원지대를 위한 식물로 재건 이전의 하이 라인에서 볼 수 있었던 식물종 스키자키리움 스코파리움Schizachyrium scoparium은 선택하지 않기로 했다. 이 식물은 일부 환경에서 수명이 짧고 종종 쓰러지기 때문에 피트는 그 대신 스포로볼루스 헤테롤레피스Sporobolus heterolepis를 심었다. 릭 다크는 "스포로볼루스 헤테롤레피스는 도시 환경에 적합하다고 알려져 있다. 또한 얼고 녹는 현상에 잘 견디고 키도 작다"라고 기록했다. 어린 나무들로 이루어진 숲지대에는 키 작은 교목들과 캐나다박태기Cercis canadensis 같은 관목을 심고 나무 아래의 빈 공간에는 지피식생을 구성했다. 탈산업화 부지의 숲지대에서 흔하게 볼 수 있는 식생의 느낌이 들도록 키 작은 그라스나 카렉스 펜실바니카Carex pensylvanica 같은 그라스 유사종이 포함되었다.

2006년 4월 첫 선로를 들어내면서 프로젝트의 착공을 알렸다. 갠즈보트가Gansevoort Street부터 서쪽 20번길Avenue는 '-번가', Street은 '-번길'로 옮겼다까지 첫 번째 구간이 조성되고 3년이 지난 뒤에 열렬하고 호기심 많은 대중에게 개방되자 즉시 성공을 거두었다. 하이 라인은 시민들이 도시 안에 있지만 동시에 도시 밖에 있다는 느낌을 주는 단순한 휴식의 공간일 뿐만 아니라 위 아래로 거닐며 친구들이나 나아가 새로운 사람들까지도 만날 수 있는 곳이었기 때문에 큰 인기를 얻었다. 스페인 도시에 있는 파세오paseo, 산책길와 약간 비슷하다. 하이 라인 주변의 부동산 가치는 단번에 급등했고 하이 라인을 따라 상점과 식당이 우후죽순 생겨났다. 로버트 해먼드가 언급했듯이 한때 쇠퇴했던 지역이 "새로운 경제 개발로 수십억 달러"를 끌어들이기 시작했다. 물론 당연하게도 고급주택화 현상이나 "관광객으로 가득 차버린 보행로", 하이 라인 하부 거리 공간에 즐비했던 오래된 자동차 수리 작업장과 자그마한 동네 카페들이 사라졌다는 점에 불만을 토로하는 비판도 많았다. 그러나 수많은 뉴욕 시민과 방문객에게는 만족스러웠을 뿐이다. 하이 라인에서 보이는 경치를 즐기고 사람들을 관찰할 수 있다는 게 하이 라인의 큰 장점에 속하지만 로버트가 언급했듯이 "하이 라인은 식재 덕분에 성공"을 거둘 수 있었다.

위: 하이 라인의 첼시 덤불숲 Chelsea Thicket
아래: 갠즈보트 숲지대 Gansevoort Woodland

서쪽 20번길에서 30번길까지 이어지는 하이 라인의 두 번째 단계는 2011년 6월에 개장했다. 이 두 번째 구간은 프레리 초원 같은 첫 번째 구간의 특성과는 크게 달랐다. 더 많은 건물에 둘러싸여 있고 여러 직선 코스로 이루어졌다. 접근로와 식재가 두 개의 층으로 분리되어 방문객들이 위쪽에서 아래의 식재를 감상할 수 있다. 교목과 관목의 비율이 높고 하부에 숲바닥 식재가 동반된다는 점이 특징으로, 숲에서 느끼는 친밀한 특성이 뚜렷이 느껴진다.

로버트는 "우리 모두 이런 야생 경관에 매료되었어요"라고 회상한다. "하지만 있는 그대로 내버려 둘 수는 없었죠. 그대로 고정시키기를 원하지는 않았지만 만약 없애야 할 때가 오더라도 똑같이 재생하고 싶지는 않았죠. 어느 날 피트에게 그것을 '자연경관'이라 부를 수 있을지 물었어요. 피트는 아니라고 하더군요. 거기에 진짜 자연은 없다면서 이상화된 자연이라고 했어요." 로버트는 인테리어 디자인에 빗대어 계속 이야기했다. "비전문가의 눈에는 자연스럽게 보입니다. 저는 그것을 미니멀리스트의 방에 비유하죠. 만들기 쉬워 보이지만 실제로는 매우 어렵죠. 람페두사의 소설 《표범The Leopard》에 무언가를 그대로 유지하려면 모든 걸 다 바꿔야 한다는 말이 있습니다. 제가 정말 좋아하는 말인데, 피트는 이 말을 이해했지요."

1년 뒤에 레일 야즈Rail Yards로 알려진 또 다른 구간은 북미의 철도회사 CSX교통이 소유권을 뉴욕시에 기증하면서 공원으로 편입되었다. 30번길과 34번길 사이에 위치한 이 세 번째 구간은 2014년 9월에 개장했다. 허드슨 야즈Hudson Yards라는 재개발 복합단지를 둘러싸고 철도 조차장 주변을 휘감고 있다. 이전 구간보다 주변에 건물이 훨씬 적고 식생도 더 건조한 느낌이라 겉보기에도 자갈층에 적합한 식물들로 이루어졌다는 사실을 알 수 있다. 공원의 개방된 구역에는 이러한 식재가 더 적합한 것으로 보인다. 세 번째 구간이 완공되면서 하이 라인은 갠즈보트가에 있는 휘트니미술관Whitney Museum of American Art부터 허드슨 야즈의 더 셰드The Shed 복합 아트센터로 이어지는 녹지축을 형성한다.

10번가의 30번길에 있는 스퍼Spur, 철로의 간선에서 분기된 지선을 뜻한다라는 이름의 공간은 2019년 6월에 개장했다. 하이 라인에 마지막으로 남아 있던 기존 구조를 활용한 공간이다. 광장 기능을 하도록 계획했고 공연이나 설치미술을 위한 공간으로 활용될 수 있다. 첫 번째 설치미술 작품은 시몬 리Simone Leigh가 작업한 높이 약 5미터의 청동 조각상 브릭 하우스Brick House였다. 기울어진 식재 플랜터에는 소교목과 관목을 심고 숲 하층 식생을 만들었는데, 전부 자생종을 사용했다. 급속도로 발전하는 도시에서는 의심의 여지없이 계속 변화가 일어날 것이다. 이 글을 쓰고 있는 와중에도 레일 야즈를 완전히 뒤덮어 새롭게 공원을 조성하자는 장기적이고 대담한 계획안이 나오고 있다. 그렇게만 된다면 하이 라인의 이 끝 부분은 이후에 더 커다란 식재 경관으로 합쳐질 것이다.

도시환경에서 경관을 디자인하는 것은 무엇보다도 심미성을 고려하는 일이다. 대부분의 사람들이 보기에 도시환경에서 '진짜' 자연은 단정하지 못하다고 여긴다. 영국의 여러 지방 의회에서 1980년대와 1990년대에 도시공원 일부 공간을 '야생생물 구역'으로 바꾸고 나서 깨닫게 된 것처럼 말이다. 사람들은 그런 곳을 지저분하고 가꾸지 않은 곳으로 여겼다. 방치된 것처럼 보이는 공간은 쓰레기 투기와 범죄를 유발하기 때문에 유지관리와 심지어는 존치에 관한 정치적 지지를 잃게 된다. 하지만 이제는 도시 녹지공간에 전통적 원예 모델을 적용하는 것이 자연을 포용한다는 우리 시대의 정신과 발맞추지 못하는 것으로 여겨진다. 하나의 절충안은 '향상된 자연'이라는 개념을 적용하는 것이다. 이 개념은 제임스 히치모와 나이절 더닛이 새로운 식재 운동에 관한 첫 번째 학술 서적을 집필했을 때 새롭게 사용한 용어다.

하이 라인의 식재는 센트럴 파크와 같이 도시의 여느 정형적 녹지공간과 비교했을 때 제법 야생적으로 보이기는 하지만, 놀랍게도 상당한 유지관리가 필요하다. "하이 라인이 폭이 매우 좁은 형태의 띠 식재라 전부가 눈에 들어오기 때문이죠. 피트가 디자인한 다른 장소들처럼 어떤 것도 야생적으로 둘 수는 없어요"라고 관리직원이 말했다. "균형을 찾아야만 하는데 꽤 까다로운 일입니다." 로버트 해먼드는 이렇게 말했다. "유지관리는 대단히 복잡한 일이에요. 우리 모두가 생각했던 것보다 훨씬 잘 돌아가는 걸 보며 놀랐지만, 한 가지 문제는 식물들이 너무 빠르게 자란다는 점이죠." 사실 하이 라인은 루리 가든처럼 인공 식재기반 위에 조성된 옥상정원이다. 토양 깊이는 여러해살이풀과 그라스를 심은 지역은 25센티미터에서 45센티미터 정도까지 다양하고 교목 하부는 90센티미터에 달한다. 릭 다크가 말한 것처럼 "하이 라인은 굉장한 실험"이었다. 그는 "뉴욕시 한가운데 공중 높이에서 식물이 자라게 하는 일은

위: 하이 라인 정원사들과 피트 아우돌프
아래: 14번길 주변의 하이 라인 모습

위, 뒤쪽: 그라스가 우세하는 하이 라인의 일부 구간

전례가 없었어요. 반입된 토양은 유기물이 아주 많았고 너무 비옥해서 식물이 썩기도 했지요. 식물이 왜 죽었는지 지금 검사한다면 아마도 배수구가 많이 막혀 있을 겁니다. 어떤 곳은 물에 잠기기도 하지요"라고 말했다.

'자연스러워 보이는' 식물들이 살아가기에 실로 도전이 되는 이러한 조건에도 불구하고 피트가 쓰는 상당히 많은 종류의 식물은 하이 라인에 엄청난 힘과 지속력을 부여한다. 보통 이러한 규모에서 디자이너들이 만드는 식재는 대체로 종의 수가 매우 빈약하고 그 결과 식재가 직면하는 여러 문제에 매우 취약해진다. 반면에 종이 더 다양하면 문제에 대처하는 능력이 부족한 종은 희생되더라도 위기에 더 잘 대처하는 식물에게 기회를 제공하게 된다. 물론 이러한 과정은 자연 식물군락에서 일어나는 생태적 과정과 유사하다. 릭 다크가 말한 것처럼 "주어진 환경에서 살아남는 식물만이 선택되는" 것이다. 물론 직원들의 도움도 필요하다.

 하이 라인에서 일어난 몇 안 되는 진짜 문제 중 하나는 병충해였다. 그라스 종에 끼치는 영향이 문제였고, 특히 몰리니아 세룰레아*Molinia caerulea*가 심했다. 하지만 프레리 원산의 그라스들은 문제가 없었다. 일부 종은 자연발아 하기도 했다. 피트가 직접 관찰했던 것처럼 "천이라고 부르는 현상"이 일어났다. "구간에서 구간으로 상황이 변화했고, 특히 나무들이 자라는 부분이 그랬죠." 나무는 많은 사람이 예상했던 것보다 훨씬 더 빨리 자랐고, 그 결과 지반 조건이 바뀌었으며, 따라서 식재도 어느 정도 변경해야만 했다.

하이 라인 첫 번째 단계에서 조성된 구간들이 개방된 이후로 두 번째, 세 번째 단계의 진행과 관리를 위해 지역 최고 전문가들의 자문이 활발해졌다. 자생 식물종 재배에 관한 글로 유명하고 이전에는 브루클린식물원의 원예과학 부서의 부팀장으로 일했던 패트릭 컬리나*Patrick Cullina*는 2009년 원예공원 운영 부서의 부팀장으로 하이 라인에 합류했다. 릭 다크 역시도 비공식적으로 자문을 해 주었다.

 하이 라인을 유지관리 하기 위해서는 전문적으로 훈련된 안목이 필요하다. 관리직원 중 한 사람은 이렇게 말했다. "이전에 배터리에서 일했어요. 하이 라인에는 그 경험 덕분에 채용된 것 같아요. 이런 식재의 미학을 이해하느냐 못 하느냐 거기에 달렸어요. 어떤 사람들은 전혀 이해를 못 하거든요." 각각의 관리직원은 자신이 전담할 구역에 배정된다. "제가 담당하는 곳은 길이가 두 블록 정도입니다. 떠나는 직원은 거의 없어요. 한번 이곳에 들어오면 떠나고 싶지 않거든요. 우리는 다섯 명으로 시작했는데 이제는 인원이 더 늘어났어요. 오래된 직원은 새 직원의 채용 과정에 참여합니다"라고 한 직원이 설명했다.

피트는 이렇게 말한다. "하이 라인을 매년 방문합니다. 모든 정원사를 만나서 식물이 어떻게 자라도록 허용해 줄지, 관리를 위해 무엇이 필요한지 제 아이디어를 주고 의견을 나누지요. 그들의 생각과 아이디어를 듣고 해야 할 일이 무엇인지 논의합니다. 뭔가 좋은 아이디어가 아니라고 생각될 때는 반드시 이유를 들어 설명해 주지요. 저는 좋아 보이고 다양성만 갖출 수 있으면 식재의 변화에 개방적인 입장입니다. 하지만 저는 기본적으로 뭔가 좋아 보인다면 왜 굳이 바꿔야 할까, 라고 질문을 던지며 접근합니다."

로버트 해먼드에 따르면 하이 라인이 끼친 가장 커다란 무형의 영향은 "경관과 원예를 향한 지대한 관심을 이끌어 냈다"는 점이다. 아울러 하이 라인은 자연에서 영감을 받은 경관이 도시 생활에 들어올 수 있는 여러 가능성을 극적인 규모로 보여 주었다. 미국 전역의 도시와 그 밖의 다른 곳에서도 방치된 부지들을 재평가하고 있고, 여가 공간으로 거듭날 수 있는 잠재력을 지닌 곳으로 바라보고 있다. 두 가지 예를 들면, 필라델피아에서 폐철로 부지를 선형 공원으로 조성한 리딩 비아덕트 레일스-투-트레일스 프로젝트Reading Viaduct Rails-to-Trails Project와 시카고의 블루밍데일 트레일Bloomingdale Trail이 있다. 하이 라인이 도시 한복판에 잘 디자인된 녹지공간을 도입한 여러 프로젝트 중에서 그저 첫 번째로 시도된 프로젝트라 여겨질 날이 올지도 모른다. 이안 맥하그가 천상의 초원에서 이 모습을 내려다본다면 분명 기뻐할 것이다.

독일 프로젝트

2000년대 후반에 피트는 공공공간, 또는 적어도 일반 시민들도 이용할 수 있는 공간을 대상으로 한 여러 프로젝트에 참여했다. 그는 그 시기에 독일에서 매우 다른 성격의 두 가지 프로젝트를 맡았다. 하나는 2008년 독일 북서부에 위치한 온천마을 바트 드리부르크의 그레플리허 파크Gräflicher Park의 식재 프로젝트다. 온천문화는 19세기 후반부터 계속 여러 중유럽 국가의 일상생활에서 중요한 부분이었고, 온천마을은 건축과 세심하게 단장한 경관을 결합하여 독특한 모습을 발전시켰다. 활기 넘치는 여름 화단처럼 많은 노력을 들인 원예적 요소들은 온천마을에서 할 수 있는 경험에서 중요한 부분이었다. 바트 드리부르크에 있는 온천호텔과 공원의 소유주인 마르쿠스Marcus와 아나벨레 폰 외인하우젠지어슈토르프Annabelle von Oeynhausen-Sierstorpff는 아트 큐레이터 토마스 켈라인Thomas Kellein을 영입했다. 토마스 켈라인은 오스트베스트팔렌리페Ostwest-falen-Lippe 정원·경관 프로젝트의 일환으로 지방정부로부터 자금을 지원 받아 빈 공간에 설치미술, 조각상, 그 밖의 예술품을 설치하는 일을 맡았다. 켈라인은 온천에 있는 대규모 정원에 식재를 해 달라고 피트에게 의뢰했다. 의뢰인은 예술적인 면에 초점을 맞추어 만들어졌던 전통적인 스파 정원에 현대적인 접근을 해 달라고 요청했다. 온천 주인은 과거 유명 디자이너들에게 작업을 의뢰하기도 했었는데, 피터 코츠Peter Coats는 이곳에 장미원을 조성했었다. 질 클레망Gilles Clément과 아라벨라 레녹스보이드Arabella Lennox-Boyd에게도 의뢰를 했었고, 자클린 판데르클루트는 구근식물 식재를 의뢰받아 작업했었다. 켈라인이 프로젝트에 참여시킨 사람들로는 인도 출신의 영국인 조각가 애니시 커푸어Anish Kapoor와 조경디자이너 마사 슈워츠Martha Schwartz, 개념미술가 제니 홀저Jenny Holzer가 있다.

바트 드리부르크 프로젝트에서 피트가 담당한 정원에는 80종 1만6000개의 식물을 심었다. 대개 그렇듯이 공원의 남은 공간을 여러해살이풀 식재로 채우던 관행과는 달리 피트의 정원은 공원 안에 '독립적'으로 존재한다는 점이 특별했다. 여러해살이풀 식재가 당당히 자기의 자리를 차지하게 된 것이다. 1920년대에 만들어진 비슷한 형태의 여름 화단에 심어진 것과는 전혀 다른 식물들을 사용했지만 전체적인 구성은 쉽게 알아볼 수 있었다.

2010년에 조성된 아주 다른 성격의 독일 프로젝트는 19세기 중반부터 독일 제조업의 핵심 거점이었던 탈산업지대 루르 지방 경관에서 진행되었다. 독일은 다른 어떤 나라보다도 훨씬 더 품위 있는 방식으로 이전 산업부지의 해체에 대처했다. 루르 지방은 결코 활기를 잃어버린 '러스트 벨트'가 되지는 않앉지만 문을 닫은 뒤 쇠락해 가는 산업부지들이 여전히 많다. 경관 재생과 공공예술은 지역의 미래를 만들어 가는 데 중요한 역할을 해 왔고, 이제는 관광객을 끌어들이는 전략의 일부가 되었다. 한때 지저분한 도시였던 에센Essen조차도 2010년 유럽 문화수도European Capital of Culture로 선정되었다. 이처럼 도시를 특별하게 만들어 주었던 프로젝트 중 하나가 베르네 파크라는 이름의 새로운 형태의 공원이었다. 베르네 파크는 조경회사 다비즈 테르프뤼히테 파트너Davids, Terfrüchte + Partner가 과거 산업부지였던 곳에 디자인한 공원이다. 이곳에는 산업용수를 처리하기 위해 만들어졌던 지름 80미터의 콘크리트 저장 탱크가 두 개 있었는데, 조경회사 그로스 맥스Gross Max의 디자인에 따라 이 구조물을 활용한 일종의 설치미술로 식재 작업이 진행되었다. 한곳에는 물 정원이 조성되었고 단을 낮춘 다른 한곳에는 여러해살이풀 정원을 계획하여 피트가 식재 작업을 했다. 하지만 외부에서 반입한 토양에 잡초 뿌리와 씨앗이 섞여 있었던 터라 유지관리에 큰 어려움을 겪었다.

2011년 피트는 독일 북서부 도시 함에 위치한 막시밀리안파크에서 또 다른 작업을 펼쳤다. 막시밀리안파크는 버려진 탄광 위에 만들어진 공원으로, 관광객을 위한 다양한 볼거리들을 구성하여 지역의 정원박람회를 개최한 곳이기도 하다. 조경 작업은 정원박람회를 위해 1984년에 진행되었고, 시간이 흐르면서 예술작품이나 다른 설비도 점점 추가되었다. 피트의 정원은 그중에서 유일하게 원예와 관련된 것이었다.

    아울러 이 시기에 네덜란드 로테르담에서 많은 의뢰가 들어왔다. 로테르담은 역사적으로 무역 중심지였지만 오래 전부터 쇠퇴하기 시작하여 항구 주변으로 유휴지가 생겨나고 있었다. 베스테르카더Westerkade, 서쪽 부두를 따라 만들어진 길이 200미터에 달하는 일련의 식재는 피트의 여느 작업과는 달리 보다 단순하고 시각적인 측면을 강조한 작업이다. 거리를 지나가는 운전자, 강변 산책로를 조깅하거나 산책하는 사람들이 한눈에 이해하고 감상할 수 있도록 디자인했다. 강 하류 쪽으로 조금 걷다 보면 뢰버호프트Leuvehoofd라는 아주 다른 분위기의 식재를 볼 수 있다. 뢰버호프트는 여러해살이풀 그룹 사이로 길게 배치된 대규모의 좀새풀Deschampsia cespitosa 무리가 강변 쪽으로 시선을 유도한다.

독일에서 의뢰받은 두 프로젝트
위: 바트 드리부르크의 그레플리허 파크
아래: 독일 함의 막시밀리안파크

2010년대 후반에 피트는 지금까지 작업했던 프로젝트 중에서 가장 규모가 큰, 면적 6만 제곱미터에 이르는 낸터킷 프로젝트를 맡게 된다. 의뢰인은 이웃한 땅을 사들이고 그가 원하는 공간 배치를 구현하기 위해 주택을 그곳으로 옮겼다. 그런 뒤 피트에게 자신의 비전을 완성시켜 줄 전체 조경디자인을 맡기기로 결정했다. 피트는 어느 정도 자신은 있었지만 "부지가 너무 컸기 때문에 확신이 안 들었어요"라고 고백했다. 피트는 하이 라인을 함께 작업한 동료 제임스 코너에게 연락해 전체적인 조경 계획을 해 달라고 부탁한다.

강한 바람이 불기로 유명한 낸터킷에서는 계속적으로 들이치는 염분 섞인 분무가 식물에게 추가적인 위협 요소였다. 아마 나무는 정상적인 크기에 가깝도록 자라지 못했을 것이다. 피트는 지역 사람들에게 자문을 구했고 시공 업체와 어떤 나무가 살아남을 수 있을지 의논했다. "4미터 정도 자라는 나무는 없을 거라고 말해 주었어요. 산딸나무$^{Cornus\ kousa}$를 심으려 했지만 잘 안 되었습니다." 스스로 잘 자리 잡은 식물 중에는 노각나무^{Stewartia} 종류도 있었다. 여름동백이라고도 불리는 노각나무 종류가 비바람이 들이치지 않는 숲가에서 잘 자랄 수 있다는 점을 생각해 보면 놀라운 일이었다. 피트가 또 놀랐던 사실이 있다. "안 그럴 것 같지만 야산벚나무$^{Prunus\ serrulata}$가 상당히 염분에 강하다고 알려져 있다고 합니다. 사사프라스^{Sassafras}, 감탕나무^{Ilex}, 소귀나무^{Myrica} 종류도 살아남을 거라고 했기 때문에 결국에는 선택할 수 있는 나무가 많았어요." 하지만 피트는 "미지의 영역이 너무 많아서 저에게는 악몽 같았죠"라고 인정한다. 피트는 나무를 심어 비바람을 가려 주는 부지에 블록식재 방식의 여러해살이풀 식재와 초원을 연상시키는 초지 식재 두 가지 방식으로 대규모 공간을 디자인했다. 초지 식재는 자생 그라스 바탕 안에서 꽃피는 여러해살이풀들이 어우러지도록 연출했다.

낸터킷섬의 정원

건축과 예술을 연결하다

2010년 이래로 피트는 건축계와 예술계의 유명인들로부터 점점 더 많은 관심을 받았다. 이는 조경과 정원 업계에 속한 수많은 사람에게 커다란 의미가 있다. 건축가는 전통적으로 조경디자이너를 무시하곤 했다. 건축가architect에게 조경가landscape architect라는 명칭은 종종 "되다 만 건축가architect manqué"로 여겨진다. 하지만 또 조경전문가는 원예가를 무시하는 경향이 있다. 정원사나 정원디자이너원하는 대로 부를 수 있다로 불리는 사람들은 오래도록 전문성을 보장받기 위한 문제로 씨름해 왔다. 심지어는 영국에서 정원 만들기가 존경받는 고도의 예술 분야로 여겨졌던 18세기에도 그것을 실제로 구현하고 관리하는 업무는 지위가 아주 낮았다. 오늘날에도 원예는 대개 취미로 여겨진다. 그럼에도 1980년대 이후로 책이나 토론회를 통해 정원 가꾸기에도 진지한 지적 요소가 담겨 있다는 사실을 증명하기 위한 여러 시도들이 이루어졌다. 2000년대에 진행된 출판물, 심포지엄, 잡지 기사, 관련 행사에서는 주로 "정원 가꾸기는 예술인가?"라는 질문을 중심으로 폭넓은 토론이 펼쳐졌다.

조경전문가들은 그들의 작업이 '경관도시주의landscape urbanism'라는 더 큰 맥락과 어떤 식으로 관계되어 있는지를 잘 보여 주었다. 경관도시주의는 도시를 첫째로 이윤, 둘째로 토지이용을 고려한 상업 건물들의 집합체로 디자인하는 것이 아니라 우선적으로 경관의 관점에서 디자인해야 한다는 개념이다. 많은 건축가가 이러한 움직임에 긍정적인 반응을 보였고, 건축가와 조경가 모두 도시환경을 보다 총체적으로 바라볼 수 있도록 서로의 직업적 관심사를 합해 왔다. 이러한 방향성이 요구되는 한 가지 현실적 이유는 환경문제에 대응하기 위해서는 여러 학문 분야에 걸친 해법이 필요하다는 사실을 알게 되었기 때문이다. 특히 급속도로 성장하고 있는 옥상정원 분야는 건축·조경디자인과 원예가 어떻게 잘 어우러질 수 있는지 보여 주는 좋은 예다.

피트가 처음으로 예술계에서 정원 작업을 하게 된 것은 베니스 비엔날레 기간 동안 한시적으로 설치하는 전시 정원을 만들어 달라고 초청 받았을 때였다. 베니스 비엔날레는 1895년부터 2년마다 열리는 세계 최고 권위의 현대미술

층위식재

피트의 디자인이 복잡해질수록 그것을 실제로 구현해야 하는 담당자들에게 문제가 될 수 있다. 이때 식재를 여러 '층위'로 나누는 피트의 개념은 그 구현 과정을 좀 더 쉽게 만들어 준다. 각각의 층위는 반투명 트레이싱지에 개별적으로 작업하기 때문에 필요에 따라[13] 함께 겹쳐 보거나 따로 보거나 할 수 있다. 식재를 가르치는 내 입장에서는 이런 층위 개념이 대단히 유용하다고 생각한다. 식재는 정의내리기 쉬운 요소들로 구분될 수 있다. 대개는 관목, 교목, 하부식재, 여러해살이풀처럼 아주 뚜렷이 나뉘고 생태적 관점의 생장 형태에 기반한 범주들로 설명한다. 또한 바탕식물, 분산식물, 블록식물처럼 디자인 관점에서 구분한 범주로 설명하기도 한다. 디자인 도구로서 층위는 대단히 유용한 기법으로, 여러 다른 디자인 스타일에도 도입해 적용할 수 있다.

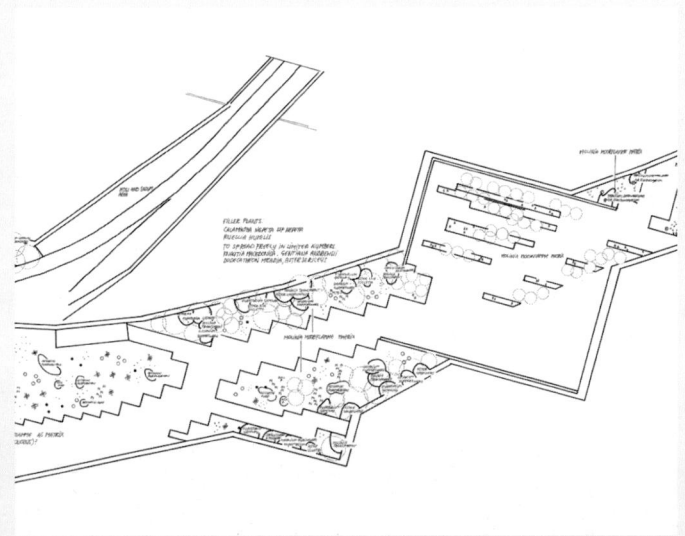

이 도면은 하나의 디자인 안에서 여러 식물 층위들을 잘 보여 준다.

축제다. 1980년부터는 국제건축전으로 알려진 건축 비엔날레와 번갈아 열렸다. 2006년 이래로 건축 비엔날레에서는 건축 분야를 넘어 다른 분야들도 다루기 시작하여 도시계획이라는 보다 광범위한 이슈를 다루었다. 2010년 열두 번째 전시는 일본을 대표하는 건축가 중 한 명인 세지마 가즈요Sejima Kazuyo가 기획했다. 가즈요는 옥외에 배치되는 하나의 전시로 피트에게 정원을 만들어 달라고 의뢰했다. 정원은 정원이 조성된 안뜰의 이름에서 따와 지아르디노 델레 베르지니라는 이름이 붙었다. 해군기지창이라는 역사 유적지에 식재했기 때문에 방치된 것 같은 느낌이 들도록 연출했다.

이듬해에는 런던 서펀타인 갤러리에서 의뢰를 받았다. 스위스 건축가 페터 춤토어Peter Zumthor는 해마다 한 명의 건축가를 초빙해 하이드 파크에 파빌리온을 설치하는 프로젝트에 초청을 받았는데, 그는 피트에게 자신이 디자인한 건축물 중앙부의 중정에 좁고 긴 형태의 여러해살이풀 식재를 해 달라고 요청했다. 춤토어는 이렇게 말했다. "에워싸인 형태의 정원은 저를 매료시킵니다. 왜 그럴까 기억을 더듬어 보면 알프스 농장에서 본 울타리가 둘러진 텃밭정원이 아주 마음에 들었던 게 생각나요. 드넓은 알프스 초지의 한 부분을 잘라 내고 동물로부터 보호하기 위해 울타리를 둘러 만든 이러한 작은 사각 형태의 이미지가 정말 좋아요. 더 넓은 주변 경관 속에 울타리로 에워싸인 정원의 이미지는 저에게 또 하나의 커다란 울림을 주었어요. 어떤 커다란 곳에서 자그마한 무언가가 안식처를 찾은 셈이죠." 물론 피트는 탁 트인 부지에서 작업하는 대규모 식재로 유명해졌다. 심지어 작은 공간에서도 피트가 심은 여러해살이풀은 드넓은 하늘을 향해 뻗어나간다. 서펀타인 갤러리 파빌리온Serpentine Gallery Pavilion 중정에서는 각각의 식물을 보다 세밀하게 감상할 수 있다. 피트의 디자인은 방문객들이 식물을 더 가까이에서 자세히 들여다볼 수 있도록 유도한다. 한시적으로 설치되는 전시형 식재라 영구적인 정원과는 아주 다른 접근법이 요구된다. 조성 즉시 연출 효과를 낼 수 있도록 식물들을 더욱 촘촘하게 심어야 하는데, 꽃박람회에서 꽃 전시대를 만드는 것과 거의 비슷하다. 식물 배치 방식은 더 촘촘하고 강렬하며 복잡하게 구성된다.

위: 2010년 베니스 비엔날레에 조성된 피트 아우돌프 정원
뒤: 런던 켄싱턴 가든Kensington Gardens에 스위스 건축가 페터 춤토어가 디자인한
2011 서펀타인 갤러리 파빌리온

시각적 연출

한 가지 종을 블록 형태로 명료하게 연출하는 여러해살이풀의 시각적 효과는 규모나 엄격한 기하학 형태, 반복으로 대단히 증폭될 수 있다. 브라질의 조경가 호베르투 부를리 마르스는 이런 기법을 활용해 강렬한 시각적 효과를 이끌어 냈다. 수년에 걸쳐 피트 역시도 제한적이나마 이러한 접근법을 활용했다. 피트가 디자인한 여러 작품 속에서 이런 기법은 그다지 중요하지 않은 부분을 차지하지만, 자연주의 양식 선호가 떨어지는 환경이나 문화에서는 유용하고 적합해 보인다.

드림파크의 살비아 강은 이런 종류의 접근법을 극적으로 보여 주는 한 예다. 청색과 보라색 살비아꽃이 보행로를 가로질러 공원 바깥쪽 가장자리에 있는 강을 향해 물결처럼 흐르는 모습이 장관이다. 피트는 자기 디자인을 그대로 복제하지 않는다는 원칙을 이례적으로 깨고 시카고 루리 가든에 더 큰 규모의 살비아 강을 만들었다. 시카고 시민들은 아주 운이 좋은 셈이다.

보다 정형적이고 기하학적인 식재 사례는 1996년 피트가 암스테르담의 새로운 금융 허브 자위다스^{Zuidas} 지구 말러플레인^{Mahlerplein}에 위치한 ABN암로은행 캠퍼스에서 작업한 식재다. 그곳은 금속과 유리로 이루어진 고층 건축물이 급격하게 들어서고 있는 지역이다. 피트의 설명에 따르면 "많은 사람이 고층 건물에서 땅을 내려다보거나 정원 위쪽에 있는 연결 브리지를 걸어 다니기 때문에 시각적 효과를 강조하여 식재를 연출"해야 했다. 여러해살이풀은 단일종 블록을 줄지어 배치했다. 이 프로젝트는 재개발이 진행되면서 대부분 사라졌지만 피트는 2006년에 부분적으로 다시 디자인할 수 있었다. 약 1300제곱미터 면적에 새롭게 만들어진 일련의 식재는 각각의 다른 식물조합으로 구성된 물결 형태로 디자인되었

시카고 루리 가든의 살비아 강

다. 이처럼 규모감 있는 시각적 연출 방식은 그의 작업에서 그다지 즐겨 쓰이지는 않지만, 비슷한 미적 관점에서 더 발전시켜 볼 만한 아이디어와 기회를 제시해 준다.

피트는 시각적 효과를 주기 위해 그라스를 여러 차례 활용해 왔다. 이러한 시도는 대단히 성공적이었다. 특히 꽃이 피는 여러해살이풀과 극명하게 대비되는 경우 훨씬 더 효과적이었다. 그라스 블록은 단순한 모습과 부드러운 질감, 연하고 제한된 색 팔레트를 지녔기 때문에 눈이 쉬어 가기에 이상적인 식물이다. 좀새풀, 스포로볼루스 헤테롤레피스_{둘 다 부드럽고 연하고 아련한 느낌}, 또는 몰리니아 세룰레아_{약간 뻣뻣한 느낌}가 주요 식물로 쓰였다. 본 가든에서는 더 넓은 경관에 스포로볼루스로 구성된 장방형의 화단들을 만들었는데, 마치 이 그라스가 정원에 도입된 자생종인 것 같은 착각을 일으킨다. 스캠프스턴 홀에서는 몰리니아 세룰레아 '포울 페테르센'*Molinia caerulea* 'Poul Petersen'을 심어 극적으로 연출했다.

정원에서 그라스 띠무리Drifts of Grass라고 부르는 구역에는 전통적인 잔디밭 대신에 여러해살이풀들이 마치 물결치는 듯한 형태의 띠 식재를 연출했다. 1년 내내 매우 다양한 모습을 보여 주고 감상하는 각도에 따라 느낌이 달라진다. 보는 사람이 그 물결 모양 식재와 수직으로 있을 때는 단순한 초지처럼 느껴지지만, 물결의 선을 따라 감상하면 전체 형태의 시각적 인상을 온전히 감상할 수 있다. 빛과 그림자 역시도 물결 모양 식재가 눈에 보이는 방식을 보다 다양하게 변화시킨다. 이처럼 아주 단순한 구성의 식재디자인은 관상용 그라스의 잠재력을 극적으로 보여 주는 하나의 예다. 관상용 그라스는 완전히 현대적이거나 아주 정형적인 방식으로 디자인할 수 있다. 물결 모양으로 연출하는 그라스 식재의 단점은 그 시각적 효과가 1년 중 특정 시기에만 지속된다는 점이다. 하지만 어떤 사람들에게는 가지치기로 모양낸 관목을 활용한 전통적인 정형 요소와 비교했을 때, 미세하게 부는 바람에도 흔들리며 새로운 차원을 선사하기 때문에 그 단점을 상쇄하고도 남는다.

암스테르담 인근 ABN암로은행 본사의 식재

해외 정원 작업

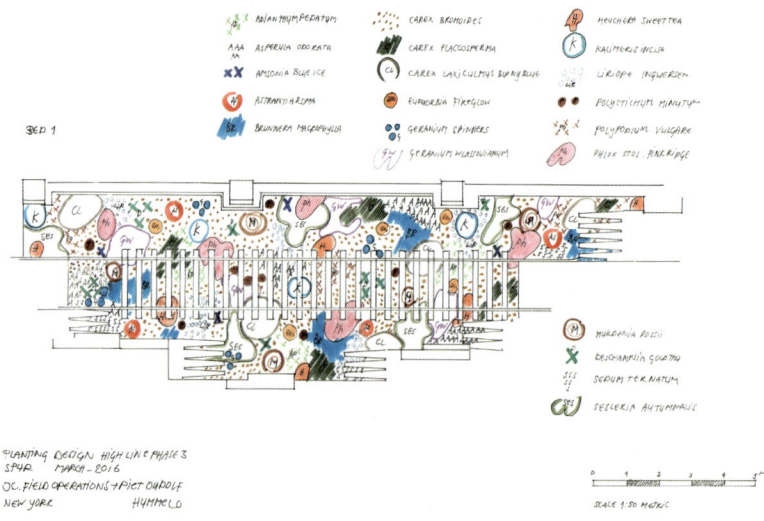

위: 1990년대 피트 아우돌프와 노엘 킹스버리
아래: 피트 아우돌프가 손으로 그린 하이 라인 세 번째 단계의 도면

디자인과 식물 활용에 관한 새로운 지평

같은 해인 2011년에 우리는 피트가 그동안 새로운 작업 경험과 아이디어를 충분히 축적했다고 생각했다. 그래서 함께 세 번째 책을 써도 좋겠다는 데 동의하여 2013년 봄 또 한 권의 책 《식재디자인: 새로운 정원을 꿈꾸며Planting: A New Perspective》를 출간했다. 이 책에서는 어떻게 혼합 방식의 식재가 구현될 수 있는지 주로 피트의 도면을 바탕으로 설명했다. '바탕식재'라 부르기도 하는 이 개념은 우리에게는 오늘날 식재디자인 분야의 시대정신처럼 느껴졌다. 핵심은 다양한 종들이 조합된 식재 혼합체를 만드는 방식에 관한 것이다. 피트는 2000년 즈음부터 이러한 방식을 실험해 왔고, 또 이 방식은 독일과 스위스 동료들이 지향하는 식재디자인 연구의 주된 부분이었다. 혼합식재는 동쪽으로는 체코와 슬로바키아로 더 전파되고 있었고, 일부 영국 정원디자이너들도 조심스럽게 시도하고 있었다. 위스콘신의 로이 디블릭은 독자적으로 유사한 방법론을 제시했으며, 영국의 디자이너 댄 피어슨도 대단히 흥미로운 식재의 혼합 체계를 고안했다. 하지만 댄 피어슨의 방식은 일본 홋카이도의 도카치 천년의 숲Tokachi Millennium Forest에서만 적용되었다.

이 책은 피트 작업에 관한 논의 내용과 맞추어 여러해살이풀 장기 활동성에 관한 내 연구 결과 일부를 함께 수록할 수 있는 기회이기도 했다. 나는 2008년 셰필드대학교에서 〈생태적 관점에서 본 관상용 초본식생의 활동성에 관한 연구: 생산적 환경에서 경쟁 양상을 중심으로An investigation into the performance of species in ecologically based ornamental herbaceous vegetation, with particular reference to competition in productive environments〉라는 제목의 논문으로 박사학위를 받았다. 기본적으로 나는 식물생태학적 지식을 여러해살이풀 식재에 적용하고자 했다. 어떻게 하면 여러해살이풀을 상업적으로 이용하는 사람들이 올바른 식물 선택을 할 수 있도록 도울 수 있는지 그 방법을 이해하기 위해서였다. 박사학위 논문을 위한 연구의 문제 중 하나는 애초에 문제 설정이 잘못되었다는 사실을 알게 될 뿐임에도 불구하고 연구 질문을 찾기 위해 너무 많은 시간을 허비한다는 점이다. 요컨대 내가 아무리 해도 알지 못할 것이라는 사실을 처음에 깨달았으면 좋았을 것이다. 운이 좋게도 2009년에 나는 유럽연합의 지원을 받아 셰필드대학교가 파트너로 있는 연구프로젝트에 참여할 수 있었다. 전체 주제는 공공공간 관리

바탕식재

피트가 루리 가든을 만들었을 때, 그의 디자인에서 새로운 차원의 복잡성과 정교함이 나타났다. 다른 곳에서 성공적이라 입증되었던 여러 요소가 나타나는 동시에 몇 가지 혁신적인 기법들도 엿보인다. 식재의 대부분은 식물을 종별로 무리 지어 심은 무더기들로 이루어져 있지만, 정원 남쪽 끝부분에 위치한 '초지정원'으로 알려진 작은 구역에는 혁신적으로 혼합식재를 적용했다. 이곳의 식물들은 진정한 의미의 자연주의 방식으로 혼합되어 있다. 북미 자생종 스포로볼루스 헤테롤레피스를 비롯한 관상용 그라스로 이루어진 바탕식재는 그 사이사이에 솟아오른 다양한 여러해살이풀에 의해 갈라진다. 여러해살이풀의 잎과 꽃이 지닌 색과 질감은 그라스와 대비되며 더욱 도드라진다. 루리 가든은 피트가 바탕식재 기법을 처음으로 시도한 프로젝트 중 하나다. 하지만 그 후로 피트를 상징하는 시그너처 방식이 되었고 실제로 현대 정원디자인에서 주류의 방식이 되어 가고 있다. 피트는 바탕식재가 "하이 라인 디자인에 주된 영감을 주었다"고 설명했다.

'바탕^{matrix}'이라는 단어는 '어머니^{mother}'라는 의미를 지닌 라틴어에서 유래했다. 때문에 조경디자인 맥락에서 바탕 개념은 다른 요소들이 생성되는 모체와 같은 것이다. 자생 경관에서 식물군락은 보통 우점하는 한 가지 식물종 그룹과 여러 종류의 소수 요소로 이루어진다. 예를 들어, 초지와 프레리는 생물량의 80퍼센트 정도가 그라스로 이루어진 초원 식물군락이다. 야생화 종들은 나머지 20퍼센트 정도만을 차지할 뿐이다. 바탕식재는 미적이고 실용적인 이유로 자연에서 볼 수 있는 이러한 풍경을 재현하는 것을 목표로 한다.

피트는 주로 시각적 연출 관점에서 바탕식재 개념을 매력적이라 여긴다. 식재를 하나의 통일된 전체로 보이게 하기 쉽고, 그 안에 심어진 다른 식물들과 대비시키는 역할도 하기 때문이다. 피트가 바탕 개념을 처음으로 적용한 것은 1996년 베리 코트의 좀새풀 초지에서였다. 좀새풀 초지는 부드러운 질감의 매력적인 구역으로, 시각적으로 더 두드러지는 식재의 나머지 부분과 은은하게 대비된다. 이 식재는 조경전문가와 개인정원 소유주 모두가 널리 모방했지만, 기존에 사용한 그라스에 여러 문제가 생겨서 현재는 몰리니아 세룰레아 '포울 페테르센'으로 대체되었다. 존 코크는 바탕식재 안에 디기탈리스 페루기네아^{Digitalis ferruginea}와 다른 여러해살이풀을 심어서 대비 효과를 냈다.

피트는 이후에 스포로볼루스 헤테롤레피스가 좀새풀과 시각적으로 비슷하면서도 확실히 더 오래 산다는 것을 알게 되었다[14]. 피트는 낸터킷 정원에서 꽃피는 여러해살이풀들을 위한 바탕식물로 스포로볼루스 헤테롤레피스를 심었다. 하지만 좀새풀은 로테르담 부둣가에 식재한 뢰버호프트²⁰¹²에서는 효과가 좋았다. 총생형 그라스^{촘촘한 다발로 자라는 그라스}

낸터킷 개인정원

와 여러해살이풀의 조합이 상당한 가능성이 있다고 여길 만한 여러 합당한 이유가 있다. 제임스 히치모는 1994년 어느 기사에서 이러한 방식의 조합이 관상가치가 있으면서도 유지관리에 용이한 조합을 만드는 데 아주 효과적이라 제안했었다[15]. 현재 하이 라인은 그라스 중심의 바탕식재를 감상하기에 가장 좋은 장소다. 자생종 그라스를 활용하면서 거의 자생종인 여러해살이풀들이 그 사이사이로 불쑥 나타나듯이 연출하는 방식은 하이 라인에서 가장 기억에 남을 만한 장면을 만들어 낸다. 또 공원화 이전 철로에 점점이 흩어 자라던 자생식생의 모습을 효과적으로 떠오르게 한다. 그라스 종류인 세슬레리아*Sesleria*도 본2006의 리버사이드 레지던스 가든Riverside Residence garden에서 바탕식물로 쓰였다. 다양한 사초*Carex* 종류도 바탕식물로 잠재력이 있지만 현재까지는 키가 작고 잘 번지는 종들이 북미에서만 시험 재배되어 유통되고 있다. 하지만 카렉스 글라우카*C. glauca*처럼 비슷한 효과를 낼 수 있는 유럽 종들도 있다.

　최근 피트의 디자인에는 바탕식재를 구성하는 데 필요한 식물종의 개수가 늘어나고 있다. 때로는 자연의 어떤 바탕에서도 볼 수 없는 두세 가지 종을 자주 함께 사용하기도 한다. 이러한 종에는 에키나세아와 지중해에린지움*Eryngium bourgatii* 품종이 있는데, 대개 스포로볼루스와 함께 쓰인다. 에키나세아와 지중해에린지움은 관리되지 않으면 결국 그라스로 대체될 것이기 때문에 일시적인 요소로 볼 수 있다. 플러그 식물2.5센티미터의 작은 포트에서 대규모로 기르는 어린 여러해살이풀을 높은 밀도로 심는 것도 자연에 가까운 식재나 무작위 바탕식재를 구현하는 데 효과적인 방식이다. 이러한 개념은 펜실베이니아주에 있는 노스 크릭 너서리스에서 제안하는 방식이다.

　혼합과 마찬가지로 바탕 개념을 활용하는 피트의 작업은 발전 과정의 초기 단계다. 피트뿐만 아니라 이 같은 식재 방식의 기술적·생태적 측면에 관심이 있는 사람들 모두가 더 많은 혁신을 이루어 낼 것이다. 일단 바탕식재는 드세고 공격적으로 번지는 습성의 여러해살이풀을 '길들이고' 효과적으로 활용하는 방법이라 하겠다.

SECTION D

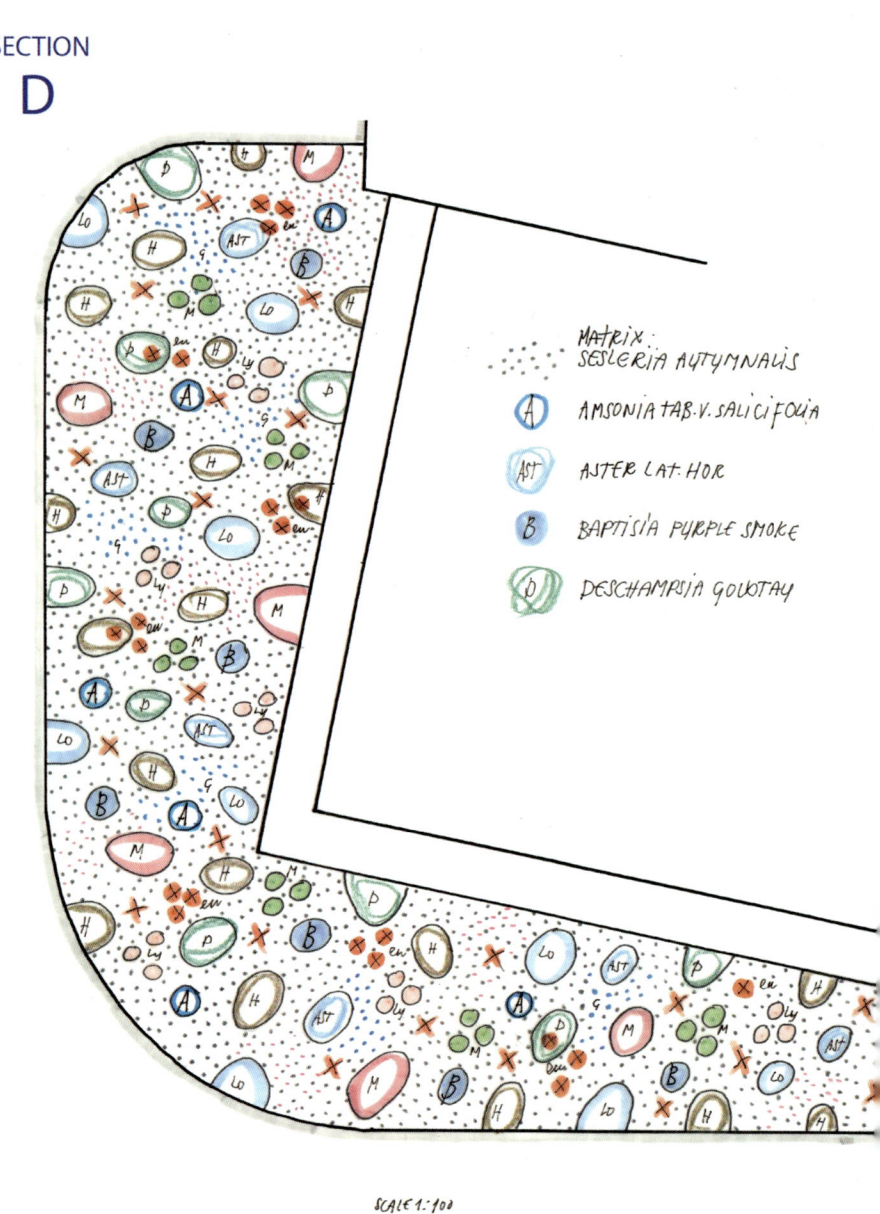

UPHORBIA DIXTER
GERANIUM BROOKSIDE
EUM FLAMES OF PASSION
EUCHERA VILLOSA
OBELIA SIPHILITICA

LYTHRUM BLUSH
MOLINIA DAYERSTRAHL
MONARDA BRADBYRIANA
PAPAVER PERRY'S WHITE

PERENNIAL PLANTING DESIGN FOR
VITRA CAMPUS WEIL AM RHEIN
SCALE 1:100   DATE MARCH 2019

해외 정원 작업

를 위한 비용 효율적인 모범 사례에 관한 것이었기 때문에, 〈전문가 설문조사에 기반한 관상용 초본식물의 장기 활동성 평가Evaluating the Long-Term Performance of Ornamental Herbaceous Plants Using a Questionnaire-Based Practitioner Survey〉라는 제목의 내 논문은 아주 적절했다. 이 연구로 내 박사논문의 느슨한 끝을 매듭짓고, 논문에서 제기했던 여러 연구 질문들이 타당하다는 것을 보여 주고 명확히 정리할 수 있었다. 나는 정원에서 주로 심는 일부 여러해살이풀의 장기 활동성에 관하여 약 70여 명의 정원사대부분 아마추어와 인터뷰를 진행했다. 정원 가꾸기를 수십 년 동안 해 왔던 사람들도 있었는데, 그중 두 명은 심지어 나이가 90대였다.

그 연구를 바탕으로 나는 피트가 디자이너로 성공할 수 있었던 단순하고 합리적인 이유를 이해하게 되었다. 그것은 바로 피트가 심는 식물들은 살아남기 때문이다. 나는 톰 스튜어트스미스와 나눈 대화에서 피트의 식재가 지속성이 얼마나 좋은지에 관해 그가 놀라워 했다는 사실을 기억한다. 아름다운 정원을 만들 수 있는 것과 추가적인 보식이 거의 없어도 10년 뒤에도 대부분이 잘 자랄 수 있는 것은 다른 차원의 문제다. 재배가로 활동한 피트의 경험과 식물 수명에 관한 지속적인 관심은 피트 디자인의 핵심이다. 나의 연구가 식물 형태, 시간에 따른 생장, 생리학 등에 관해 독자들에게 도움이 되는 내용을 제공하면서 피트의 지식을 보충했으리라 믿는다. 식물 형태와 활동성 간의 관계를 더 잘 이해하는 일은 익숙하지 않은 식물의 장기 활동성을 예측하는 데 아주 중요한 부분이라고 생각한다.

다른 출판물로, 초기에 헹크 헤릿선과 협업한 《자연정원을 위한 꿈의 식물Planting the Natural Garden》74페이지 참조은 2019년 가을에 개정판이 출간되었다. 특정 프로젝트를 자세히 다룬 그 밖의 책으로는 피트와 릭 다크가 협업하여 2017년 7월에 출간한 《하이 라인 정원Gardens of the High Line: Elevating the Nature of Modern Landscapes》과 2019년에 출간한 로리 뒤수아르Rory Dusoir의 《하우저 앤드 워스 서머싯의 아우돌프 정원 식재Planting the Oudolf Gardens at Hauser & Wirth Somerset》가 있다.

수상

2021년 9월 27일 피트는 영국왕립건축가협회Royal Institute of British Architects에서 명예상을 수상했다. 피트는 조경전문가로서 상을 받은 몇 안 되는 인물 중

한 명이고, 식물을 매체로 작업하는 디자이너로서는 유일했다. 영국왕립건축가협회는 "보다 지속가능한 공동체의 구축과 미래 세대 교육"을 비롯해 "넓은 의미에서 건축에 특별한 공헌을 한" 이들에게 이 상을 수여한다고 밝혔다.

2013년 피트는 프린스 베른하르트 문화 기금Prince Bernhard Culture Fund으로부터 최고의 네덜란드 문화상을 수상했다. 이 상은 "음악, 연극, 무용, 시각예술, 역사, 문학, 유적, 문화 또는 자연 보전 분야에 공헌한 개인이나 기관"에게 수여된다. 수상 내용을 인용하면 "정원 가꾸기와 조경디자인 분야에서 이룬 업적", 특히 "네덜란드와 해외에서 정원문화 발전에 끼친 엄청난 영향력"을 언급했다. 시상식은 10월 11일에 암스테르담 수변에 있는 현대식 콘서트홀 뮤지크헤바우Muziekgebouw aan 't IJ에서 열렸다. 피트는 행사가 한시간 동안 진행된다는 이야기를 전해 들었지만 "서프라이즈 효과를 기대했기 때문에" 세부 일정에는 개입하지 않았다. 연설이 진행되었고 레너드 코언Leonard Cohen, 피트가 정말 좋아하는 연주가의 곡들을 연주하는 밴드를 포함하여 여러 예술가가 음악을 연주했다. 2011년 출간된 피트가 디자인한 23개 정원을 자세히 다룬 책 《경관 속 경관Landscapes in Landscapes》의 사진들이 거대한 스크린에 투영되는 동안 한 여성은 라틴어 식물명 목록을 읽어 내려갔다. 댄서들은 피트의 아이패드에서 선택한 몇몇 힙합 음악에 맞추어 공연을 했다. 끝으로 막시마 여왕이 상을 수여했다.

이 상은 피트 개인을 위한 상인 동시에 수상자가 공익을 위해 기금을 쓸 수 있는 상이기도 했다. 피트는 도시 지역에서 진행되는 시민 중심의 자원봉사 프로젝트들을 위해 돈을 기부하는 '마을 녹지Green in the Neighborhood'라는 이름의 기금 설립을 준비하고 있다. 이러한 프로젝트에는 개발 예정지를 임시로 가꾸기 위한 씨앗 파종 기반 식재, 쌈지공원, 채소밭 같은 한시적인 프로젝트들이 포함될 수 있다. 피트는 재단 위원회와 협력하여 기금을 승인할 것이다.

2018년 6월에는 이전까지 주로 예술가들에 관한 영화를 찍었던 토마스 파이퍼Thomas Piper의 영화 〈다섯 계절: 피트 아우돌프의 정원Five Seasons: The Gardens of Piet Oudolf〉이 뉴욕에서 개봉되었다. 정원을 만드는 사람들 중 그 누구도 영화에서 이 같은 방식으로 다루어진 적이 없었기 때문에 아주 특별한 기회였다. 엄밀한 의미의 기록 영화라기보다 피트와 그의 삶, 그의 정원들을 기리는 방식으

로 연출했다. 장시간 노출로 담아 낸 정원의 모습부터 치즈를 구매하거나 텍사스 길가의 바비큐 식당에 들르는 모습에 이르기까지 서정성과 일상성을 오가며 다양한 순간들을 포착해 냈다. 수개월에 걸쳐 한자리에 고정된 웹캠으로 찍은기술적으로 매우 도전적인 방식이었다 후멜로 정원과 루리 가든의 타임 랩스 영상은 대단히 인상 깊었다. 완전히 새로운 형태의 매체를 활용하여 정원을 담아 낸 이 영상은 식재디자인이 시간이 지나며 어떻게 변화하는지 여실히 보여 주었다. 영화는 이제 전 세계의 정원 단체와 예술 영화 전용관에서 상영되어 새로운 대중에게 피트와 그의 작품, 그리고 아마도 가장 결정적으로 식재디자인에 관한 인식을 높여 주었다. 사실 피트를 조명한 영화가 이게 처음은 아니었다. 2016년에 바바라 덴아윌Barbara den Uyl이 〈손 내밀면 닿을 낙원Paradijs binnen handbereik〉이라는 제목의 다큐멘터리 영화를 제작했었다.

계속되는 해외 작업

2010년대에 작업했던 주요 프로젝트로는 아트딜러 하우저 앤드 워스Hauser & Wirth로부터 의뢰받은 작업이다. 잉글랜드 남서부 서머싯주 브루턴Bruton 인근의 옛 농장 건물 단지에 만들 갤러리의 정원과 기타 식재 공간을 조성한 일로, 갤러리는 2013년에 개장했다. 프로젝트의 핵심 부분은 갤러리 메인 건물 동쪽에 위치한 약 6000제곱미터 면적의 정원이다. 하우저 앤드 워스 갤러리에서 의뢰했던 프로젝트는 피트의 가장 중요한 작업으로 손꼽히는데, 입지적인 특성 때문이었다. 런던행 열차를 탈 수 있는 철도역이 바로 옆에 있고 인근에는 런던 외곽에 있는 도시들 중 영국에서 가장 역동적이고 창의적인 도시 브리스톨Bristol이 가까웠기 때문에 누구나 쉽게 접근할 수 있었다. 서로 맞물린 듯한 17개의 곡선형 화단에 식재를 했고 화단은 갤러리 건물로부터 완만하게 경사가 져 있다. 표층 아래의 흙은 점토 함량이 높았기 때문에 저지대 부분에는 내습성 식물들을 높은 비율로 심었지만, 물에 잠겨 몇 년간 계속 문제가 되었다.

하우저 앤드 워스 갤러리 정원의 식재가 인상적으로 느껴지는 주된 이유는 피트의 초기 작품들을 연상시키는 커다란 블록을 활용해 디자인했기 때문이다. 한 동료가 설명하듯 이러한 블록식재 방식은 "피트의 최고 히트작"이다. 블록식재는 안목 있는 많은 대중에게 여러해살이풀 식재에 관한 그의 접근법을 널리 알리고 쉽게 다가갈 수 있게 했다. 아마도 가장 중요한 점은 정원과 식재디자인이 하나의 예술 형태일 수 있다는 사실을 부각시킨다는 것이다. 블록 식재는 식재디자인이나 식물 선정에 관한 강좌를 진행하는 모든 이에게 훌륭한 교육 자료가 된다. 이 지역에서는 21세기 초반 정원 만들기에 관한 관심이 급증했는데, 주로 브리스톨과 바스Bath의 도시들이 그런 경향을 보였다. 이에 발맞추어 하우저 앤드 워스에서는 정원 관련 주제로 종종 강의와 행사를 열었다. 그 결과 원예 조경산업 전반에서 엄청난 잠재력을 지닌 정원 만들기의 위상이 높아졌고, 하우저 앤드 워스 프로젝트를 더욱 값지게 만들었다.

비슷한 시기에 만들어진 또 다른 프로젝트로는 2012년 런던 올림픽 파크에서 이름이 바뀐 퀸 엘리자베스 올림픽 파크Queen Elizabeth Olympic Park의 수백 미터 길이의 녹지대에 작업한 '리본' 형태 식재다. 피트가 작업한 식재 구역은 나이절 더닛과 제임스 히치모가 식재한 일부 구역과 가깝다. 나이절 더닛과 제임스 히치모는 셰필드대학교 조경학과 교수로 오늘날 지속가능한 식재디자인 연구 분야에서 가장 혁신적인 성과를 보여 주는 이들로 손꼽힌다. 2012년 더닛과 히치모는 피트를 셰필드대학교의 초빙교수로 위촉했고, 그에게 명예 학위를 수여했다. 퀸 엘리자베스 올림픽 파크 프로젝트는 영국의 공공공간에서 흔하게 발생하는 유지관리 예산의 부족 문제로 어려움을 겪었지만, 유지관리팀은 아주 제한적인 자원을 가지고도 능숙하고 창의적으로 업무를 수행하는 놀라운 헌신을 보여 주었다. 특기할 만한 점은 이 식재가 피트의 작업을 보다 다양한 문화권의 사람들이 접할 수 있게 했다는 사실이다. 주변 지역이 유럽에서 사회적으로든 민족적으로든 가장 다양한 사람이 뒤섞여 살아가는 곳 중 하나인데, 지역의 모든 공동체에서 이 공원을 아주 광범위하게 여가를 위한 공간으로 이용하는 것으로 보인다.

이전에 런던에서 작업한 또 다른 공공 프로젝트는 2007년에 만들어진 작은 공원인 포터스 필즈다. 템스강 남쪽 제방에 위치한 포터스 필즈는 런던의 상징으로 잘 알려진 타워 브리지뿐만 아니라 역사적으로 중요한 런던탑도 보이는 곳이다. 런던광역시에서는 이 새로운 공원의 종합 계획을 조경회사 그로스맥스에 맡겼다. 네덜란드인 에일코 호프트만Eelco Hooftman 대표는 피트를 작업

잉글랜드 서머싯주 하우저 앤드 워스 갤러리의 정원. 예전과는 다른 방식의 동선 계획으로 방문객들이 다양한 시점에서 식재를 감상할 수 있게 했다.

위, 오른쪽, 뒤: 하우저 앤드 워스 서머싯의 계절별 풍경

위, 오른쪽, 뒤: 잉글랜드에서 작업한 개인정원

런던의 포터스 필즈

에 합류시켰고 "우리는 서로 호감을 느꼈기 때문에 거의 대화가 필요 없었어요"라고 말했다. 이 프로젝트도 오늘날의 여러 공공조경 프로젝트에서 볼 수 있듯이 시민들의 참여가 요구되었다. 지역 주민들과 많은 대화를 시도해 그들이 무엇을 원하는지에 관한 의견을 수렴하고 디자인에 반영해야 했다. 하지만 지역 공원 담당 직원이 운영하는 정원의 가장 큰 문제는 유지관리 부분, 더 정확히 말하면 유지관리가 제대로 이루어지지 않는다는 점이다. 피트는 포터스 필즈가 지역 당국이 아닌 위탁 방식으로 관리하는 경우에만 디자인을 맡겠다고 주장했다. 이러한 조건은 받아들여졌고 그 결과 공원을 한 사람이 책임지고 돌보고 유지관리하게 되었다.

하우저 앤드 워스를 알게 된 덕분에 피트는 조각가 에두아르도 칠리다Eduardo Chillida, 1924-2002의 작업을 기리는 스페인 바스크 지방의 칠리다레쿠미술관에서 알바로 데라로사 마우라Álvaro de la Rosa Maura와 협업하여 식재 작업을 해 달라는 요청을 받았다. 미술관 이사인 미레이아 마사게Mireia Massagué는 2000년에 문을 연 칠리다 레쿠가 어떻게 개선되어야 하는지를 다음과 같이 설명했다. "칠리다 레쿠를 21세기의 미술관으로 변화시키려면 무엇을 추가할지 검토할 필요가 있었죠. 한 명의 아티스트만을 위해 만들어진 미술관이 어떻게 새롭게 탈바꿈하고 사람들을 계속 끌어들이며 새로운 유형의 예술을 도입할 건지 고민해야 해요. 미술관의 자연은 중요했기에 피트에게 물어보고 싶었죠. 우리는 피트에게 칠리다 가족을 만나 보자고 이야기했고 좋은 만남이 이루어졌습니다. 칠리다도 피트를 만나 보고 싶어 했을 거예요. 그렇게 우리는 그에게 입구 주변 식재를 의뢰했죠." 미술관 부지 일부 공간에는 칠리다의 작품이 자연환경 안에 잘 녹아들어 있다. 하지만 미레이아는 "예술작품은 각자만의 공간이 필요한데, 피트 작품 역시도 그렇죠. 피트의 정원은 아주 독특한 경험을 선사하기 때문에 다른 어떤 것들과도 섞이지 않았어요"라고 말했다.

네덜란드에서 작업한 또 다른 미술관 프로젝트로는 2016년에 조성된 바세나르Wassenaar의 포를린던미술관현대미술센터과 윌리엄 헨리 싱어William Henry Singer, 1868-1943와 그의 아내 애나Anna의 컬렉션을 보관하고 있는 라런Laren의 싱어 뮤지엄이다. 두 곳 모두 그룹식재와 일부 바탕식재를 기반으로 한 식재 조합이 특징이다. 특

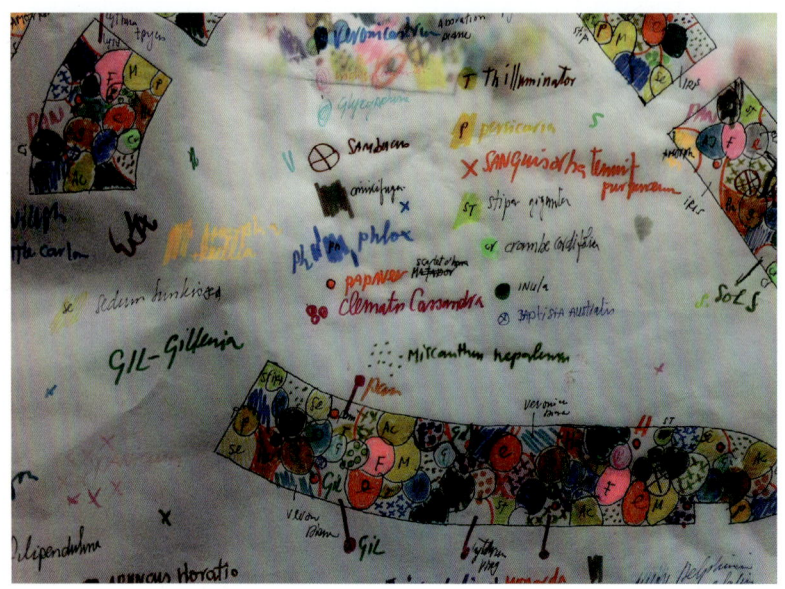

위, 오른쪽, 뒤: 런던 퀸 엘리자베스 올림픽 파크의 도면과 실제로 구현된 모습

히 바탕식물로 그라스 종류인 세슬레리아 아우툼날리스*Sesleria autumnalis*를 심었다. 이 식물은 이러한 역할에 가장 적합한 그라스로 입증되었다. 생장력이 적당해서 혼합을 이루는 이웃 종에게 피해가 안 되고 잎 색깔이 연해서 다른 여러해살이풀의 효과적인 배경 역할을 할 수 있기 때문이다. 2016년에 조성된 싱어 뮤지엄 식재는 잔디밭을 들어내고 여러해살이풀을 심었다. 그 부분적인 이유는 꽃가루 매개자를 배려하기 위해서였다. 2018년에 싱어 뮤지엄은 보통 순수미술가에게 주는 올해의 싱어 상을 피트에게 수여하며 다음과 같이 말했다. "우리는 피트를 예술가라고 생각합니다. 피트는 대지를 하나의 캔버스로 활용하여 꽃피는 여러해살이풀·관목·교목으로 색을 입히죠." 피트와 오랫동안 일 해왔던 클리미 스네이더르Climmy Schneider는 이 프로젝트에 특별히 참여했고 해마다 여섯 차례 정도 방문했다. 그녀는 "네덜란드 정원사라고 모두가 여러해살이 식물이나 자연의 방식으로 식물을 사용하는 방법에 친숙한 것은 아닙니다. 따라서 자문으로 지원하는 방식이 효과적일 수 있어요"라고 말했다.

 독립적으로 일하는 정원디자이너 클리미 스네이더르는 피트가 자클린 판데르클루트, 헤인 코닝언과 플로리아드 정원 작업을 하고 있던 2002년에 그와 처음 만났다. 스네이더르는 피트를 위해 몇 장의 드로잉을 하기 시작했다. 그녀는 "당시에는 식물을 잘 몰랐어요"라고 회상한다. 그 이후 안야는 피트와 함께 휴가를 가려고 했을 때 스네이더르에게 육묘장에 와서 관리를 좀 해 줄 수 있겠냐고 부탁했다. 확실한 신임을 받고 있었던 셈이다. 오랜 시간에 걸쳐 스네이더르는 피트의 여러 프로젝트에 참여했는데, 주로 규모가 더 작거나 싱어 뮤지엄처럼 고객과 지속적으로 연락하는 일이 중요한 프로젝트들을 담당했다.

 2010년대에 피트가 작업했던 가장 중요한 프로젝트 중 하나는 델라웨어식물원 식재. 2011년 지역 주민들로 이루어진 단체가 결성되어 휴양과 교육의 역할을 하고 자생식물에 뚜렷한 초점을 맞춘 공공정원을 조성하기 위해 부지를 찾아 나섰다. 다른 프로젝트와는 달리 재력 있는 후원자들이 전혀 없는 대신, 최소한의 자원으로도 공공정원을 조성하고 유지관리할 수 있다고 굳게 믿는 시민 그룹이 있었다. 이 글을 쓰는 시점을 기준으로 하면, 델라웨어식물원에는 세 명의 전임 직원과 약 200명의 자원봉사자들이 있다. 이 프로젝트야말로 진정한 지역 사회의 노력이라는 사실을 엿볼 수 있다. 피트는 바버라 카츠Barbara Katz에

네덜란드 바세나르의 포를린던미술관

네덜란드 라런에 있는 싱어 뮤지엄

델라웨어식물원

게 연락을 받았고 원예 책임자인 그렉 테퍼Gregg Tepper를 만났다. 그 정원 회장인 레이 샌더Ray Sander는 2015년 피트와 처음 만났을 때를 이렇게 묘사한다. "피트는 친근하게 다가가 쉽게 이야기를 나눌 수 있는 사람 같았습니다. 요청한 디자인 비용이 생각보다 적어서 놀라기도 했어요." 식물원의 전체 계획을 고려하면 중앙부에 눈을 사로잡는 뭔가가 필요했고 아우돌프 식재가 그 자리를 차지하는 게 가장 이상적으로 여겨졌다. 정원 면적의 대부분이 자연 또는 반자연 서식처로 이루어져 있기 때문에 대중 참여의 관점에서 보다 강한 인상을 주는 디자인의 작품이 중앙에 배치되는 것은 합당한 일이었다.

메도 가든Meadow Garden이라는 별명이 붙은 1만 제곱미터 면적의 식재는 약 85퍼센트 정도가 자생종으로 이루어졌다. 피트가 미국에서 작업했던 다른 프로젝트보다 자생종 비율이 훨씬 더 높았는데, 이는 지역 식물상에 주안점을 두는 식물원이라는 맥락으로 보았을 때 바람직한 것이었다. 대부분의 면적에 세 가지 그라스 종을 개별적으로 활용한 바탕식재가 적용되었다. 바탕식물로 스포로볼루스 헤테롤레피스, 보우텔로우아 쿠르티펜둘라Bouteloua curtipendula, 두 가지 품종의 스키자키리움 스코파리움을 심었다. 이러한 식물 활용은 자연의 초원 모습을 양식화해서 표현하는 데 효과적이다. 사용된 식물종과 품종의 개수는 아마도 전형적인 피트의 식재보다 적겠지만 그 때문에 오히려 자연스러운 경관이 돋보일 것이다. 디자인에 활용할 지역 자생식물에 관한 조언은 초기에 그렉 테퍼가 제공했고, 그 뒤에는 후임 원예 책임자인 브라이언 트레이더Brian Trader나 지역의 다른 자문가들에게 조언을 구했다. 식재 의도 중 일부는 꽃가루 매개자를 배려하고 북쪽에서 남쪽으로 이동하는 철새들의 경로에 위치한 정원이 새들의 생활에 도움이 되게 하는 것이었다.

메도 가든은 2017년 9월에 시작하여 세 단계로 진행되었다. 레이 샌더의 말에 따르면 로이 디블릭이 땅에 스프레이를 뿌려 식재 구역을 그리면 자원봉사자들이 식물을 옮겨 심었다. 자원봉사자 중 한 명이었던 라사 라우리나비치에네Rasa Laurinavičienė는 2018년 봄 1만 7000개의 식물을 배치하고 심는 두 번째 단계에 지원했다. 라사는 고국 리투아니아에서 여러해살이풀을 앞장서서 알리고 있는 인물로 아주 열심히 소셜 미디어에 여행 기록을 올리고 있으며, 특별히 델라웨어에 와서 1주일간 머물면서 작업을 도왔다. 라사는 "디자인이 어떻게 땅 위로 옮겨지는지, 사전 부지 작업은 어떻게 준비되고 어떻게 멀칭이 이루어

졌는지, 패턴은 땅에서 어떻게 바뀌는지"를 기록했다. "피트는 오직 몇 명에게만 이 일을 도와 달라고 요청하는데, 델라웨어식물원에서는 로이 디블리과 오스틴 아이샤이드Austin Eischeid가 작업했다. 식물은 작은 깃발 시스템으로 배치되었다. 디자인이 복잡할 경우 그런 시스템이 없이 작업하는 걸 상상하기 어려울 정도였다"라는 기록처럼 이 작업은 일의 체계가 매우 중요했다. 라사가 말하는 깃발은 건설 또는 조경 현장에서 흔히 쓰는 색이 입혀진 플라스틱 소재의 작은 깃발이다. 나 역시 개인적으로 깃발이 놀라울 정도로 쓸모가 있다고 생각했는데, 대서양 건너편 지역에서만 사용된다는 점이 놀라웠다.

라사는 "100여 명의 자원봉사자가 있었습니다. 대부분의 사람들이 식물을 나르고 심었지만 그 식물에 관해 잘 알지는 못했죠. 때문에 우리는 팀의 주장처럼 행동했어요"라고 회상한다. "분위기가 아주 좋았죠. 우리를 위해 큰 집을 빌려 주어서 그곳에서 작업 팀과 핵심 자원봉사자들이 머무르며 제공 받은 식사도 함께했습니다. 모든 게 준비되어 있던 셈이죠. 피트는 주말에 들렀어요. 피트도 그곳에 머물렀기 때문에 많은 만남이 이루어졌습니다. 피트가 디트로이트에서 작업하는 새 정원 프로젝트의 담당자들도 어떻게 작업이 진행되는지를 배우려고 그곳에 왔었죠."

현장에서 식물을 배치하고 심는 작업을 진행해 준 또 다른 동료로 여러해살이 풀을 활용한 디자인, 특히 장소맞춤형 식재 혼합체 방식을 선도하는 독일 정원 디자이너 베티나 야우크스테터Bettina Jaugstetter가 있었다. 비트라는 독일 남부 바일암라인Weil am Rhein에 생산 시설이 있는 스위스의 가구 회사다. 비트라 캠퍼스는 유명한 현대 건축가들에게 건축디자인을 의뢰해서 잘 알려져 있다. 예를 들어 소방서는 자하 하디드Zaha Hadid가 작업했고 디자인박물관은 프랭크 게리Frank Gehry가 디자인했다. 따라서 아우돌프 정원을 만들게 된 것은 너무도 자연스러운 일이었다. 피트는 2018년 캠퍼스 안에 주요 식재 작업을 해 줄 것을 의뢰받았지만 시공 일정은 코로나19가 한창 전파되던 시기인 2020년 봄에 진행되어야 했다. 피트는 방문할 수가 없었고 베티나에게 현장 식재를 해 달라고 부탁했다.

프로젝트는 3600제곱미터 면적에 3만2000개의 식물을 심는 것이었다. 베티나는 그 과정을 다음과 같이 설명했다. "먼저 2.5미터 간격으로 격자를 그렸죠. 그러면 시공사가 와서 식재할 부지에 표시를 합니다. 그들은 꼼꼼하고 성의 있게 잘 해냈어요. 하지만 두 사람이 그리느라 6일이 걸리긴 했지요. 격자는 식물을 심는 마지막 순간까지 남겨 두어야 했습니다. 대규모 식재 공간에서 그 위치를 찾는 데 아주 효과적이기 때문입니다. 예를 들어 열 번째 격자 칸에는 정향풀이나 다른 식물을 더 가져와 심어야 한다는 것을 알 수 있지요." 그리고 나서 식물들이 배치되었다. 식물을 심는 일 자체는 하루에 13명까지 참여하기도 했고, 한 사람마다 평균적으로 매일 700개에서 800개를 심었다. 베티나는 "2주가 걸렸어요. 날씨가 오락가락했는데, 아주 더운 날도 있었고 비가 쏟아진 날도 있었죠. 2주가 지나자 우리는 어떤 여러해살이풀도 더 이상 보고 싶지 않았습니다"라고 말했다.

이처럼 복잡한 식재 작업에서 핵심은 식물을 제대로 배치하는 것이다. 비트라 프로젝트는 두 개의 바탕식재 그리고 서로 다른 형태의 그룹식재 두 개, 총 네 개의 식재 계획으로 구성된다. 베티나는 이렇게 기억한다. "바탕식재는 작업이 더 쉽고 빨랐어요. 스포로볼루스 바탕식재와 세슬레리아 바탕식재 각각에 12개에서 16개의 종만 심으면 되었거든요. 그룹식재는 훨씬 더 복잡했죠. 도면만 보면 쉬워 보이지만 식물 개체, 소그룹, 대그룹, 1~2제곱미터의 커다란 블록이 다양하게 조합되어 있기 때문입니다. 어떤 블록은 한 가지 종으로 이루어지지만 두 가지 종이 혼합된 블록도 있었어요. 게다가 늘 비율이 같은 것도 아니었기 때문에 각각 고르게 배치해야 했죠."

피트는 비트라 작업으로 식재디자인의 놀라운 성취를 보여 주었을 뿐만 아니라 유명 건축가들에 견줄 수 있을 정도의 훌륭한 디자이너라는 점을 다시금 인정받게 되었다. 런던 왕립마스든병원의 매기스 센터에서 정원 조성 의뢰를 받으면서도 비슷한 인정을 받았다. 매기스 센터는 영국 건강보험공단과 직접 운영은 하지 않아도 연계하여 암 환자와 간병인 들을 지원하는 곳이다. 조경가 매기 케직Maggie Keswick, 1941-1995의 이름을 딴 매기스 센터 네트워크는 그녀의 남편이자 건축비평가 겸 문화평론가로 활동한 찰스 젱스Charles Jencks, 1939-2020가 이끌었다. 유명 건축가들이 건물 디자인을 하기도 했고 때로는 정원이 조성되기도 했다. 댄 피어슨은 런던 채링크로스에 있는 센터에 정원을 만들었다.

피트는 세계 최고 레스토랑 중 하나로 손꼽히는 코펜하겐의 노마 레스토랑에

런던 왕립마스든병원의 매기스 센터 정원

덴마크 코펜하겐 노마 레스토랑의 생동감 있는 식재

위, 오른쪽, 뒤: 독일 바일암라인의 비트라 캠퍼스

서 이례적인 의뢰를 받았다. 노마 레스토랑은 좁고 긴 공간에 여러해살이풀이 그룹으로 식재되었다. 한 구역은 해마다 바뀌는 '팝업' 식재로 계획되었는데, 피트는 클리미 스네이더르와 협업해 보라고 조언했다. 안정적이고 반영구적인 것으로 잘 알려진 피트의 방식과는 다소 동떨어진 이 구역에는 관상용으로 기른 채소와 허브, 한해살이풀과 달리아를 심을 수 있다. 하지만 달리아의 경우 겹꽃이 아닌 홑꽃을 심어야 할 것이다. 이는 19세기부터 지금까지 너무 오랫동안, 경직되고 소모적인 방식 하면 어김없이 연상되는 한해살이풀과 한시적인 여름화단용 식물들을 재평가하자는 대대적인 움직임의 일환으로 볼 수 있다. 1980년대에 이미 한해살이풀의 이미지 변신에 노력을 기울인 로프 레오폴트가 알게 된다면 아주 기뻐할 것이다.

함께 일하는 동료

이처럼 많은 프로젝트는 함께 일하는 동료들 없이는 상상조차 못했을 것이다. 크리스 마천트Chris Marchant는 "그렇게 중요한 디자이너가 사무실 팀원들의 보조 없이 작업하는 건 드문 일이지요. 보통 대규모 해외 프로젝트를 맡은 디자이너들은 세부 사항들을 챙기고 실행해 나갈 너댓 명의 전문 디자이너를 두기 마련입니다. 하지만 피트는 전혀 그렇게 하지 않아요"라고 말한다. "원거리 작업을 하는 셈이죠. 믿을 수 있고 자신의 철학과 작업 방식을 이해하고 따르며 현장에서 프로젝트를 실현시켜 주는 사람들이 필요한 거죠." 시간이 지나면서 피트는 대륙을 넘나들며 이런 요구를 충족시켜 줄 작은 네트워크를 만들어 나갔다.

크리스와 토비 마천트Toby Marchant는 1986년에서 2019년까지 오처드 딘 Orchard Dene이라는 육묘장을 운영하며 조경·정원디자이너를 위한 식물을 생산했다. 그들은 영국에서 처음으로 피트와 네덜란드·독일 디자이너들이 사용하던 종류의 식물들을 취급했던 도매 육묘장이었다. 규모가 작은 프로젝트에서 여러 번 피트와 함께 일한 후 그들은 서머싯의 하우저 앤드 워스 갤러리 정원에 필요한 식물을 계약 재배했다. 크리스와 토비는 프로젝트 관리를 위해 현지 조경가들과 함께 일하면서 3개월 동안 식물 배치 과정을 감독했다.

크리스는 이렇게 말한다. "피트는 우리를 영국 프로젝트의 협력 파트너로

지정했어요. 그 말은 프로젝트의 초기 단계부터 함께하고 고객 미팅에 참여한다는 뜻이죠. 피트는 프로젝트에 사용할 식물 팔레트를 결정하고 핵심 식재 구역의 식재 도면들을 비율에 맞게 준비합니다. 우리는 식물 조달을 담당하며 그 준비 과정에서 누락된 식물이 없도록 피트와 연락을 주고받습니다." 피트는 9센티미터 포트의 식물을 선호하는데, 어떤 건 영국에서 충분한 수량을 구하기가 쉽지 않다. "2리터17센티미터나 3리터19센티미터 규격의 포트현재는 영국에서 거의 표준이 되었다에 담긴 식물을 사용하는 것은 피트의 디자인에서 핵심이 되는 섬세하게 혼합된 식물군락을 이루어 내는 데 도움이 되지 않아요. 피트의 작업을 생생하고 흥미진진하게 만드는 건 다양한 식물로 구성된 식재 태피스트리지요"라고 크리스는 강조했다.

마천트 부부는 런던 왕립마스든병원의 매기스 센터 정원 조성에 피트와 함께 참여했다. 필요한 모든 식물의 조달뿐만 아니라 적은 인원으로 구성된 팀과 함께 식물 배치와 식재를 담당하고 사후 유지관리도 도맡았다. 크리스는 "자연발아가 활발한 식물을 손보거나 생장이 너무 왕성한 식물을 억제할 필요가 좀 있었죠. 피트의 식재는 기본적으로 역동성이 강하기 때문에 식재가 그토록 인상적이고 흥미롭습니다. 원래 디자인 의도에 맞게 식재를 수시로 체크하고 유지관리 하는 것이 협력자가 할 일이지요"라고 말했다.

새로운 프로젝트 중에는 하우저 앤드 워스 정원에서 영감을 받은 영국 남동부의 개인 고객을 위한 정원이 있는데, 그 고객은 자신의 정원을 위해 동일한 육묘장과 프로젝트 관리팀을 구성하기를 원했다. 2017년에 시작된 이 프로젝트는 여전히 진행 중이다. 크리스는 "피트는 해마다 두세 번 고객을 방문하여 진행 상황을 발전시켜 나가고 있죠. 가끔 피트와 대화를 나누는 중에 손으로 그린 스케치가 만들어져서 새로운 구역을 위한 틀을 제공하기도 합니다. 우리가 직접 식물을 배치할 때도 있는데 피트가 그다음에 방문하면 경우에 따라 식물 간격이나 블록의 크기를 조정해 주고 식물 덩어리 안에서 좀 더 높이를 키워야 하는지 확인해 줍니다. 식재에서 피트의 작품이라는 표시가 꼭 드러나도록 말이죠"라고 말했다.

톰 더비터는 피트가 여러 프로젝트에서 협업하기 시작한 젊은 동료다. 그는 10대 때부터 이미 실력 있는 정원사였다. "열두 살 때부터 정원 도면이 익숙했

식물 비율

피트 아우돌프의 식재가 성공적인 이유는 무엇일까?

이에 관해서는 '블록식재308페이지'에서 조금 다루었는데, 아우돌프의 식재가 생각과는 달리 훨씬 더 다양한 종들로 이루어진다는 것 때문이다. 식재를 구성하는 여러 식물들 사이에는 아주 강한 공통적 주제가 있다. 특히 야생종이 높은 비중을 차지하고 큰 꽃송이를 보기 위해 지나치게 교잡한 품종이 없다는 점이다.

또 다른 특성은 단독으로 심는 식물의 20퍼센트 정도가 그라스인데, 꽃과 마른 이삭이 오랜 기간 구조적인 흥미로움을 유지하는 식물 종류다. 이 그라스들은 대개 색도 아주 연해서 '톤의 깊이감', 즉 다양한 명암으로 이루어진 색 범위를 보여 준다. 이를 확인할 수 있는, 더 나아가 식물 구조를 관찰하기 위한 하나의 방법은 사진을 흑백으로 변환시키는 것이다. 식재가 효과적으로 디자인되었을 경우 단색으로 보아도 아름답게 느껴진다. 반면 색에 중점을 둔 화단은 마구 뒤섞인 곤죽처럼 보일 수도 있다. 흑백은 구조뿐만 아니라 명암의 범위를 강조해 준다. 그라스는 이러한 톤의 깊이감을 이끌어 내는 데 큰 기여를 한다. 특히 가을이나 초겨울에 대부분의 여러해살이풀은 훨씬 더 짙은 톤을 띠지만, 그라스의 줄기는 엷은 밀짚 색으로 마른다.

보다 자세히 분석해 볼 만한 좋은 예가 위트레흐트 막시마파크Maximapark에 있는 정원 플린데르호프Vlinderhof다. 2013년에 완성된 이 프로젝트는 '시민정원'의 흥미로운 사례다. 지역 주민인 마르크 키커르트Marc Kikkert는 2008년쯤 피트 아우돌프 정원이 자기 지역에도 있었으면 하는 생각을 하게 되었다. "영국이나 뉴욕, 시카고 등지에 있는 피트의 정원을 잘 알고 있었죠. 그런데 네덜란드에는 왜 피트 아우돌프 정원이 없을까, 생각하게 되었습니다. 네덜란드에서도 '정원계의 렘브란트'라 여겨지는 피트의 예술작품을 공유하는 것이 제 임무였죠." 마르크는 홀란드 중부의 위트레흐트 시의회를 찾아가서 도시 외곽에 새롭게 만들어진 주요 공원인 막시마파크에 피트의 정원을 조성하면 좋겠다고 제안했다. 식재는 자원봉사자들이 도맡았는데, 유지관리에서도 중요한 역할을 담당하고 있다.

화단에서 각각의 식물종이 사용된 횟수를 빈도별로 정리해 보면 대략 세 가지 그룹으로 나눌 수 있다. 한 그룹은 대부분의 화단적어도 양지바르고 탁 트인 화단에 심는 종이다. 구조가 도드라지고 긴 시즌 동안 보기 좋은 식물로 솔정향풀Amsonia hubrichtii이나 밥티시아 알바Baptisia alba 같은 식물이 좋은 예다. 두 식물 모두 꽃 구조가 멋지고 가을까지 잎이 매력적인 식물이다. 이 그룹에 속한 21개의 종이 전체 개별식물의 약 40퍼센트를 차지한다. 그다음 그룹의 식물은 화단에 약 3분의 1이나 절반 정도 등장한다. 이러한 식물들은 형태나 구조가 오래 유

지되지는 않는데, 리트룸 비르가툼 '스월'*Lythrum virgatum* 'Swirl', 꽃이 피기 전까지는 눈에 잘 띄지 않고 씨송이도 평범하다이나 자주꿩의비름 '레드 콜리'*Sedum* 'Red Cauli', 늦은 개화기에 이르기까지는 흥미롭지 않다가 겨울에 남아 있는 씨송이가 최고의 형태미를 선사한다가 좋은 예다. 마지막으로 전체 화단에서 3분의 1 이하로 등장하는 식물들이다. 여러 식물이 섞여 있는데, 개화기 동안 매력적이거나 여름에 잎이 멋지지만, 나머지 기간에는 그저 그렇거나 개화가 끝나면 눈에 띄게 매력을 상실해 버린다.

플린데르호프는 구조가 뚜렷한 종들을 비교적 수를 제한해서 전체적으로 심었다. 그런 식물들은 작은 규모에서는 '큰 그림'을 해치지 않으면서도 높은 수준의 다양성을 갖추게 한다. 아주 유용한 디자인 가르침이다!

잉글랜드의 개인정원

어요. 제가 17세가 되었을 때 피트 아우돌프 이야기를 들었는데, 두 달 후 운전면허증을 따자 어머니 차를 빌려서 후멜로까지 운전해 갔어요. 차로 세 시간이 걸리는 곳이라 저에게는 긴 여정이었습니다." 톰은 보스코프에서 공부했는데 육묘업과 원예·디자인 두 가지 모두에서 중요한 가든센터였다. 그는 이후 벨기에서 조경디자인을 직업으로 삼았다. 톰은 이렇게 기억한다. "2000년부터 피트가 아일랜드의 웨스트 코크 가든West Cork garden 같은 프로젝트를 도와달라고 부탁했어요." 톰의 기여는 해가 갈수록 늘어났다. "제 역할을 뚜렷이 규정하기는 어렵습니다. 일이 어떻게 돌아갈지 피트가 분명한 아이디어를 갖고 있기 때문에 그가 이끌어 줍니다. 우선 피트가 전체적인 종합 계획도를 만들어요. 그걸 두고 함께 토론을 벌인 후 제가 오토캐드AutoCAD 프로그램을 이용해 도면으로 변환시키죠. 일부 식재 작업을 맡아 달라고 부탁하기도 합니다." 톰은 또한 프로젝트 매니저 역할도 담당한다. "토양 준비 등 사전 준비를 책임질 현지 계약업체라든가 식물 조달을 위해 현지 조경 시공업체와 연락도 취하죠. 현장에서 피트의 눈과 귀가 되어 주고 식물 배치를 직접 할 때도 많습니다."

톰은 피트가 얼마나 새로운 시도를 계속하는지 답해 줄 만한 적절한 인물이다. "같은 걸 반복하는 느낌을 줄 수도 있어요, 물론 그게 가장 성공하기 쉬운 접근법이기 때문에 피트 역시 반복은 하지만 결코 그대로 복사하지는 않아요. 새로운 식물을 사용하거나 늘 쓰던 식물을 다른 방법으로 사용하기를 희망하지요. 10년 전이라면 피트가 한해살이풀을 사용하게 될 거라는 사실을 믿기나 했겠어요? 하지만 지금은 한해살이풀도 심습니다. 물론 처음 몇 해 동안 개방된 공간의 빈틈을 채워 줄 수 있는 보다 자연스러운 느낌의 식물들을 선택하지요."

유럽 본토에서 규모가 더 큰 작업은 네덜란드 조경회사 델타보름흐루프Delta-vormgroep의 옐러 베네마Jelle Bennema와 미카엘 휠스Michael Huls가 주로 담당하는데, 여느 조경회사들보다 식재디자인에 더 관심을 기울여 온 곳이다. "우리는 프로젝트의 기술적인 부분과 식물 조달도 관리 감독합니다"라고 말한다. 가끔은 클리미 스네이더르와 협업하여 유지관리도 맡는다. "고객에게 유지관리를 담당할 사람이 필요하다는 점을 납득시키기 어려울 수 있습니다. 하지만 피트가 늘 말하듯이 식재가 끝나는 시점부터 정원 가꾸기는 시작된다고 믿습니다. 때문에 고객이 그 점을 고려하도록 설득하지요." 옐러는 "피트와 함께 일하면

벨 아일Belle Isle에 있는 아우돌프 가든 디트로이트의 시작

서 우리가 사무실에서 일하는 방식에도 영향을 받았죠. 지금은 식재디자인을 훨씬 더 많이 하고 있는데 피트로부터 정말 많은 것을 배웁니다. 평생 식물 속에서 살아 온 분인 만큼 피트와 함께 일한다는 것은 경험으로 배우는 과정인 셈이죠." 피트의 지대한 영향에 관해서는 이렇게 말한다. "피트는 네덜란드 조경에 커다란 영향력을 끼쳐 왔습니다. 처음에는 단순히 정원디자이너로 인식되었지만 이제는 식재디자인의 중요성이 훨씬 더 인정을 받게 되었죠."

미국의 경우는 네덜란드에서 너무 멀리 떨어진 곳인지라 피트는 프로젝트 구현을 위해 점점 더 많은 동료의 도움에 의존하기 시작했다. 오스틴 아이샤이드와 더불어 로이 디블릭도 그중 한 명이며 두 사람 모두 시카고에 기반을 두고 있다 뉴욕에는 해나 패커Hannah Packer가 있다. 오스틴은 자신만의 정원디자인 작업을 펼쳐 나가면서 2014년 이후 피트를 위해 서너 번 식재를 담당했다. "제가 참여했던 첫 프로젝트는 오마하Omaha 지역이었죠. 자원봉사로 참여했는데 정말 놀라웠습니다. 피트는 제 뒤에 서서 그 모든 게 야생에서는 어떻게 보이는지를 이야기하면서 자신이 어떤 이유로 식물들을 배치하는지 설명해 주었어요. 그게 완전히 제 머릿속에 새겨졌는데, 피트가 이런 위임 관리 방식에 믿음이 생기자 더 큰 프로젝트의 식재도 맡겼죠. 그렇게 해서 자신은 디자인에 전념하며 더 큰 성과를 얻을 수 있습니다. 그래서 피트가 미국에 오면 한 개의 프로젝트만 방문하는 대신 세 군데를 가볼 수 있어요. 하나의 현장에서 2주의 시간을 보내는 대신 마지막 3일만 가면 되는 거죠." 오스틴은 "식물이 정확하게 제 자리에 배치되도록 바닥에 칠을 해서 표시합니다. 먼저 분산식물을 배치하고 다음으로 그룹식물을 배치하죠"라고 그 과정을 설명한다. 오스틴은 식물 조달도 담당하는데, 그 과정에서 식재디자인 작업에 흔하게 일어나는 식물 수급 문제를 겪기도 한다. "제가 구할 수 있는 식물들을 가지고 작업해야 하는데 로이 디블릭이 가까이 있다는 사실이 큰 도움이 됩니다. 로이에게는 늘 작은 비밀처럼 안전하게 숨겨 둔 재고가 있거든요." 오스틴은 미국 중서부 지방의 육묘장 사업을 낙관적으로 바라본다. "몇 년 전까지는 거들떠보지도 않았던 많은 곳에서도 좋은 식물을 공급하고 있고 많은 사람이 제대로 따라잡고 있지요."

오스틴 아이샤이드와 로이 디블릭은 2020년 늦여름에 식재가 끝난 아우돌프 가든 디트로이트를 완성시키는 데 결정적인 역할을 했다. 디트로이트는

위: 과거 식물을 기르던 후멜로의 육묘장 구역
아래: 뒤쪽으로 아우돌프가 작업하는 스튜디오 건물이 보인다.
뒤: 후멜로 정원의 모습

경제 기반의 붕괴로 도시가 폐허처럼 변하고 방치되어 악명이 높았지만 이러한 문제점을 해결하기 위한 점점 더 창의적인 해결책을 제시하는 것으로도 유명했다. 실제로 넘쳐나는 창의력이야말로 이 도시가 지닌 DNA의 핵심적인 부분이었다. 참으로 훌륭한 건축 유산을 물려받은 도시인만큼 아우돌프 가든 디트로이트 역시 이러한 전통의 일부로 간주될 수 있다. 1880년대에 프레더릭 로 옴스테드Frederick Law Olmsted, 뉴욕 센트럴 파크를 디자인한 것으로 유명하다의 설계로 벨 아일에 조성되어 오랫동안 많은 사랑을 받았던 공원은 2013년 디트로이트 시가 파산을 맞으며 결국 미시간주에 양도되었다. 상당한 투자가 이루어지면서 많은 사람이 공유하는 주립공원으로서 미래는 보장이 된 듯하다. 아우돌프 가든을 만들자는 아이디어는 미시간 가든 클럽Garden Club of Michigan에서 나왔다. 피트에게 의뢰하고 싶었지만 웹사이트에서 연락할 방법을 찾지 못하자 클럽의 회장인 모라 캠벨Maura Campbell이 "옛날식 러브레터"를 보내어 프로젝트 제의를 했다. 프로젝트를 이끌었던 메러디스 심슨Meredith Simpson은 다른 사람들은 고사하고 가든 클럽 내에서조차도 피트 아우돌프에 관해 들어본 사람이 많지 않다는 사실을 깨달았다. "하지만 하이 라인을 언급하는 순간 모든 사람이 바로 알아차렸죠." 토마스 파이퍼의 영화 〈다섯 계절〉을 상영하면서 많은 사람을 끌어들이며 극적으로 정원 조성비 모금 운동이 시작되었다.

　일찌감치 루리 가든 관리 측과 연락이 이루어져서 이처럼 거대한 프로젝트의 기금 조성과 관련된 모든 정보를 디트로이트 그룹과 공유하며 효과적인 파트너가 되었다. 비교적 신속하게 승인을 받고 현지 조경회사 인사이트 디자인Insite Design이 프로젝트 담당자로 임명되었다. 진행 과정에서 어려움을 겪기도 했다. 디트로이트강이 범람해 정원 부지로 예정된 장소를 원래 계획보다 더 높게 조성해야만 했다. 인접한 도로에서 흘러들어오는 물 때문에 야기될 문제에 대비해 피트는 배수 체계의 일환으로 빗물정원을 만들었다. 바탕식 물로는 세슬레리아 아우툼날리스Sesleria autumnalis 그라스와 두 종류의 사초, 카렉스 알비칸스Carex albicans와 카렉스 몬타나C. montana를 심고 이따금 일어나는 침수에도 잘 견딜 수 있는 태청숫잔대Lobelia siphilitica나 아이리스 풀바Iris fulva 같은 여러 해살이풀을 심었다. 사실 정원 전체의 디자인은 한쪽에서 다른 쪽으로 이동하는 물 흐름을 감안해 작업했고 지난번 홍수 때 물이 흘러가는 방향을 기억하는 의미에서 수직으로 정렬된 긴 형태의 가장자리화단을 계획했다.

위 : 후멜로 정원의 늦여름 풍경
아래 : 석양이 지고 있는 후멜로 정원의 겨울

후멜로: 디자인 너머

2010년 가을 피트와 안야는 후멜로 육묘장의 문을 닫기로 결정했다. 원래 디자인 작업에 필요한 식물을 공급할 목적으로 시작했지만 지금은 피트가 디자이너로 성공한 이후 수많은 도매 육묘장이 피트가 사용하는 종류의 식물들을 활발히 재배하고 있기 때문에 직접 재배할 필요가 더 이상 없어졌다. 아울러 네덜란드의 다른 육묘장들과 독일, 벨기에, 영국, 프랑스 등지의 점점 더 많은 육묘장에서 구하기 어렵거나 새로 육종된 품종을 선보이는 역할을 이어 갔다. 게다가 아우돌프의 개인정원을 방문하는 사람들은 단체로 다녀가기 때문에 식물을 구매하는 경우가 거의 없다. 안야는 계속 늘어나는 단체 방문 일정을 잡고 방문객을 맞이하는 데 더 많은 시간을 할애하는 게 옳다는 생각을 했다. 후멜로는 네덜란드나 북유럽 가든 투어 프로그램에 거의 빠짐없이 포함되어 있다.

하지만 육묘장을 없애면서 피트에게는 넓은 구역의 빈 땅이 생겼다. 2011년 4월경 주말을 보내러 들렀을 때의 기억이 나에게는 아직도 선명하다. 육묘장이 있었던 땅 위로 봄 햇살이 내리쬐고 있었다. 그 주말에 피트는 20여 개의 바늘새풀 '칼 푀르스터'를 내다 심었다. 내가 다음에 방문했을 때는 가을이었는데 그라스 사이로 늦게 개화하는 다양한 여러해살이풀들이 점점이 피어나면서 전 구역이 일종의 초지처럼 변해 있었다. 여러해살이풀은 직접 심었고 '그라스'는 자생종 야생화 초지 혼합씨앗을 뿌렸다. 피트의 말에 따르면 유지 관리가 쉬우면서도 지금껏 자신이 시도한 어떤 것보다 더 야생적으로 보이는 무언가를 만들어 보고 싶었다고 한다. 디자인이라는 개념이 사라져 버릴 정도로 무작위로 연출한 것이다.

보기에는 좋았지만 여러해살이풀들이 그라스와 경쟁해서 과연 얼마나 오랫동안 살아남을지 의문이 든 것도 사실이다. 관상용 여러해살이풀로 야생화나 풀을 이겨 내며 일종의 '환상적인 초지'를 만들어 보고 싶다는 꿈같은 생각은 특히 1870년 윌리엄 로빈슨 William Robinson이 《야생정원 The Wild Garden》이라는 책을 발표한 이후로 상당 기간 존재해 왔다. 이 책은 영감을 주었지만 대개는 이론에 그친 내용이라 논쟁을 일으키기도 했다. 나를 비롯한 상당수의 사람들이 그런 정원을 만들어 보려 했으나 북유럽 기후는 늘 습기를 머금고 식물의 생장기가 길기 때문에 야생 풀이 워낙 잘 자라 결국에는 여러해살이풀들을 다 짓눌러 버리고 만다는 사실을 깨달았다. 제임스 히치모는 스코틀랜드와 잉글랜드 북부 두 곳의 초지에서 공식적으로 실험을 해 보았지만 극히 소수의 여러해살이풀만이 야생의 풀과 공존할 수 있었기 때문에 시도할 만한 가치가 없다는 결론을 내렸다.

하지만 그 사이에 피트의 여러해살이풀 초지정원은 대성공을 거둔 게 분명했다. 이런 방식의 식재를 가능하게 만들어 보려고 커다란 노력을 기울였던 우리로서는 마음이 절로 겸손해지고 당혹스러움마저 느낄 정도였다. 여러해살이풀이 비록 정상적인 재배 환경에서보다 키가 덜 자라기는 했지만 모두 탄탄한 떨기를 이루었고 꽃도 잘 피었다. 그라스와 야생화 혼합체는 촘촘한 형태의 초지를 이루었지만 그라스 비율은 상대적으로 낮았다. 실제로 서양톱풀 Achillea millefolium이 지배적이었고 아주 다양한 생명이 공존했기에 단순히 야생화 초지로서도 멋질 터였다.

모래가 섞인 듯한 초지정원의 모습을 보았을 때 토양이 상당한 깊이까지 척박한 사질토이지 않을까 하는 생각이 든다. 물론 그게 사실은 아니지만 해답은 역시 토양에 있을지 모르겠다. 셰필드대학교의 생태학자 켄 톰슨Ken Thompson은 정원의 생물다양성에 관해 폭넓게 다루었는데, 토양의 인산 함유량이 낮을수록 다양한 야생식물이 자랄 수 있다는 인과관계를 주장한다. 풀이 과도하게 자라는 요인으로 비난받는 질소는 실제로 토양에서 빨리 손실될 수 있는 반면에 인산은 그렇지 않다.

피트의 여러해살이풀 초지는 하나의 업적이자 선언이다. 그의 식재 방식은 초기에는 건축적인 느낌의 기하학적 형태에서 출발해서 점차 야생성이 증가하는 방향으로 나아갔다. 지금은 인간의 개입과 자연이 절묘하게 어우러질 수 있는 궁극의 지점을 탐색하는 듯하다. 어떻게 그런 일을 가능하게 만들지가 "훨씬 이전에 헹크 헤릿선, 로프 레오폴트와 나누었던 대화"의 주제였다고 피트는 회상한다.

그 방문 때 내가 미처 몰랐던 사실은 가장 '인위적' 색채가 짙은 후멜로의 상징적인 요소가 곧 사라질 것이라는 점이었다. 시간이 지나면서 피트와 안야의 정원은 무수히 많은 잡지나 책에 실렸다. 사진가나 독자들은 여러해살이풀과 그라스, 씨송이도 사랑했지만, 앞뜰 정원의 배경이 되었던 커튼 형태의 주목 생울타리를 향한 카메라를 놓을 수가 없었다. 얼마 지나지 않아 이 혁신적이고 단순하고 극적인 요소는 진부한 것으로 전락해 버리기 시작했다.

정원이 침수되면서 뿌리가 죽고 곰팡이병에 걸리자 주목 생울타리는 심각한 피해를 입었다. 2010년 8월에 그 구역이 거의 20센티미터 정도 물에 잠기는 심각한 침수를 겪었다. 식물이 물에 잠기는 현상은 겨울 휴면기 때보다 생장기에 일어나면 더 큰 문제를 일으킨다. 가을 무렵이 되자 주목 생울타리는 갈색으로 변하기 시작했고 2011년 5월에 피트는 업체를 불러 목재파쇄기로 생울타리를 모두 제거했다. 피트도 그것들이 식상해졌다는 사실을 인정했고 너무 자주, 그것도 아주 형편없이 모방되고 있다는 사실도 잘 알고 있었다. 주목 생울타리가 사라진 정원은 완전히 달라 보이고 영국식 선큰가든의 느낌을 준다. 마치 스스로 담을 치고 안으로 향하는 장소처럼 보인다. 그 생울타리가 그립지만 한편으로는 정원에 집중하는 걸 방해하는 역할을 했을지도 모른다는 사실을 알게 되었다. 이제 초점은 오로지 여러해살이풀에 집중된다.

주목 생울타리가 없어진 것을 모든 사람이 쉽게 받아들이지는 않았다. "하루는 두 사람이 집 주변을 서성거렸죠. 여기저기 한참을 걸어 다니는데 식물을 보고 있지 않았어요. 밖으로 나가서 뭘 찾고 있는지 물었죠. 브뤼셀에서 여기까지 차를 타고 달려온 이유가 《경관 속 경관》 책에 나온 생울타리를 보고 싶어서라고 했어요. 그래서 생울타리는 죽었지만 다른 볼거리가 많다고 이야기했죠. 그분들은 충격을 받고 실망한 표정이었어요. 그 생울타리를 보려고 두 시간 반을 달려왔으니까요. 더 이상 뒤돌아보지 않고 차를 타고 떠나 버렸죠"라고 피트는 회상한다.

나는 블로그를 운영하면서 사라진 생울타리 이야기를 썼다. 반응을 보인 사람들은 대체로 긍정적이었고 이런 이야기를 해 주었다. "변화는 좋지요." "생울타리의 유일한 역할이라면 정원을 좀 더 영국식으로 보이게 한다는 사실인데 원하는 바가 그것이라면 다행이겠지만 그 밖의 다른 사람들은 생울타리에서 벗어나는 것이 좋다고 생각해요." "변화가 좋아요. 변화는 괴로움과 불안이지만 동시에 기회이기도 하지요. 피트는 제 영웅입니다."[16] 등의 반응을 보였다.

2018년 10월 말에 후멜로 정원이 방문객을 더 이상 받지 않으면서 한 시대의 막이 내렸다. 피트와 안야는 애초에 자신들의 정원을 관광 명소로 만들 의도가 전혀 없었지만 결과적으로는 그렇게 되었다. 해를 거듭하면서 차를 타고 오는 개인 방문객들의 행렬에 이어지더니 가끔 대형버스를 타고 오는 단체 방문도 생기기 시작했다. 조금씩 방문객 수가 늘어나면서 안야가 손님들을 맞이했는데, 정원을 대표하는 얼굴로 언제나 즐겁게 방문객을 환영했다. 하지만 주차 공간이 거의 없었고 비교적 좁은 시골길은 버스가 들어오기에 적합하지 않았다. 이런 상황에서 어떤 이들은 카페나 상점을 운영했을 수도 있겠지만 아우돌프 부부는 프라이버시를 중시했기 때문에 그 어느 것도 고려하지 않았다. 1982년으로 돌아가 보면 피트나 안야가 집 앞에 버스 행렬이 이어질 것을 상상이나 했을까? 아마 그렇지 않을 것이다. 그런 일이 일어나길 원했을까? 아마 그렇지 않을 것이다!

정원 개방에 관해 안야는 이렇게 말했다. "즐거운 일이었어요. 하지만 그 일이 스트레스가 되기 전에 그만두고 싶었죠." 안야는 여전히 피트를 보조하는 역할을 맡고 있지만 "정원 개방 일에 더 이상 신경을 안 쓰게 되니 함께 여행할 수 있는 시간도 많아져서 때로는 피트의 여행에 동반하기도" 한다. "특히 하우저 앤드 워스 방문을 좋아하는데 서머싯이나 스페인에 있는 갤러리 모두 다들 좋은 분들"이라고 안야는 말한다.

정원 개방이 중단되기 직전인 10월의 몇 주는 100여 대에 가까운 차들이 길거리에 주차했는데, 마지막으로 한 번 더 정원을 방문하거나 처음으로 정원을 보려는 사람들이었다. "좀 지나치다 싶을 정도였지만 분위기는 아주 좋았어요. 모든 분이 왜 우리가 정원 문을 닫게 되었는지 이해해 주었죠. 어떤 분들은 먼 길을 오셨기 때문에 잊지 않고 더 신경을 써드렸어요"라고 안야가 말했다. 소셜 미디어에서는 많은 공감과 함께 서운함을 드러내는 포스팅으로 술렁거렸다. 그 마지막 주초에 헤일렌 레스허는 뭔가 아주 중요한 일이 후멜로 마지막 개방일에 일어날 것 같다고 나에게 말했다. 10월 27일 토요일, 빌럼알렉산더르Willem-Alexander 국왕은 피트를 오라녀나사우 훈장의 수훈자로 선정했다. 1892년 국가의 명예에 특별한 기여를 한 네덜란드 국민에게 수여하기 위해 만들어진 기사단 훈장이다. 이 훈장이 아마도 우리의 이야기를 마무리하기에 적절한 이야기가 아닐까. 피트는 진정 열심히 일 해 왔고, 그 결과 이제는 정원과 공공공간을 디자인하는 사람들의 영웅이라 불리며 자신의 고국에서 영예롭게 인정받을 수 있게 되었다. "선지자는 결코 고향에서 인정받지 못한다"는 옛말도 반대로 돌려놓아야 할 것이다. 그것을 진보라고 부른다면 정녕 훌륭한 진보가 아닐까.

각주

1 스틴저 식물stinze plant은 자생종은 아니지만 널리 자리 잡은 귀화식물로 구근 식물이 좋은 예다.

2 이웃정원Het Tuinpad Op. 두 언어의 의미가 조금 다른데 네덜란드어로는 대략 '정원 길을 따라서'라는 뜻이고, 독어로는 '이웃의 정원에서'라는 뜻이다.

3 Ernst Pagels,《Ernst Pagels, aus seinem Leben und Wirken》, Freundekreis uns Stiftung Pagels Burgergarten, 2013, 6페이지에서 인용

4 1987년 진 샘브룩Jean Sambrook이 하디 플랜트 소사이어티 협회 신문에 수록한 '1987년 9월 25~27일 후멜로 방문 일지' 중에서.

5 바이엔슈테판-트리스도르프 응용과학대학교Hochschule Weihenstephan-Triesdorf의 전신

6 잉글랜드 북서부 지방, 역사적으로 바이킹의 지배를 받아 노르웨이어에 영향을 받은 억양

7 찰스 퀘스트리츠, "트렌텀 가든Trentham Gardens",〈가든 디자인 저널Garden Design Journal〉, 정원디자이너협회. 2008

8 http://www.lbp.org.uk/downloads/Publications/Management/makingcontracts-work-for-wildlife.pdf

9 지금은 펜스소프 자연보호구역Pensthorpe Nature Reserve이라 부른다.

10 '혼합식재Mixed Planting'란 2000년경에 독일과 스위스에서 무작위 혼합체를 사용하여 넓은 지역의 식재를 단순화시키려는 목적으로 개발된 식재 스타

일을 말한다. 대부분의 혼합체는 여러 대학들에서 디자인하고 실험을 거쳤다.

11 1982년 오스틴 텍사스대학교에 "자생 야생화·식물·경관을 지속가능한 방식으로 이용하고 보존하기 위해" 레이디 버드 존슨 야생화 센터Lady Bird Johnson Wildflower Center가 설립되었다. 센터의 토지 복원 프로그램Land Restoration Program은 훼손된 지역을 회복시키기 위해 생태적 지식을 적용하고 있다.

12 크뢸러뮐러미술관Kröller-Müller Museum, 네덜란드 오테를로Otterlo에 있는 혁신적인 현대 미술관

13 《식재디자인: 새로운 정원을 꿈꾸며Planting: A New Perspective》에서 층위 구성에 관해 자세히 다룬다.

14 좀새풀의 문제는 비옥한 토양에서 수명이 짧고 유통되고 있는 품종들이 보통 병해에 걸리기 쉽다는 것이다. 하지만 더 적합한 환경에서는 유전적으로 다양한 좀새풀 개체군으로 자라날 잠재성이 있다.

15 제임스 히치모, "야생정원을 다시 돌아보며The Wild Garden Revisited", 〈경관디자인Landscape Design〉, 1994년 5월

16 "Susan in the Pink Hat"과 "Catmint"에 관한 코멘트를 인용했다.

감사의 말

처음부터 오랜 기간 우리를 응원하고 믿으며 영감을 준 모든 분, 특히 개중에 몇은 유감스럽게도 이미 우리 곁을 떠났지만 초기에 함께한 많은 친구와 동료에게 안야와 함께 감사의 말을 전한다.

 식물을 향한 열정을 함께 나눈 동료 재배업자, 식물전문가, 조경가, 건축가.

 고객, 후원자, 원예디렉터, 수석정원사, 정원사.

 교육과 지식 전수에 함께한 모든 분.

 맨 처음부터 늘 우리의 작업을 따르며 지원해 준 기자와 사진작가.

 후멜로 육묘장과 정원에서 항상 우리에게 도움을 주었던 모든 분에게 고마운 마음을 담아 인사드린다.

피트 아우돌프

이 책은 지난날의 이야기나 식물 이름뿐만 아니라 정확한 날짜 같은 세세한 것까지 필요한 모든 정보를 확인하기 위해 피트의 기억과 서류들이 총동원되었으니 당연히 피트와 함께한 공동 작업물이다. 특히 후멜로 시작 무렵의 이야기를 담기 위해 안야와 피터르, 그리고 같은 시기에 오랜 기간 가족의 친구였던 요이스 하위스만과도 대화를 나누었다.

내가 후멜로와 인연을 맺은 건 1994년이었으니 초기 개척 시기는 지나고 피트와 그 동료들이 시도하던 새로운 식재 스타일이 인정을 받기 시작할 무렵이었다. 플뢰르 판조네벌트, 레오 덴뒬크, 빌리 뢰프헌, 마리아너 판리르, 스테판 맛손, 에바 구스타브손, 외허니 판베이더 같은 사람들을 만나 이야기를 나누며 지난날을 되돌아보는 일은 특히나 즐거웠다.

최초로 피트에게 영국 정원 작업을 의뢰했던 존 코크나 〈가든스 일러스트레이티드〉 잡지로 피트를 영어권 국가에 알리는 데 결정적인 역할을 했던 로지 앳킨스와 있었던 일을 회상하는 것도 무척 흥미로웠다. 〈가든스 일러스트레이티드〉는 피트의 작업뿐만 아니라 다른 혁신적인 작업을 하는 디자이너나 재배업체도 계속해서 지원을 아끼지 않고 있다.

피트와 그의 새로운 식재에 관한 내용은 쿤 얀선, 브리안 카버스, 비어르트 니우만, 클라우스 테브스, 한스 크라머르, 에일코 호프트만, 그리고 좀 더 최근에는 클리미 스네이더르, 톰 더비터, 옐러 베네마 등 네덜란드나 독일의 여러 다른 식물전문가들과도 연락을 주고받으며 정리했다. 스타네 수슈니크는 후멜로에서 만났는데, 슬로베니아인의 관점에서 이어 가는 그의 이야기를 듣는 일도 늘 흥미로웠다.

당시 피트와 헹크가 쓴 책의 출판인이었던 헤일렌 레스허도 처음 후멜로에서 만났고, 그 후로 그녀는 우리가 내는 책의 에이전트가 되었다. 함께 일하기에 늘 유쾌한 인물일 뿐만 아니라 피트와 관련해 그녀만이 알고 있는 이야기도 좋은 정보가 되었다.

피트의 작업은 부분적으로는 독일 정원 유산을 기반으로 한다. 피트가 관계를 맺은 주요 독일인 중 하나가 에른스트 파겔스인데, 디터 하인리히스[Dieter Heinrichs]가 그에 관한 정보를 제공해 주었고 마이클 킹도 파겔스 이야기를 들려 주었다. 현재 독일 정원계의 혁신적인 주자인 카시안 슈미트와 베티나 야우크 스테터 부부와도 피트 이야기를 많이 나누었다.

미국에서 피트가 이룬 작업과 경험을 이해하는 데 도움을 준 사람들로는 콜린 로코비치, 릭 다크, 테리 구엔, 로이 디블릭이 있다. 특히 이 책을 위해 워리 프라이스, 로버트 해먼드, 카일라 디퐁Kyla Dippong과도 이야기를 나누었다. 루리 가든의 전 원예디렉터였던 제니퍼 대빗은 식재 후 정원관리를 할 때 피트와 어떤 식으로 조율해 나갔는지를 잘 이해할 수 있게 도와주었다.

이 개정판을 위해 토마스 파이퍼, 레이 샌더, 라사 라우리나비치에네, 오스틴 아이샤이드, 크리스와 토비 마천트, 메러디스 심슨과도 도움이 되는 이야기를 나누었다. 개인적으로는 아내 조 엘리엇이 늘 그렇듯 든든한 지원자가 되어 주었다. 피트의 도면을 분석하고 이해하는 데 도움을 준 많은 사람이 있다. 콜린 맥비스Colin McBeath, 스코틀랜드의 엘리엇 포사이스Elliott Forsyth, 세인트루이스의 애덤 우드러프Adam Woodruff에게도 감사의 마음을 전한다. 아울러 원고를 꼼꼼히 읽고 의견을 말해 준 캐서린 얀슨Catherine Janson에게 특별히 고맙다.

끝으로 후멜로 이야기에 많은 영감을 주었지만 이제는 고인이 된 헹크 헤릿선, 로프 레오폴트, 제임스 밴스위든에게 그리운 마음을 담아 감사의 인사를 전한다.

노엘 킹스버리

사진 출처 (가나다순)

아래의 이미지를 제외한 모든 사진은 피트 아우돌프가 제공했습니다.

더클레이너 플란타허 Kleine Plantage, De: 54 위
라이언 사우던, Southen, Ryan Photography: 400~401
로빈 칼슨 루리 가든 Carlson, Robin J., for Lurie Garden: 238, 247 위, 248~253, 256~257
릭 다크 Darke, Rick: 407
마리아네 폴링 Folling, Marianne Photography: 160~161
민 라위스 정원 재단 Stichting Tuinen Mien Ruys: 43, 44
발터르 헤르프스트 Herfst, Walter: 150, 200 위 아래, 338 위, 346~347
배터리 컨서번시 Battery Conservancy, The: 278~281
베티나 야우크스테터 Jaugstetter, Bettina: 392~395
브라이언 트레이더 박사 Trader, Brian W., Ph.D.: 381, 383
시버 스바르트, Swart, Siebe Fotografie: 298~299
아럔 오턴, Otten, Arjan myviewpoint.nl: 414~417
암스텔베인 시청 Gemeente Amstelveen: 15
에릭 헤스메르흐 Hesmerg, Erik Fotografie: 83 위, 215
에밀리 다비 Darby, Emily: 369 아래
위르겐 베커 Becker, Jurgen: 10
이머전 체케츠 Checketts, Imogen: 198~199
제니퍼 하킨스 Harkins, Jennifer: 388
제이슨 잉그럼 Ingram, Jason: 364 위, 365 아래, 366~367
칼 불러 Buhler, Karl: 22, 36
토마스 파이퍼, Piper, Thomas: 362 위
프랑크 브루제, 막시밀리안파크 Maximilianpark Hamm, Bruse Frank: 309
한스 판호르선 Horssen, Hans van: 397
헤르트 타박 Tabak, Gert: 57
헹크 헤릿선 재단 Henk Gerritsen Foundation: 47, 48~49

방문할 만한 추천 정원

네덜란드

뢰버호프트, 로테르담 Leuvehoofd, Rotterdam, 2010

익투스호프, 로테르담 Ichtushof, Rotterdam, 2010

베스테르카더, 로테르담 Westerkade, Rotterdam, 2010

플린데르호프, 막시마파크, 라이드스허 레인 De Vlinderhof, Maximapark, Leidsche Rijn, 2014

그로트 페이베르뷔르흐, 레이우아르던 Groot Vijversburg, Leeuwarden Planted in 2014

포를린던미술관, 바세나르 Museum Voorlinden, Wassenaar, 2016

싱어 뮤지엄 Museum Singer Laren, 2018

독일

그레플리허 파크, 바트 드리부르크 Gräflicher Park, Bad Driburg, 2009

베르네 파크, 보트로프 Berne Park, Bottrop, 2010

막시밀리안파크, 함 Maximilianpark, Hamm, 2011

스웨덴

드림파크, 엔셰핑 Drömparken, Enköping, 1996

하버 프롬나드, 쇨베스보리 Harbour promenade, Sölvesborg, 2009

셰르홀멘 퍼블릭 파크, 남서스톡홀름 Public park in Skärholmen, south-west Stockholm, 2011

유벨렌, 융프룬, 발로스 공원, 할름스타드 Juvelen, Jungfrun, and Vallås park, Halmstad, 2014

잉글랜드

펜스소프 자연보호구역, 노퍽주 Penshorpe, Fakenham, Norfolk, 2000, revised in 2009

스캠프스턴 홀, 노스 요크셔 Scampston Hall, North Yorkshire, 2000

트렌텀 이스테이트, 스토크온트렌트 Trentham Estate, Stoke-on-Trent, 2005

포터스 필즈 파크, 런던 Potters Fields Park, London, 2007

퀸 엘리자베스 올림픽 파크 사우스 플라자, 런던 South Plaza of the Queen Elizabeth Olympic Park, London, 2014

하우저 앤드 워스 서머싯, 브루턴 Hauser & Wirth Somerset, Bruton, 2014

캐나다
토론토식물원, 토론토 입구 Entrance of the botanical garden, Toronto, 2006

미국
추모의 정원·배터리 보스케, 뉴욕, 2003-2005, 바이크웨이 가든, 뉴욕, 2011-2014, 배터리, 뉴욕 맨해튼 Gardens of Remembrance, the Bosque, New York, 2003-2005, and Bikeway gardens, New York, 2011-2014, The Battery, Manhattan

하이 라인, 뉴욕 맨해튼 High Line, Manhattan, New York, 2009-2019

골드만삭스 본사, 뉴욕 맨해튼 웨스트 스트리트 Goldman Sachs Headquarters, West Street, Manhattan, New York, 2009

루리 가든, 시카고 밀레니엄 파크 Lurie Garden, Millennium Park, Chicago, 2001

델라웨어식물원, 댁스버로 Delaware Botanic Gardens, Dagsboro, 2016

아우돌프 가든, 디트로이트 벨 아일 Oudolf Garden, Belle Isle, Detroit, 2020

찾아보기

ㄱ

가드너스 월드 Gardeners' World 137

가든 디자인 저널 Garden Design Journal 158

가든스 일러스트레이티드 Gardens Illustrated 78, 102, 103, 106, 107, 226, 230, 294

가우라 '훨링 버터플라이스' *Gaura lindheimeri* 'Whirling Butterflies' 179

게라니움 옥소니아눔 투르스토니아눔 *Geranium* × *oxonianum* f. *thurstonianum* 295

게라니움 왈리키아눔 '벅스턴스 버라이어티' *Geranium wallichianum* 'Buxton's Variety' 90

경관 속 경관 Landscapes in Landscapes 357, 410

고프, 그레이엄 Gough, Graham 39

괴테 정원, 바이마르 Goethe's garden, Weimar 61

구스타브손, 에바 Gustavsson, Eva 132, 159, 162, 166, 167

구스타프슨 거스리 니컬 Gustafson Guthrie Nichol, GGN 239, 240, 274

구스타프슨, 캐스린 Gustafson, Kathryn 239, 241, 242

구엔, 테리 Guen, Terry 321

국제구근센터 International Bulb Center 213

국제정원박람회, 뮌헨 International Garden Show, Munich 153

국화 '폴 보와시에' *Chrysanthemum* 'Paul Boissier' 89

국화 *Chrysanthemum* 58, 60, 202

그라스 띠무리스캠프스턴 홀 Drifts of Grass Rivers of Grass Scampston Hall 349

그라스 정원 가꾸기 아름다운 그라스 Gardening with Grasses Prachtig Gras 177

그라스와 양치식물을 정원에 들이기 Einzug der Gräser und Farne in die Gärten 171

그레이, 시그리드 Gray, Sigrid 285

그레이트 딕스터 Great Dixter 32

그로스 맥스 Gross Max 337, 361

그린 팜 플랜츠 Green Farm Plants 115

글리시리자 유나넨시스 *Glycyrrhiza yunnanensis* 90

기름나물 *Peucedanum* 218

길레니아 트리폴리아타 *Gillenia trifoliata* 29, 90

까치숫잔대 '베드라리엔시스' *Lobelia* × *speciosa* 'Vedrariensis' 188

꽃 미로 Floral Labyrinth 290

꽃과 정원 Roze & VRT Flowers and Garden 115

꽃그령 *Eragrostis spectabilis* 91

꿈의 식물 Droomplanten 65, 74, 159, 162, 164, 167

꿈의 식물: 새로운 시대의 여러해살이풀 스웨덴판 *Drömplantor: den nya generationen perenner* 162

꿩의다리 '엘린' *Thalictrum* 'Elin' 90

ㄴ

노각나무 *Stewartia* 339

노랑배초향 *Agastache nepetoides* 293

노루오줌 *Astilbe* 62, 184

노르드피엘, 울프 Nordfjell, Ulf 163, 167

노르딕 가든 Nordic garden 14, 61

노마 레스토랑 Noma Restaurant 6, 385, 389, 394

노스 크릭 너서리스 North Creek Nurseries 117, 184, 353

노스윈드 퍼레니얼 팜 Northwind Perennial Farm 241

눈빛승마 *Actaea dahurica* 185

니우만, 비어르트 Nieuman, Wiert 141

니컬슨, 해럴드 Nicholson, Harold 136

ㄷ

다르메라 *Darmera* 214

다르메라 펠타타 *Darmera peltata* 90

다북떡쑥 *Anaphalis* 265

다비즈 테르프뤼히테 파트너 Davids, Terfrüchte + Partner 337

다크 플레이트 Dark Plate 241

다크, 릭 Darke, Rick 16, 117, 322, 325, 334, 356

당귀 *Angelica* 218

대빗, 제니퍼 Davit, Jennifer 264, 265

대상화 *Anemone* × *hybrida* 166

대왕금불초 '조넨슈트랄' *Inula* 'Sonnenstrahl' 258

더 가든 Garden, The 203

더 많은 꿈의 식물자연정원을 위한 꿈의 식물 *Méér Droomplanten*Dreamplants for the Natural Garden 74, 201

더닛, 나이절 Dunnett, Nigel 53, 154, 157, 325, 361

더벨더르, 로버르트 De Belder, Robert 112

더벨더르, 옐레나 De Belder, Jelena 78, 83, 112, 115

더블루멘후크 Bloemenhoek, De 51

더비터, 톰 De Witte, Tom 310, 395

더치 웨이브 Dutch Wave 15, 17, 45, 46, 56

더코닝, 엘레아노러 De Koning, Eleanore 118

더클레이너 플란타허 Plantage, de Kleine 55, 78

데이난테 비피다 *Deinanthe bifida* 90

데이비드, 조슈아 David, Joshua 315

데일리, 리처드 마이클 Daley, Richard M. 239

덴뒬크, 레오 Den Dulk, Leo 46, 224

델라웨어식물원 Delaware Botanic Gardens 6, 378, 381, 384

델피니움 *Delphinium* 58, 60, 102, 202

도깨비부채 *Rodgersia* 62, 214

도카치 천년의 숲, 홋카이도 Tokachi Millennium Forest, Hokkaido 351

돼지풀아재비 *Parthenium* 220

두꺼운 종자목록 Dikke Zadenlijst 53

뒤스부르크-노르트 경관공원 Landschaftspark Duisburg-Nord 311

드네르보로이스, 올리비에 & 파트리샤 De Nervaux-Loys, Olivier & Patricia 102

드레스트리유, 엘리자베스 De Lestrieux, Elisabeth 54, 73, 78

드림파크[엔셰핑의 드림파크] Dreampark[Enköping's Drömparken] 164, 166, 167, 224, 225, 244, 308, 348

등골나물 *Eupatorium* 166

등골나물 '초콜릿' *Eupatorium* 'Chocolate' 264

등대풀 *Sun spurge* 50

디기탈리스 *Digitalis* 218

디기탈리스 페루기네아 *Digitalis ferruginea* 132, 352

디볼, 닐 Diboll, Neil 116, 158

디블릭, 로이 Diblik, Roy 117, 179, 241, 242, 262, 264, 351, 382, 384, 402

딜러 스코피디오+렌프로 Diller Scofidio + Renfro 11, 315

뚜껑별꽃 *Scarlet pimpernel* 50

ㄹ

라 프롬나드 플랑테[파리] Promenade Plantee, La[Paris] 311

라우, 마이클 Lau, Michael 312

라위스, 민 Ruys, Mien 23, 42, 43, 51, 63, 136, 141, 150, 224

라이트 플레이트 Light Plate 241, 242, 244, 309

랑게, 빌리 Lange, Willy 14, 60

램스이어 *Stachys byzantina* 296

램스이어 '빅 이어스' *Stachys byzantina* 'Big Ears' 122

랭커스터, 로이 Lancaster, Roy 78, 102, 119, 186

레거드 경, 찰스와 캐럴라인[스캠프스턴 홀] Legard, Sir Charles and Lady Caroline[Scampston Hall] 186

레녹스보이드, 아라벨라 Lennox-Boyd, Arabella 336

레스허, 헤일렌 Lesger, Hélène 45, 411

레슬리, 앨런 Leslie, Alan 120

레오폴트, 로프 Leopold, Rob 46, 51, 52, 53, 73, 78, 82, 83, 85, 118, 153, 156, 159, 226, 394, 409

레이시, 스티븐 Lacey, Stephen 137

레일 야즈하이 라인 Rail Yards The High Line 324, 325

로, 헷 Loo, Het 118

로렌트손, 케너트 Lorentzon, Kenneth 159

로빈슨, 윌리엄 Robinson, William 408

로센달 가든스톡홀름 Rosendal Garden Stockholm 167

로슨, 앤드루 Lawson, Andrew 107

로열 무어하임 너서리스 Royal Moerheim Nurseries 42

로이드, 크리스토퍼 Lloyd, Christopher 25, 39, 78

로전, 니크 Roozen, Niek 267

로코비치, 콜린 Lockovitch, Colleen 264

뢰버호프트 Leuvehoofd 337, 352

뢰프헌, 빌리 Leufgen, Willy 50

루돌프 슈타이너 유치원 Rudolf Steiner, kindergarten 67

루리 가든, 시카고 Lurie Garden, Chicago 171, 213, 220, 232, 239, 240, 241, 242, 244, 245, 258, 262, 264, 265, 267, 274, 308, 309, 312, 321, 325, 348, 352, 360, 405

루엘리아 *Ruellia* 220

루츠, 하이너 Luz, Heiner 157

루피너스 *Lupinus* 119

르노트르 Le Nôtre 18

리딩 비아덕트 레일스 투 트레일스 프로젝트필라델피아 Reading Viaduct Rails-to-Trails Project Philadelphia 335

리버사이드 레지던스 가든본 Riverside Residence garden Bonn 353

리베르티아 *Libertia* 213

리스, 팀 Reece, Tim 141

리아트리스 *Liatris* 262

리아트리스 보레알리스 *Liatris borealis* 90

링컨, 프랜시스 Lincoln, Frances 158

■

마을 녹지 Green in the Neighborhood 357

마천츠 하디 플랜츠 Marchants Hardy Plants 39

마컴 프레리 Markham Prairie 262

막시밀리안파크함 Maximilianpark Hamm 309, 337, 338

맛손, 스테판 Mattson, Stefan 154, 159, 162, 164, 166, 224, 225, 308

매기스 센터 Maggie's Centre 6, 385, 386, 395

맥루인, 윌 McLewin, Will 112

맥브라이드, 폴과 앤드 폴린 McBride, Paul and Pauline 268

맥하그, 이안 McHarg, Ian 315, 321, 335

머루 *Vitis coignetiae* 43

멀티그로 Multigrow 182

메이너드, 아니 Maynard, Arne 230

메이킨스, 빌 Makins, Bill 186

멘지스오이풀 '웨이크 업' *Sanguisorba menziesii* 'Wake Up' 178

모나르다 *Monarda* 182, 184

모나르다 브라드부리아나 *Monarda bradburiana* 220

모나르다 '아우 참' *Monarda* 'Ou Charm' 183

모나르다 피스툴로사 *Monarda fistulosa* 220

모델정원, 니우 제헬라르 Modeltuinen, Nieuw Zeggelaar 118

모비움 MOVIUM 159, 162

모턴수목원 슐렌버그 프레리 Morton Arboretum Schulenberg Prairie 241

몬드리안, 피트 Mondrian, Piet 42

몰리니아 *Molinia* 171

몰리니아 세룰레아 *Molinia caerulea* 187, 232, 290, 334, 349

몰리니아 세룰레아 세룰레아 '모어헥세' *Molinia caerulea* subsp. *caerulea* 'Moorhexe' 91

몰리니아 세룰레아 아룬디나세아 '트랜스패어런트' *Molinia caerulea* subsp. *arundinacea* 'Transparent' 258

몰리니아 세룰레아 '포울 페테르센' *Molinia caerulea* 'Poul Petersen' 349, 352

몰리니아 '트랜스패어런트' *Molinia* 'Transparent' 307

미국붉나무 *Rhus typhina* 307

미국흰노루삼 *Actaea pachypoda* 89

미드웨스트 그라운드커버스 Midwest Groundcovers 184

미술공예운동 정원 Arts and Crafts garden 42, 136

미역취 *Solidago* 262

미역취 '골든 레인' *Solidago* 'Golden Rain' 258

미역취 '위치토 마운틴스' *Solidago* 'Wichita Mountains' 264

민 라위스 가든, 데뎀스바르트 Tuinen Mien Ruys, Dedemsvaart 42, 44, 55, 71, 150

밀러, 빌헬름 Miller, Wilhelm 240

밀레니엄 파크 Millennium Park 239

ㅂ

바늘새풀 '칼 푀르스터' *Calamagrostis* × *acutiflora* 'Karl Foerster' 307, 408

바람꽃 *Anemone* 212, 213

바우하우스 Bauhaus 42, 136, 157, 224

바운티 헌터 Bounty Hunter 312

바이세, 로제마리 Weisse, Rosemarie 153

바이엔슈테판 실험정원 Weihenstephan, Sichtungsgarten 154, 318

바트 드리부르크그레플리허 파크 Bad Driburg Gräfliche Park 258, 309, 336, 338

발저, 우르스 Walser, Urs 119, 120, 157, 171

밥티시아 *Baptisia* 262

밥티시아 알바 *Baptisia alba* 396

밥티시아 류칸타 *Baptisia leucantha* 89, 262

밥티시아 아우스트랄리스 *Baptisia australis* 258

밥티시아 '퍼플 스모크' *Baptisia* 'Purple Smoke' 309

배초향 *Agastache* 218

배터리 The Battery 16, 213, 267, 274, 275, 284, 285, 286, 334

배터리 보스케 Battery Bosque 274, 284

배터리 컨서번시 Battery Conservancy 274, 284

밴스위든, 제임스 Van Sweden, James 107, 109, 110, 133, 177, 214

뱀무 '플레임스 오브 패션' *Geum* 'Flames of Passion' 90

버들마편초 *Verbena bonariensis* 218

버들잎정향풀 *Amsonia tabernaemontana* var. *salicifolia* 89

버지니아갯지치 *Mertensia virginica* 212, 213

버지니아냉초 *Veronicastrum virginicum* 137, 184, 258

버지니아냉초 '디아나' *Veronicastrum virginicum* 'Diana' 64

버지니아냉초 '라벤델투름' *Veronicastrum virginicum* 'Lavendelturm' 64

버지니아냉초 '아폴로' *Veronicastrum virginicum* 'Apollo' 184

버지니아냉초 '애더레이션' *Veronicastrum virginicum* 'Adoration' 91

버지니아냉초 '템테이션' *Veronicastrum virginicum* 'Temptation' 91

베르네 파크 Berne Park 233, 337

베르노니아 *Vernonia* 262

베르노니아 '아이언 버터플라이' *Vernonia* 'Iron Butterfly' 264

베르노니아 크리니타 '맘무트' *Vernonia crinita* 'Mammuth' 91

베르바스쿰 *Verbascum* 218

베르베나 하스타타 *Verbena hastata* 218

베르사유 Versailles 18

베르즐리, 자크 Vergely, Jacques 311

베리 코트, 햄프셔 Bury Court, Hampshire 142, 143, 144, 150, 185, 186, 213, 226, 352

베이스맨, 개리 Baseman, Gary 312

베인스, 크리스 Baines, Chris 159

베커, 위르겐 Becker, Jürgen 137

벨, 쿠엔틴 Bell, Quentin 104

벵트손, 루네 Bengtsson, Rune 157, 159, 164, 167

병조희풀 '차이나 퍼플' *Clematis heracleifolia* 'China Purple' 89

보르니머파 Bornimer Kreis 60

보르님 Bornim 60, 101

보르비콩트 Vaux-le-Vicomte 18

보스코프 Boskoop 51, 399

보스테데르, 스벤스카 Bostäder, Svenska 166

보이슨, 이본 Boison, Yvonne 157

본 가든 Boon, garden 150, 151, 266, 319, 349

본, 피트 Boon, Piet 267, 319

부를리 마르스, 호베르투 Burle Marx, Roberto 17, 132, 133, 348

부크트, 루네와 에보르 Bucht, Rune and Evor 159

분홍바늘꽃 '알붐' *Chamerion epilobium angustifolium* 'Album' 89

브라운, 란슬롯 '케이퍼빌리티' Brown, Lancelot 'Capability' 289

브라운, 에릭 Brown, Eric 73, 106, 112

브래들리홀, 크리스토퍼 Bradley-Hole, Christopher 158, 226

브레싱엄 가든스 Bressingham Gardens 62

브루르서, 크리스티안 피터르 Broerse, Christiaan Pieter 14, 15

브루클린식물원 Brooklyn Botanic Garden 334

블랙손 너서리 Blackthorn Nursery 39

블루밍데일 트레일, 시카고 Bloomingdale Trail, Chicago 335

블룸, 앨런 Bloom, Alan 62

블룸버그, 마이클 Bloomberg, Michael 315

블룸즈버리 Bloomsbury 104, 106

비비추 *Hosta* 184, 213

비비추 '무디 블루스' *Hosta* 'Moody Blues' 295

비어리, 로즈메리 Verey, Rosemary 143

비트라 캠퍼스 Vitra Campus 6, 384, 385, 390

빈괴르, 안드레스 Wingørd, Anders 109

빌더 플란턴 육묘장 Wilde Planten nursery 55

빙헤르던, 하위스 Bingerden, Huis 85, 157

뿌리속단 '아마존' *Phlomis tuberosa* 'Amazone' 64

ㅅ

사라토가 어소시에이츠 Saratoga Associates 274

사사프라스 *Sassafras* 339

사초 *Carex* 353, 405

사힌 컴퍼니 Sahin, company 181

산딸나무 *Cornus kousa* 339

산형과 현재는 미나리과 *Umbelliferae*^{Apiaceae} 179, 203, 218

살비아 *Salvia* 66, 166, 348

살비아 강 Salvia river 166, 244, 348

살비아 네모로사 *Salvia nemorosa* 64, 66

살비아 '마들린' *Salvia* 'Madeline' 178

살비아 네모로사 '뤼겐' *Salvia nemorosa* 'Rügen' 64

살비아 네모로사 '베수베' *Salvia nemorosa* 'Wesuwe' 64

살비아 네모로사 '블라우휘겔' *Salvia nemorosa* 'Blauhügel' 64

살비아 네모로사 '아메티스트' *Salvia nemorosa* 'Amethyst' 64

살비아 네모로사 '오스트프리슬란트' *Salvia nemorosa* 'Ostfriesland' 64, 66

살비아 네모로사 '텐체린' *Salvia nemorosa* 'Tänzerin' 64

살비아 네모로사 '플루모사' *Salvia nemorosa* 'Plumosa' 102

살비아 베르티실리타 '퍼플 레인' *Salvia verticillata* 'Purple Rain' 181, 185

살비아 실베스트리스 '디어 안야' *Salvia* × *sylvestris* 'Dear Anja' 90, 178

살비아 프라텐시스 *Salvia pratensis* 115

새로운 독일 양식 New German Style 18

새로운 여러해살이풀 양식 New Perennial Style 17

새로운 여러해살이풀 정원 New Perennial Garden, The 157

색빌웨스트, 비타 Sackville-West, Vita 58, 136

샤먼, 조 Sharman, Joe 120

서식처공원 Heemparks 14, 15

서양톱풀 *Achillea millefolium* 409

서펀타인 갤러리 Serpentine Gallery 344, 345

세라토스티그마 플룸바기노이데스 *Ceratostigma plumbaginoides* 89

세라툴라 세오아네이 *Serratula seoanei* 90

세슬레리아 *Sesleria* 353, 385

세슬레리아 아우툼날리스 *Sesleria autumnalis* 378, 405

세지마, 가즈요 Sejima, Kazuyo 344

센트란투스 루베르 코시네우스 *Centranthus ruber* var. *coccineus* 89

센트럴 파크 Central Park 325, 405

셀리눔 *Selinum* 218

셀리눔 왈리키아눔 *Selinum wallichianum* 90

셰르홀멘 퍼블릭 파크 Public park in Skärholmen 166, 224, 233

셰필드대학교 Sheffield, University of 6, 53, 154, 286, 307, 351, 361, 409

소귀나무 *Myrica* 339

소르가스트룸 누탄스 *Sorghastrum nutans* 91, 263

솔정향풀 *Amsonia hubrichtii* 137, 396

송이풀 Marsh lousewort 50

수슈니크, 모이차 Sušnik, Mojca 115

수슈니크, 스타네 Sušnik, Stane 66, 112, 115

슈미트, 카시안 Schmidt, Cassian 154

슈워츠, 마샤 Schwartz, Martha 336

슐레퍼스, 안톤 Schlepers, Anton 47, 50, 54, 70, 72

슐렌버그 프레리 Schulenberg Prairie 241, 262

스네이더르, 클리미 Schneider, Climmy 378, 394, 399

스캠프스턴 홀 Scampston Hall 143, 150, 151, 186, 187, 200, 201, 349

스키자키리움 스코파리움 *Schizachyrium scoparium* 169, 220, 322, 382

스타키스 오피시날리스 '로세아' *Stachys officinalis* 'Rosea' 309

스타키스 오피시날리스 '후멜로' *Stachys officinalis* 'Hummelo' 309

스튜어트스미스, 톰 Stuart-Smith, Tom 151, 289, 290, 356

스트랭맨, 엘리자베스 Strangman, Elizabeth 39

스트롱, 로이 Strong, Roy 122

스트린드베리, 울프 Strindberg, Ulf 167

스티파 오프네리 *Stipa offneri* 307

스티파 티르사 *Stipa tirsa* 91

스틴저 식물 Stinze plant 55

스포로볼루스 *Sporobolus* 171, 267, 348, 353, 385

스포로볼루스 헤테롤레피스 *Sporobolus heterolepis* 91, 137, 140, 220, 322, 349, 352, 382

스프라위트, 에릭 Spruit, Eric 46, 51

스프라이, 콘스턴스 Spry, Constance 58

승마 *Cimicifuga* 현재는 *Actaea* 202

승마 '퀸 오브 시바' *Actaea* 'Queen of Sheba' 176, 185

시달세아 '리틀 프린세스' *Sidalcea* 'Little Princess' 178

시르시움 리불라레 '아트로푸르푸레움' *Cirsium rivulare* 'Atropurpureum' 230

시버, 길 & 캐럴린 Schieber, Gil & Carolyn 119

시싱허스트 Sissinghurst 136

CSR이론그라임 CSR theory Grime 307

식물과 정원 보전 위원회 식물 헤리티지 National Council for the Conservation of Plants and Gardens Plant Heritage 77

식물로 디자인하기 Designing with Plants 203

식물의 날쿠르송 Journees des Plantes^{Courson} 102

식물품종보호권 Plant Breeders' Rights 181, 182

식재디자인: 시간과 공간의 정원 Planting Design: Gardens in Time and Space 307

식재디자인: 새로운 정원을 꿈꾸며 Planting: A New Perspective 232, 351, 421

싱어 뮤지엄, 라런 Singer Museum, Laren 6, 373, 378, 380

ㅇ

아가스타케 루페스트리스 Agastache rupestris 264

아가판투스 Agapanthus 213

아델로카리움 앙쿠소이데스 Adelocaryum anchusoides 89

아랄리아 칼리포르니카 Aralia californica 89

아스클레피아스 투베로사 Asclepias tuberosa 89

아스테르 Aster 58, 60, 202, 262

아스테르 '리틀 칼로' Aster 'Little Carlow' 89

아스테르 '소노라' Aster 'Sonora' 99

아스테르 '알마 푀치케' Aster 'Alma Pötschke' 89

아스테르 오블롱기폴리우스 '옥토버 스카이스' Aster oblongifolius 'October Skies' 89

아스테르 '헤르프스트베일더' Aster 'Herfstweelde' 263

아스트란티아 Astrantia 25, 58, 89, 120, 178, 181, 183, 184, 187, 230

아스트란티아 '로마' Astrantia 'Roma' 89, 120, 183, 184

아스트란티아 '루비 웨딩' Astrantia 'Ruby Wedding' 120

아스트란티아 마요르 Astrantia major 230

아스트란티아 마요르 '로마' Astrantia major 'Roma' 183

아스트란티아 마요르 인볼루크라타 '섀기' Astrantia major subsp. involucrata 'Shaggy' 89

아스트란티아 '워시필드' Astrantia 'Washfield' 178

아스트란티아 '클라레' Astrantia 'Claret' 120, 181, 184, 187

아우돌프 가든 디트로이트 Oudolf Garden Detroit 6, 384, 401, 402, 405

아우돌프, 안야 Oudolf, Anja 13, 23, 25, 29, 30, 32, 38, 52, 67, 71, 72, 73, 76, 78, 82, 88, 89, 99, 103, 104, 106, 109, 112, 115, 116, 132, 136, 156, 205, 262, 284, 286, 296, 378, 408, 409, 411

437

아코니툼 '스테인리스 스틸' *Aconitum* 'Stainless Steel' 89

아크나테룸 브라키트리카 *Achnatherum brachytricha* 99

알나르프 Alnarp 107, 158, 159

알리움 '서머 뷰티' *Allium* 'Summer Beauty' 89

애기금낭화 *Dicentra formosa* 212

애기범부채 *Crocosmia* 213

애기해바라기 *Helianthus salicifolius* 218

앤 앤드 로버트 루리 재단 Ann and Robert Lurie Foundation 239

앤드루스용담 *Gentiana andrewsii* 265

앳킨스, 로지 Atkins, Rosie 82, 102, 103, 107, 112, 157, 226, 269, 270

야생정원 만들기 How to Make a Wildlife Garden 159

야우크스테터, 베티나 Jaugstetter, Bettina 384, 385

야자사초 *Carex muskingumensis* 137

얀선, 쿤 Jansen, Coen 67, 78, 85, 101, 102, 118, 159, 296

에링기움 *Eryngium* 29, 262

ABN암로은행 캠퍼스, 암스테르담 ABN AMRO's campus, Amsterdam 348

에키나세아 *Echinacea*^{*Echinacea purpurea*} 29, 181, 182, 202, 218, 241, 259, 262, 353

에키나세아 '버진' *Echinacea* 'Virgin' 178

에키나세아 '빈티지 와인' *Echinacea purpurea* 'Vintage Wine' 90

에키나세아 '페이틀 어트랙션' *Echinacea purpurea* 'Fatal Attraction' 180

엘리시움 *Elyseum* 50

엘리엇, 조 Eliot, Jo 154

엠에프오파크, 취리히 MFO-Park, Zurich 311

여뀌 *Persicaria* 166

여러해살이식물 책 Perennial Plant Book, The ^{Het Vaste Plantenboek} 23

여러해살이풀 전망 학회^{큐 가든} Perennial Perspectives conference^{Kew Gardens} 141, 158

여러해살이풀과 정원서식처 Perennials and Their Garden Habitats 119

연영초 *Trillium* 213

영, 로라 Young, Laura 264

영국왕립건축가협회 Royal Institute of British Architects 356, 357

영국왕립원예협회 Royal Horticultural Society 120, 203, 227, 230, 231

오리가눔 *Origanum* 233

오리엔탈양귀비 *Papaver orientale* 258

오스만, 이사 Osman, Issa 66

오스트, 다니엘 Ost, Daniel 118

오스트베스트팔렌 리페 정원·경관 Garden-Landscape Ostwestfalen-Lippe

336

오아시스오아서 Oasis^Oase 50

오이풀 *Sanguisorba* 184

오이풀 '타나' *Sanguisorba* 'Tanna' 184

오펜하이머, 스트릴리 Oppenheimer, Strilli 71

올림픽 파크 Olympic Park 361, 364

왕립식물원 Royal Botanic Gardens 177

외메 밴스위든 조경 Oehme van Sweden Landscape Architecture 61, 110, 239, 241

외메, 볼프강 Oehme, Wolfgang 61, 107, 110, 133, 158, 177

우리들의 정원잡지 Onze eigen tuin, magazine 43

우불라리아 플라바 *Uvularia flava* 212

우정섬, 포츠담 Freundschaftsinsel, Potsdam 61

우즈, 크리스 Woods, Chris 117

워시필드 Washfield 38, 39

원추리 *Hemerocallis* 184

원추리 '파든 미' *Hemerocallis* 'Pardon Me' 122

월섬 플레이스버크셔 Waltham Place^Berkshire 71

웨스트 코크 가든 West Cork garden 272, 399

위슬리영국왕립원예협회 정원 Wisley^Royal Horticultural Society Garden 120, 227, 230

위트레흐트식물원 Utrecht Botanical Garden 141

유럽족도리풀 *Asarum europaeum* 122

유포르비아 코롤라타 *Euphorbia corollata* 220

유파토리움 히소피폴리움 *Eupatorium hyssopifolium* 220

은방울수선 *Leucojum* 213

이웃정원 Het Tuinpad Op ^In Nachbars Garten 55

이즈리얼, 로버트 Israel, Robert 241, 312

ㅈ

자관백미꽃 *Asclepias incarnata* 89

자연과 함께 놀기 Spelen met de natuur^Playing with Nature 74

자연과 함께하는 디자인 Design with Nature 321

자연정원 식재 Planting the Natural Garden 《꿈의 식물》 영문판 74

자연정원을 위한 꿈의 식물 Planting the Natural Garden 영문판 개정판 356

갠즈보트 숲지대하이 라인 Gansevoort Woodland^The High Line 323

전통 재배가 그룹 Traditional Growers Group^Groep Traditionele Kwekers 117, 118

점등골나물 *Eupatorium maculatum* 217, 307

점등골나물 '리젠쉬름' *Eupatorium maculatum* 'Riesenschirm' 90

점등골나물 '퍼플 부시' *Eupatorium maculatum* 'Purple Bush' 185

제임스 코너 필드 오퍼레이션스 James Corner Field Operations 11, 271, 315

젠슨, 젠스 Jensen, Jens 241

젤리토 퍼레니얼 시즈 Jelitto Perennial Seeds 220

존 브라운 출판사 John Brown Publishing 107

존스턴, 로런스 Johnston, Lawrence 136

좀새풀 *Deschampsia cespitosa* 337, 349, 352, 421

좀새풀 초지 *Deschampsia* meadow 143, 352

주목 Yew 32, 73, 101, 120, 132, 137, 150, 201, 296, 410

중국금꿩의다리 '알붐' *Thalictrum delavayi* 'Album' 90

쥐손이풀 *Geranium* 202, 233

쥐트겔렌데 자연공원, 베를린 Natur-Park Südgelände, Berlin 311

지곤, 메트카 Zigon, Metka 73

지몬, 한스 Simon, Hans 60, 62, 102, 171

지아르디노 델레 베르지니, 베니스 Giardino delle Vergini, Venice 258, 344

지중해에린지움 *Eryngium bourgatii* 353

지지아 *Zizia* 220

지킬, 거트루드 Jekyll, Gertrude 17, 42, 233

ㅊ

참나물 *Pimpinella* 218

참억새 *Miscanthus* 66, 99, 171

참억새 '게비터볼케' *Miscanthus sinensis* 'Gewitterwolke' 91

참억새 '로트푹스' *Miscanthus* 'Rotfuchs' 99

참억새 '말레파르투스' *Miscanthus sinensis* 'Malepartus' 99, 137

참억새 '사무라이' *Miscanthus sinensis* 'Samurai' 91

채토, 베스 Chatto, Beth 39, 58, 63, 153

챈티클리어 Chanticleer 117

첼시 덤불숲 Chelsea Thicket 323

첼시 초원 Chelsea Grasslands 322

첼시 플라워 쇼 Chelsea Flower Show 58, 115, 226, 230, 289

촛대승마 *Actaea simplex* 99

촛대승마 '시미터' *Actaea* 'Scimitar' 89

촛대승마 '아트로푸르푸레아' *Actaea simplex* 'Atropurpurea' 185, 230

추모의 정원 Gardens of Remembrance, The 274, 285

추어린덴, 페터 Zur Linden, Peter 62, 171

춤토어, 페터 Zumthor, Peter 344, 345

ㅋ

카렉스 글라우카 Carex glauca 353

카렉스 브로모이데스 Carex bromoides 91

카렉스 펜실바니카 Carex pensylvanica 322

카버스, 브리안 Kabbes, Brian 67, 117, 118

카스틸레야 Castilleja 119

카일리, 댄 Kiley, Dan 244

카터의 정원 Kaatje's Garden 73

칼라민타 네페타 네페타 Calamintha nepeta subsp. Liepeta 232

캐나다박태기 Cercis canadensis 322

캐나다오이풀 Sanguisorba canadensis 90

커스 KAWS 312

커푸어, 애니시 Kapoor, Anish 336

컬리나, 패트릭 Cullina, Patrick 334

켈라인, 토마스 Kellein, Thomas 336

코너, 제임스 Corner, James 315, 321, 339

코닝언, 헤인 Koningen, Hein 14, 15, 157, 159, 267, 378

코츠, 피터 Coats, Peter 336

코크, 제럴드, 퍼트리샤젠킨 플레이스 Coke, Gerald and Patricia Jenkyn Place 115

코크, 존베리 코트 Coke, John Bury Court 142, 186, 226, 242, 352

콘란 옥토퍼스 Conran Octopus 203

쿠르송, 도멘 드 Courson, Domaine de 77, 82, 85, 102, 157

퀘스트리츤, 찰스 Quest-Ritson, Charles 158

퀸 엘리자베스 올림픽 파크 Queen Elizabeth Olympic Park 361, 364

큐 가든 Kew Gardens 141, 153, 154, 158, 177

크나우티아 마세도니카 Knautia macedonica 77

크라머, 한스 Kramer, Hans 67, 85, 118, 296

크라위트-후크 Cruydt-Hoeck 53, 82

크렐, 베아트리체 Krehl, Beatrice 71

크로커스 Crocus 213

크뢸러뮐러미술관 Kröller-Müller Museum 284

크리소포곤 그릴루스 Chrysopogon gryllus 91

큰개기장 Panicum 171

큰개기장 Panicum virgatum 137

큰개기장 '셰넌도어' Panicum virgatum 'Shenandoah' 91, 222

큰기름새 *Spodiopogon sibiricus* 91, 307

큰에린지움 *Eryngium giganteum* 227

큰잎브루네라 '잭 프로스트' *Brunnera macrophylla* 'Jack Frost' 89

클레마티스 렉타 '푸르푸레아' *Clematis recta* 'Purpurea' 89

클레망, 질 Clément, Gilles 336

클로펜보르흐, 니코 Kloppenborg, Nico 151

키어마이어, 페터 Kiermeier, Peter 318

킹, 마이클 King, Michael 67, 177

킹스버리, 노엘 Kingsbury, Noel 158, 350

ㅌ

타박, 헤르트 Tabak, Gert 56

터너드, 크리스토퍼 Tunnard, Christopher 42

터리풀 *Filipendula* 166

터키세이지 *Phlomis russeliana* 43

테라출판사 Terra Publishers 74, 177, 307

테르린던, 톤 Ter Linden, Ton 56, 57

테브스 가든 Thews Garden 150, 319

테브스, 클라우스 & 울리케 Thews, Klaus & Ulrike 142

테이서 호프 Thijsse's Hof 12, 14

테이서, 야코뷔스 피터르[야크] Thijsse, Jacobus Pieter[Jac P.] 14, 15, 224

토메선, 헤인 Tomesen, Hein 307

톨, 줄리 Toll, Julie 156, 163

톰슨, 켄 Thompson, Ken 409

톱풀 *Achillea* 202

톱풀 '발터 풍케' *Achillea* 'Walther Funcke' 64, 89

통컨스, 헤일린 Tonckens, Heilien 55

트레게이, 로버트 Tregay, Robert 159

트렌텀 이스테이트 Trentham Estate, The 258, 289, 288, 290, 308

팀버 프레스 Timber Press 307

ㅍ

파겔스, 에른스트 Pagels, Ernst 60, 64, 66, 67, 120, 171, 179

파테노터/판데르란 가든 Pattenotte/van der Laan, garden 100

파페, 가브리엘라 Pape, Gabriella 157, 319

판달런, 아너 Van Dalen, Anne 56

판데르잘름, 리타 Van der Zalm, Rita 78

판데르클루트, 자클린 Van der Kloet, Jacqueline 156, 213, 267, 336, 378

판데카, 롬커 Van de Kaa, Romke 25, 29, 39, 78, 85

판덴바르흐, 라머르트 Van den Barg, Lammert 122

판덴뷔르흐, 딕 Van den Burg, Dick 52, 53

판리르, 마리아너 Van Lier, Marianne 50

판베이더, 외허니 Van Weede, Eugenie 85

판뵈세콤, 헤르만 Van Beusekom, Herman 51, 118

판스테이흐, 한스 Van Steeg, Hans 101, 110

판엘뷔르흐사센하임 Van Elburg Sassenheim 101

판조네벌트, 플뢰르 Van Zonneveld, Fleur 46, 51, 54, 55, 56

페니세툼 비리데센스 *Pennisetum viridescens* 169

페로브스키아 *Perovskia* 233

페르시카리아 암플렉시카울리스 *Persicaria amplexicaulis* 217

페르시카리아 암플렉시카울리스 '파이어댄스' *Persicaria amplexicaulis* 'Firedance' 176, 178

펜스소프 자연보호구역펜스소프 워터파울 파크 Pensthorpe Nature Reserve Pensthorpe Waterfowl Park 186, 188, 308, 309, 420

포를린던미술관 Voorlinden Museum 6, 373, 379

포터스 필즈 파크 Potters Fields Park 233, 361, 372, 373

포트메리온 Portmeirion 117

포프, 노리와 샌드라 Pope, Nori & Sandra 107, 109, 110, 115, 203

폰 외인하우젠지어슈토르프, 마르쿠스와 아나벨레 Von Oeynhausen-Sierstorpff, Marcus & Annabelle 336

폰셰나이히, 브리타 Von Schoenaich, Brita 141, 153, 156

폰슈타인 체펠린, 헬렌 Von Stein Zeppelin, Helen 62, 154

푀르스터, 칼 Foerster, Karl 42, 60, 61, 64, 66, 101, 110, 171, 203

푸케, 니콜라 Fouquet, Nicolas 18

플루허, 바우트와 딕 Ploeger, Wout & Dick 78

풀협죽도 *Phlox* 60, 62

풀협죽도 '딕스터' *Phlox paniculata* 'Dixter' 222

풍케, 발터 Funcke, Walther 60

퓌스티에, 파트리스와 엘렌 Fustier, Patrice and Hélène 102

퓨처 플랜츠 Future Plants 184

프라이스, 워리 Price, Warrie 16, 274, 284, 285, 286

프라이징 정원의 날 Freisinger Gartentage 157

프랭크 로이드 라이트 Frank Lloyd Wright 117, 240

프레리 학파 건축 Prairie School of Architecture 240

프리오나 가든 Priona garden 47, 56, 70, 71, 72, 73

프린스 베른하르트 문화 기금 Prince Bernhard Culture Fund 357

플로리아드 Floriade 117, 118, 266, 267, 284, 378

플록스 디바리카타 *Phlox divaricata* 119

플록스 디바리카타 '메이 브리즈' *Phlox divaricata* 'May Breeze' 178

플린데르호프 Vlinderhof 396, 397

피셔, 아니타 Fischer, Anita 157

피시, 마저리 Fish, Margery 58

피아노, 렌초 Piano, Renzo 242

피어슨, 댄 Pearson, Dan 116, 158, 351, 385

피크난테뭄 *Pycnanthemum* 220

피크난테뭄 무티쿰 *Pycnanthemum muticum* 90, 220

픽토리얼 메도 Pictorial Meadows 53

ㅎ

하게만 Hagemann 62

하디 플랜트 소사이어티 Hardy Plant Society 62, 99

하를럼, 정원 Haarlem, garden 319

하버드대학교 디자인대학원 Harvard's Graduate School of Design 286

하스펜 하우스, 서머싯 Hadspen House, Somerset 107

하우저 앤드 워스 Hauser & Wirth 360, 361, 364, 373

하우저 앤드 워스, 갤러리 정원서머싯 Hauser & Wirth, gallery garden Somerset 6, 360, 362, 394, 395, 411

하위스만, 요이스 Huisman, Joyce 16, 286

하이 라인 High Line, The 11, 12, 209, 213, 220, 258, 259, 260, 270, 310, 311, 314, 315, 317, 321, 322, 323, 324, 325, 326, 327, 334, 335, 339, 350, 352, 353, 355, 405

하이 라인 친구들 Friends of the High Line, The 11, 314, 320

한라노루오줌 '푸르푸를란체' *Astilbe chinensis* var. *taquetii* 'Purpurlanze' 64

한젠, 리하르트 Hansen, Richard 61, 119, 120, 133

해먼드, 로버트 Hammond, Robert 315, 320, 322, 325, 335

해바라기 *Helianthus* 202, 262

허닝어, 에리카 Hunningher, Erica 177

헤런스우드 너서리베인브리지 아일랜드 Heronswood Nursery Bainbridge Island 119

헤르만스호프, 실험정원바인하임 Hermannshof, Sichtungsgarten Weinheim 119, 120, 136

헤르비흐, 로프 Herwig, Rob 118

헤르프스트, 발터르 Herfst, Walter 142

헤릿선, 헹크 Gerritsen, Henk 47, 50, 54,

55, 56, 65, 67, 70, 71, 72, 73, 74, 76, 82, 112, 115, 159, 177, 201, 202, 203, 206, 209, 356, 409

헤스메르흐 가든 Hesmerg garden 319

헤이만스, 엘리 Heimans, Eli 14

헨드릭스, 데일 Hendricks, Dale 184

헬레니움 *Helenium* 62

헬레니움 '디 블론데' *Helenium* 'Die Blonde' 90

헬레니움 '루빈츠베르크' *Helenium* 'Rubinzwerg' 258

헬레보루스 *Helleborus* 39, 110, 112

헬레보루스 오리엔탈리스 *Helleborus orientalis* 212

호르투스 하런 Hortus Haren 55, 77

호스타 플란타기네아 그란디플로라 *Hosta plantaginea* var. *grandiflora* 90

호프트만, 에일코 Hooftman, Eelco 361

홀름베리, 모나 Holmberg, Mona 167

홀저, 제니 Holzer, Jenny 336

홉하우스, 퍼넬러피 Hobhouse, Penelope 78, 83, 230

홍띠 *Imperata cylindrica* 'Rubra' 218

화이트, 로빈 White, Robin 39

회양목 Box *Buxus* 29, 101, 150, 201. 230, 319

회이예르, 크리스티나 Höijer, Kristina 167

회프, 마레이커 Heuff, Marijke 56, 73, 82, 137, 159

회향 *Foeniculum* 218

회향 '자이언트 브론즈' *Foeniculum vulgare* 'Giant Bronze' 90

후멜로 Hummelo 13, 23, 26, 29, 30, 32, 36, 45, 72, 74, 76, 77, 82, 85, 99, 102, 110, 115, 119, 120, 132, 137, 142, 153, 157, 164, 171, 177, 185, 205, 206, 212, 219, 268, 284, 286, 289, 296, 297, 307, 308, 312, 314, 318, 321, 360, 399, 404, 406, 408, 409, 411

휘긴, 에발트 Hügin, Ewald 82

휘트니미술관 Whitney Museum 324

히드코트 Hidcote 136

히말라야바람꽃 *Anemone rivularis* 89

히치모, 제임스 Hitchmough, James 154, 157, 325, 353, 361, 409

힝클리, 댄 Hinkley, Dan 119

목수책방의 정원 책

생명의 정원
- 세계 최고의 정원디자이너 메리 레이놀즈가 알려 주는 야생 정원 만들기의 모든 것
메리 레이놀즈 지음 / 김민주·김우인·박아영 옮김
땅을 건강하게 회복시켜 땅과 인간이 다시 연결되어 협력하며 생명의 '숲 정원'을 만드는 방법을 알려 주는 책이다. 정원을 가꾸는 일이 자연과 친밀한 관계를 맺는 일임을 강조하며, 우리의 삶과 땅을 깨우는 '새로운' 정원디자인의 세계로 이끌어 준다.

정원 잡초와 사귀는 법
- 오가닉 가든 핸드북
히키치가든서비스 지음 / 양지연 옮김
해롭고 성가신 존재로 취급받는 '잡초'를 생태계를 위한 중요한 동료로 바라보게 해 주며, 정원 식물에 기대어 사는 뭇 생명과 공존하며 건강하고 아름다운 정원을 만드는 법에 관한 실용적이고 풍부한 정보를 제공하는 책이다. 무엇보다 정원에서 흙과 생물이 맺는 유기적 관계를 염두에 두고 '잡초'를 새롭게 바라볼 수 있도록 이끌어 준다.

베케, 일곱 계절을 품은 아홉 정원
김봉찬·고설·신준호 지음
우리나라의 대표적인 생태·자연주의 정원으로 손꼽히는 제주 '베케'의 일곱 계절과 아홉 정원 이야기를 담은 책. 사람과 자연이 서로를 품어 주며 하나가 되는 공간을 꿈꾸는 베케정원은 우리에게 다시 정원의 의미와 존재 가치를 묻는다.

자연정원을 위한 꿈의 식물
피트 아우돌프·헹크 헤릿선 지음 / 오세훈·이대길·최경희 옮김
'새로운 여러해살이풀 심기 운동'을 일으킨 두 명의 선구적인 정원디자이너가 함께 쓴 여러해살이풀 안내서다. 여러해살이풀들을 이용해 생명력 넘치는 아름다운 '자연정원'을 만들려는 이들에게 영감과 도움을 주는 책이다.

식재디자인
- 새로운 정원을 꿈꾸며
피트 아우돌프·노엘 킹스버리 지음 / 오세훈 옮김
현대 정원·조경 분야에서 주목받고 있는 '자연형 식재'의 모든 것이 담긴 책. 특히 여러해살이풀 중심 식재와 정원 만들기의 장점과 가치를 알린 세계적인 정원디자이너 피트 아우돌프의 식재디자인 방법을 집중 조명한다.

찍박골정원
- 신나는 실패가 키운 나의 정원 이야기
김경희 지음
인제 찍박골정원을 만들고 가꾸는 정원사가 식물과 정원에 '진심'인 사람들에게 전하는 '발로 배운 가드닝'에 관한 기록이다. 10년에 걸쳐 아홉 개의 정원 조성하며 겪었던 '소중한 실패'와 그 실패로부터 배운 가드닝 지식이 담겨 있다.

아름답고 생태적인 정원을 위한
자연주의 식재디자인
나이절 더닛 지음 / 박소현·박효근·주이슬·진민령 옮김
생태적이면서도 사람들의 마음을 움직이는 아름다운 정원, 최소한의 자원을 투입해 최고의 효과를 거두는 지속 가능한 식재가 어떻게 가능한지 풍부한 사례와 함께 그 방법을 소개하는 '자연주의 식재디자인' 안내서다.

구근식물 식재디자인
자클린 판데어클루트 지음 / 최경희 옮김
세계적인 구근식물 식재디자이너의 오랜 경험이 녹아 있는 구근식물 안내서. 한 해 동안 자라는 구근식물에 관한 정보를 개화 순으로 소개하는 이 책은 구근식물의 종류, 식재 방법, 유용한 도구, 색상별 조합 등은 물론이고 다양한 식물과 어울리는 계절별 식재 조합도 소개한다.

살바토레정원에 꽃이 피었습니다
- 대관령 정원사의 전원생활 예찬
윤민혁 지음
꽃과 책, 음악과 걷기, 무엇보다 바람과 눈의 마을 대관령을 사랑한 치열하고 충성스러운 정원사이자 느긋한 산책자의 기록이다. 특히 자연과 벗하며 정성스럽게 가꾸어 온 작은 정원에 관한 이야기는 가드닝에 진심인 사람들에게 큰 도움이 될 것이다.

숲새울의 정원식물 243
최가영·신재열 지음
2020년 산림청 '아름다운 정원 콘테스트'에서 대상을 받은 숲새울정원에서 만날 수 있는 243종의 정원식물을 소개하는 책이다. 20여 년 정원을 가꾸어 온 엄마 정원사와 딸 정원사가 숲새울정원의 월별 주요 식물 정보와 정원 가꾸기 노하우를 정리해 담았다.

후멜로 - 피트 아우돌프의 삶과 정원
Oudolf | Hummelo - A Journey Through a Plantsman's Life

글 피트 아우돌프Piet Oudolf, 노엘 킹스버리Noel Kingsbury
번역 최경희, 오세훈

1판 1쇄 펴낸날 2022년 7월 29일
1판 2쇄 펴낸날 2024년 11월 15일
펴낸이 전은정
펴낸곳 목수책방
출판신고 제25100-2013-000021호
대표전화 070-8151-4255
팩시밀리 0303-3440-7277
이메일 moonlittree@naver.com
블로그 post.naver.com/moonlittree
페이스북 moksubooks
인스타그램 moksubooks
디자인 엠모티프(문석용)
제작 야진북스

ISBN 97911-88806-33-1 (03520)
가격 38,000원

Oudolf | Hummelo by Noel Kingsbury and Piet Oudolf
Text © 2015/2021 Piet Oudolf & Noel Kingsbury
Original edition © 2015/2021 HL Books, Amsterdam
Korean copyright © 2022 Moksu Publishing Company
Published by arrangement with Hélène Lesger – Books, Rights & More, The Netherlands
Through Bestun Korea Agency, Korea
All rights reserved

이 책의 한국어 판권은 베스툰 코리아 에이전시를 통하여
저작권자와 독점 계약한 목수책방에 있습니다.
저작권법에 의해 한국 내에서 보호를 받는 저작물이므로
어떠한 형태로든 무단 전재와 무단 복제를 금합니다.